舒泥 著

知识产权出版社
全国百佳图书出版单位

责任编辑：龙　文　　　　　　　责任出版：卢运霞
特约编辑：李怡婷　　　　　　　装帧设计：杨平平

图书在版编目（CIP）数据

跟我的心去草原/舒泥著. —北京：知识产权出版社，2011.8
ISBN 978-7-5130-0716-0

Ⅰ．①跟… Ⅱ．①舒… Ⅲ．①草原生态系统—研究—中国 Ⅳ.①S812
中国版本图书馆CIP数据核字（2011）第144335号

跟我的心去草原
Gen Wo De Xin Qu Caoyuan

舒　泥　著

出版发行：**知识产权出版社**

社　　址：北京市海淀区马甸南村1号　　　　邮　　编：100088
网　　址：http://www.ipph.cn　　　　　　　邮　　箱：bjb@cnipr.com
发行电话：010-82000860转8101/8102　　　　传　　真：010-82005070/82000893
责编电话：010-82000860转8123　　　　　　责编邮箱：longwen@cnipr.com
印　　刷：北京建宏印刷有限公司　　　　　　经　　销：新华书店及相关销售网点
开　　本：880mm×1230mm 1/32　　　　　　印　　张：12.75
版　　次：2012年1月第1版　　　　　　　　印　　次：2012年1月第1次印刷
字　　数：300千字　　　　　　　　　　　　定　　价：36.00元

ISBN 978－7－5130－0716－0 / S・009（3615）

序：梦的去处

一

舒泥有个梦，是"三十年的悠悠长梦"。她说，这跟那位生长在台湾的东北人无缘无故地梦到一片草原，又无缘无故地喜欢契丹的历史一样。这"无缘无故"背后，一定隐藏着某种形而上的"缘故"，那是与生俱来的，是神秘莫测的、难以言表的生命暗示。

一个蒙古人问舒泥："你为什么会喜欢我们这个民族"？她回答："我就是喜欢，不为什么"。这如同"没有任何预兆，莫尔根的妈妈唱起歌来，令人惊叹的明亮、动人"，自然而然，不需要任何注解。

喜欢自己的梦，除了梦本身，还需要什么理由呢！

无缘无故，不为什么，没有任何预兆——梦就是如此。所有的理由，都会妨碍它自由自在的飞翔。

舒泥的这个梦，应该说是源自一种莫名的怀念或者毫无所求的留恋。所以她说，"那些故事是我记忆中的，我上辈子的故事"。如果说，梦是圆的，那从上辈子到今世——这个距离只是它的半径而已，因为梦者的记忆一直在延伸。

对于前世的追溯，似乎决定了她今生行走的方向。在梦的牵引之下，她上路寻找自己的蒙古，用镜头用文字用脚步——用心去接近着她所信赖的梦。

山峦在"低低地、缓缓地隆起，又缓缓地、远远地沉降下去"，如同长调；英雄从草原深处走来，又向草原深处走去；不知是美丽还是危机，马兰花"蓝幽幽的一直开到天边"；"令人感动的真诚"与"扶马背不朝前送的冷漠"同时存在；"能把忧伤压抑到扁平，然后用音乐送到无边无际，最后落到人心上，共振一样的颤抖"的、无人可比的布仁特古斯；"可以让七尺男儿热泪盈眶，也可以让褴褓中的婴儿安然入睡"的《美丽的草原我的家》；"在清晨，带着一种坚守的高贵给父亲备鞍的"萨其日拉图……

我跟着一颗敏感的心去草原，去历史，又回到未来。这是我在舒泥的文字里发现的去处，也是她对自己蒙古的一次次确认。

这条确认的路，漫长，伴随着诸多新的发现。她说，自己踏上的那些土地并不像自己所梦到的——"太奇怪了，我从没有看到一块土地和我梦里的土地相同……因为每个地方都不对，科尔沁有农田，巴彦布鲁克有水坝，克旗有比蒙古包还多的旅游点，乌珠穆沁有网围栏，呼伦贝尔有新耕的土地……"这样的发现，多少有些意外，也带着些许的悲伤。今世的草原与前世的梦，相去甚远。在此，她的笔锋指向所谓"发展"造成的伤痕。这个伤痕，不仅是地理意义上的，而且更重要的是心灵和生命意义上的。因此，她说，"留住游牧民族！留给今天一份美好，留给未来一个希望"。也只有这样才符合她的梦。

"只有我在哈拉和林登上度假村后面那座山包时看见的那条河，是个例外，没有堤岸，没有河道，恣意奔流，仿佛在梦里见过"。这不能不让人感慨——这里是唯一的，也是最后的。她的梦，跟那条河流一样，以自由为轮廓，毫无拘束，自然流淌。随之，"蒙古"也变得不是只属于一群人的标签，而是一个更加开阔的世界，甚至是一种庞大而纯粹的精神隐喻。

在梦的按语里，在寻找的路上，舒泥开始意识到"蒙古是生命的一部分"。这里有热血的流动，在发出与大地有关的声音。在追寻我是谁的这条道路上，她的这个意识多么难得。这也是她回头寻找"我的家"的开始。"我的家"是属于生命的，是超经验的。

二

她说:"当一个人爱上一个人的时候,就要尝试理解他,接纳他的痛苦和欢乐,站在他的角度上想问题,为他的成功而兴奋,为他的荣誉而骄傲,也要呵护他的伤痛,容忍他的缺陷"。那人,不止是一个人,在舒泥这里是一个民族,是一片土地,是她蓝色的故乡。与一个民族恋爱,也许是舒泥最大的发现。

曾经,舒泥与"蒙古",也有过一段"彻底"而"干净"的割断。她说,"干净到我自己都记不得自己丢什么了"。这是她大学毕业那年的事情。但是,多年以后,当回头找寻之时,她不禁说:"尽管很多年了,我依然能认出来,原来什么都没忘。"这是一次对先天记忆的确定。"真正重要的是北方的山巅上向远方延展的草原,是我心灵深处岩浆一样翻腾喷涌的热爱。"由爱而生出的乡愁,沉淀成她生命的底色——永远无法抹掉的"Blue Mark",所以,可以这样说:她的梦,悠悠三十年,从未中断。

如果说,舒泥喜欢蒙古,是从小女孩的时候,甚至是从上一辈子开始的,并且是"不为什么",那么"割断"之后的"返回",是因为三宝——"我发现我原来是一只被人养大的狼,多年以来一直为做一条好狗徒劳地努力着,那一天我听到了一声来自天际的狼嗥。我忽然明白我这些年少了什么——蒙古。那一天起,我决定返回。这话说起来重了,三宝改变了我的人生,尽管他根本不知道我是谁。"她听到了天际的狼嗥,听到了音乐,当然,更重要的是听到了原本的自己。狼与好狗的区别,在于不羁和顺从。回归自然,回归生命的本真,缘于一个美丽的理由。这个理由,顺其自然,毫无勉强。她说:"蒙古人喜欢歌舞很大的原因是蒙古人不大相信那些说出来的东西"。这个理解是独特的。她在倾听蒙古"无言"的部分,那就是音乐。我相信,理解、接纳、呵护、容忍自己"恋人"的人,才能听到对方的无言部分。

"三宝的音乐,在不了解蒙古文化的人看来就像个谜。大气、凄凉、唯美、严谨、叛逆……这些在一般人看来应归为不同的,甚至是相互对立的风格在他的音乐里浑然一体"。她知道，这些东西原本是统一的。甚至她自己的文字里也带有这种对立的统一，这来自于舒泥与众不同的内心感悟。

"……如果我说，蒙古男人有山一样的温柔，蒙古女人像水一样的坚韧。你可能觉得我在写诗，用自相矛盾的话引起别人的注意。但是在蒙古高原上，山真的是温柔的，山的曲线像舞动起来的巨大丝绸，但又是凝固的，深沉而博大；水真的是坚韧的，倔强、坚强、坚忍不拔，在那样平坦的容易渗透的土地上，百转千回，艰难前进，用少得可怜的乳汁滋润辽阔的土地，从小草、鲜花到牛羊野狼，从蝴蝶、蚱蜢到游隼、苍鹰莫不是她的子孙……三宝的音乐中充满着这样的'自相矛盾'，这让他在公众领域里显得与众不同，捉摸不定"。这段话的透彻力，让我震撼，尤其是"山一样的温柔"和"水一样的坚韧"，充分表明舒泥的梦，走的很远很高。这样的认识，来自于她与蒙古的相识、相恋、相知、相守的"四重奏"。

三

她这本书里，既有与我共有的"蒙古"，也有只属于她自己的"蒙古"，后者更让我感到欣慰。我不会去问她"这是为什么"，也不希望所谓的"蒙古人"们对她抱有什么"感激之心"或者某种"优越感"。那是她热恋的梦，别人无法惊动。

"绕过干草垛，一所房子从地平线的方向跑过来，这是一户牧民的冬营盘。"舒泥如是说。是的，"我的梦土"上的去处，都会自己跑过来，这绝不是错觉。

《跟我的心去草原》，我断断续续读了将近半年，这也是一种慢慢倾听的过程吧。

如果是在那片辽阔的心灵故乡，这种"拖延"会让我觉得无所谓，因为这与前世有关，与无尽有关，不用着急。但是我们毕竟已经被处于"生态与文化的孤岛"上，"孤岛"，既是空间，也是时间，所以我还是深感内疚。

我觉得，再多的语言也无法诠释好引领我去草原的梦，只是在一些摘录中穿插着自己的只言片语，记录了我的一点心得，以此为序。

宝音贺希格
2011年12月12日

代序：烈马柔情的土地

在很多人的眼里，内蒙古是一片辽远而神奇的土地，它的名字总是和金戈铁马的想象连接在一起。但这个感觉对北方人来说至少不十分正确，内蒙古并不遥远，它甚至地近京城，最近的草原离北京只需要四个小时车程。但正是这个原因，那些发生在草原上的往事，曾经多次令北京地动山摇。它也真的很神奇，至今人们对它仍然充满误解。

内蒙古的山是温柔的山岭，既不高耸入云，也不突兀险峻。除了偶有嶙峋的怪石，大部分的山，曲线柔和、气势博大。内蒙古大部分土地属于温带半干旱、干旱地区，降雨量小，天空明朗，阳光普照。

有些地方，如呼伦贝尔，土地平旷，视野开阔，一望无际；而有些地方，像锡林郭勒，有起伏的山峦，低低地、缓缓地隆起，又缓缓地、远远地沉降下去，形成风景的博大之美。这博大的风景之间偶尔闪过一个洁白的蒙古包，一群羊或一群牛悠然地吃草；或有一个湖泊，或只能算是一汪水，映着碧蓝的天，风吹动时全是细碎的银色的涟漪；或有一条河，九曲回肠，缓缓地绕行在草原上，以细弱的清流，滋养辽阔的土地。

草原上生活着一个神奇、庄重而沉默寡言的民族，这就是在世界文明史上，曾经留下浓墨重彩的蒙古民族。蒙古人并不都像世人理解的那样豪放，很多人腼腆而温和，像内蒙古起伏的山一样宽宏而博大，像内蒙古流淌的河水一样，不善言谈，却不停止它跋涉的脚步。

内蒙古作为一个自治区成立于1947年，在此之前，它曾是清朝的盟旗。再往前推，它曾是蒙古帝国的一部分。再向前，许多游牧民族曾经在这个舞台上策马挥鞭。"秦时明月汉时关"，与游牧民族的恩怨分合构成了半部中国史。中国为它出了武将，出了能臣，出了明君，也出了乱臣贼子和昏聩无能的皇帝。

　　与此同时游牧民族又有自己独立的历史，匈奴的冒顿单于用他的鸣镝射穿历史，建立强盛的帝国；默棘连可汗为他的弟弟阙特勤雕刻的石碑是一部传世的突厥文学，也是突厥人的英雄史诗；成吉思汗从草原深处走来，在历史舞台上熠熠生辉，他又向草原深处走去，背后留下一个世界的奇迹。

　　每个清晨，当炊烟从蒙古包升起来，女主人弯着腰为家务忙碌，男主人跨上马，拿起套马杆去照看畜群，草原上一片安详。狗跑过蒙古包前面的空地，刚睡醒的羊群懵懂地东张西望，牛和马已经醒来，走过羊群的身边，与它们共享草场。大堆的牛粪散落在草原上，是高质量的燃料。

　　这样的画面在内蒙古已处在生态和人文孤岛上，但是成吉思汗的背影仍在这些蒙古族牧民中间若隐若现。

相守

相识

马兰花开的季节

一

几年以前，有位编辑约我写一篇"马兰花开的季节"的稿子。那位编辑刚刚编辑出版了一本以科尔沁草原为背景的小说，在策划的过程中，作者一直说他是蒙古人，但是在宣传的过程中，作者突然又说不是，而且一再嘱咐编辑，介绍他的时候说他是广州的专栏作家。那位编辑觉得自己帮人编了一个谎言，很难平静。但是她还是被小说里那些关于马兰花的描写打动——"蓝幽幽的，一直开到天边，诡异，似乎有魔力"。于是她想另外做一本关于内蒙古的书，并请我帮忙写一篇"马兰花开的季节"。

那本书我看过，为它做宣传的时候我犹豫了很久，因为它的字里行间缺少一种东西，起初我以为是热爱，但后来感觉不是，作者的热情还是很高。从内容看，作者真的很熟悉科尔沁草原，可以信手拈来地记录20世纪六、七十年代草原的变迁过程。我曾经给他的书一个自以为很精彩的评价：蒙古人傻乎乎地不知道自己失去了什么，汉族人傻乎乎地不知道自己破坏了什么，而作者也傻乎乎地不知道自己在写些什么。至于作者为什么不同意说自己是蒙古人，我想他要么是个"伪民族"，就是汉族人装成少数民族的，要么是以自己的民族为耻的人。无论哪种情况，我当初都不应该参与这本书的宣传。我很想帮这个忙，但那时候我还没见过马兰花。

我在种了老玉米的科尔沁草原边上见过马兰，长挺的深绿的叶子，看着很有生命力的样子。但我去草原的季节不是它开花的季节。这件事就这样记在我心里，一直惦记着。

二

我第一次见到马兰花，是在北京的非典时期，在我们小区后面的绿地上。那片绿地是今年新规划的，面积很大，据说有上千亩。按照一些新的园林思想，种了很多种不同的草木。其中有一大片马兰，正是开花的季节。

每天我一个人戴着耳机到草地上走，中午的时候，绿地上没什么人，静悄悄的，灿烂的阳光照着漾漾的青草，风吹着树沙沙地响，那是一个很透明的春天，北京的天空很久没有那样蓝过了，空气中没了汽油味，弥散着阳光晒过的青草味，那是久违的自然的味道。我从很深的草上踩过去，我知道那是踩不坏的。北京人往往不知道，他们总是踩别人踩过的地方，踩出一条小路，或者一片秃地。我的鞋子很快就湿了，裤脚也湿了，草根上有水，就像沼泽地。

有一片蓝色的花，种在开阔的土地上，长得比别的草高，也硬，茂盛的一大片，走到附近就听见蜜蜂的大合唱。那种蓝把青色、灰色、紫色吸纳成它自己的元素，形成一种不可思议的颜色，花连成一大片，看久了就觉得幽幽地晃动起来，像中了迷药。我意识到那是马兰。

非典过后，我们只有3个学生的蒙古语学习班又开始上课，我的同学卓拉和Aduqin的基础都比我好，他们的父母都讲蒙话，但他们之前都只能稀里糊涂地听懂个把句子。30岁上下的几个人聚在一起咿呀学语其实是很艰难也很渺茫的一件事。毕竟我们学了十几年英语，也不能把英语学成母语，可对卓拉他们两个人来说，蒙语本来是母语来着，把母语学成母语，听上去很像个悖论，但依然是个难以实现的梦想。

课上的间歇我们聊起马兰花。卓拉刚好也看过那本书，很义愤地说："这个作者怎么这样呢？是就是，不是就不是嘛！不过他写的是真的，我们小时候就是那样，我们家后面就是一大片马兰花，蓝蓝的，有点那种——唉！就是一直开到天边上，真的是我们童年的记忆啊！"

Aduqin说："那是草原退化的标志。"

"啊？我刚说是我的童年记忆你怎么就说草原退化的标志？"卓拉不满意地说。

"是那样，长那个就不行了。"我们的小老师哈斯肯定了这个说法。那点蓝色的幻想那么快就破灭了，我也说不上什么感觉。

三

马兰再次闯进我的视线是在克什克腾旗的草原上，已经不是开花的季节。草原四处都是围栏。公路两边是筑路时翻起的黄沙，沙堆边是青色的马兰，围栏里虽然有好草，但一群一群的大牛正在围栏外边，啃食马兰缝隙里的嫩草。八月，草原已经入秋了，牧民在打草，拖拉机颠颠地从草地上开过去，搂起薄薄的一层草。那又细又软的草叶只长到小腿肚，不过据说，今年已经算长得好了。

最初见到茂盛的马兰感觉真是好，硬挺的坚实的叶子，一丛一丛的长着，别的草都已被秋雨打得衰黄，只有马兰还这样硬生生地挺着。我以前看过许多汉族人赞美马兰的作品，说她抗风、耐寒，可以在干旱荒凉的土地上开出美丽的花。

"草场啊，一长了马兰就完了，啥草也不长了，牛羊都不能吃。过两年就剩下沙子了。"我们的司机说。马兰和草场的关系再次被确认了，残酷而没留任何幻想的余地。

南方的天边隆起一个个的巨大山包其实就是沙丘，沙丘上的绿色已经被撕开了，黄沙就在那里虎视眈眈。"草场退化得厉害，头十来年草还能长得比人高呢！"司机说。

我们的司机是个汉族人，和很多当地的汉族人一样，他们在牧民中有亲戚，有朋友，但他们的想法和牧民不一样。他领我们去一个朋友家做客，指点给我们看种着青储的土地和牧民定居的小村子。村庄里的道路全是被撵起的黄沙，没法放出去的母牛和小牛在沙地上晒太阳。他一直劝那家的主人搞点民族特色的旅游业，不过我觉得那家的大叔更乐意和我喝酒。

那户牧民姓赵，他家已经挺有钱的了，很大的房子，很不错的家具。我们喝酒的时候他的儿子正在摆弄拖拉机准备去打草。他们家的草场很远，已经不再游牧了，赵大叔居然在这片坐落在黄沙中的小村边还种上了一片树林。林间的植物品种很多，但并没有什么经济作物。我们的汉族司机一直在抱怨蒙古人没有经济头脑，要是种点苹果山楂什么的，每年也能卖点钱。但赵大叔的树林不是干那个的，他要长成一个生态群落，在那些大沙窝子前面，种出一个健康的，草木丛生的生态群落，为保护环境尽点杯水车薪的绵薄之力。

我们走进林地，远方的沙丘被树木挡住暂时看不见了，不同品种的树木、青草自然错落着，一条小河从林地的中心地带流过。赵大叔这片林地的位置起初让我有点不解，它并不是种在南边用来分割远方的大沙窝子和他们的小村庄的，它种在村子北边，事实上他把沙化的定居点和北方广阔的贡格尔草原分开了。这片树林已经能够自我繁衍，将来老人即使不管他，只要不砍不伐，它也会在那，这片林子不是用材林，也就没什么砍伐的必要，这也许也是保护吧。老人并没有向任何人说明他的用意，他只是默默地种了这片没有任何经济效益的树林。

四

从赵大叔家出来，我又看到马兰，两条围栏中间是一条车轧出来的路，路的两边，长满了马兰。围栏在草原上的作用很明显，长距离的围栏像皮肤被割破留下的长长的刀口——两条围栏分别围住两边的草场，中间是一条沙化带。

马兰的生命力很强，叶子宽且长挺，围栏里细软的牧草被雨打了一夜已经黄了，但马兰却依旧保持着浓郁的绿色。不明其中道理的外地人会觉得这种草长得更好，我的旅伴一直在问司机，长马兰是不是总比变成沙子好一些。司机只是反复重复长了马兰草场就完了。

那次旅行很短，草原从飞驰的车窗外消失后，就是层层叠叠的梯田，巨大的山丘上长着一层单薄的草皮，沙子从缝隙中露出来。"封山禁牧"四个字写在半山腰，每个字估计都有一辆汽车那么大，老远就能看见。这么薄的草皮这么陡的坡地，禁牧倒也没什么可说的，可就在它旁边的那座山的山顶，仅有的一块平地上，竟然有一片开垦的农田，远看就像一个没长多少头发的人被一个拙劣的剃头匠剃下了一块头皮。而我总是担心那块农田说不定哪天随着沙山一起坍塌下来，在这种地方种地也挺有创意的，不知道一亩能收多少？

我的旅伴问起办旅游业的事情，她一直为刚才在赵大叔家喝酒没给钱有点内疚。可我总觉得赵大叔是因为我和我带去的蒙古故乡文化衫才把他儿子从蒙古国捎来的好酒拿出来的。要说给钱，我还真不知道给多少才够。

但有些事情如今我也很难判断对错。我在新疆的时候，在山里喝茶，哈萨克小牧民跟我们要茶钱，我们都觉得理所应当，而且挺便宜，只有我的哈萨克旅伴气得跳脚，说他们都学坏了。她说："这个山就是我的家，我在我家喝茶为什么要给钱？"但我的朋友义愤填膺地发完脾气之后，又说，"我是不是太守旧了？可能他们也应该有商品观念吧？"

不过我们的司机用意是很明显的，他想给赵大叔拉去点游客，好让他们感觉到办旅游业的好处。今天他有点栽了，所以不太高兴。借着旅游业的事情，他抱怨老蒙古思想守旧，他说："唉！这怎么说也是老蒙古的地盘，其实这里的建设都是我们汉族人搞的，可是没用啊，到底还是老蒙古的地盘。"

"建设？"我四周张望，除了一个又一个山顶上被剃头匠剃下的头皮，实在看不出这个地方有什么建设成果。可能山下那些红砖的房子和房前的向日葵也算吧，但这在北京郊区的话就啥也不算了。这些建设给当地的蒙古牧民带来哪些实惠吗？还是影响了牧民的生活？

听司机说，赵大叔的生活也很坎坷，他有3个儿子。很多年前，他的家非常富有，有一大群马。这马被开着车的盗马贼偷走了，一下子就损失了20多万。他的两个大儿子去了蒙古国，其中一个在那边成了家，有了儿子，但赵大叔还没见过孙子，却要退掉当初在国内给儿子定下的亲事，又花去好几万。他的小儿子，就是我们看到开打草机的青年，在一次斗殴中扎上了别人，判了1年刑，又赔了好几万。现在小儿子也成了家，有了一个宝贝女儿，难怪赵大爷整天那么宝贝那孩子。

五

一路上我一直想着马兰花，我感觉到它有一种寓意，但我还没有抓到它。

长途汽车站，几个调皮的孩子打断了我的思绪。孩子们淘气，大人呵斥，挺好玩的，我就在那看着，没什么希奇的。忽然，一个女人的手机响了，拿起电话，她讲得都是蒙语，说了好一会儿，改用汉语叫她的孩子："你爸爸跟你说话！"小孩接过手机讲了些报平安和撒娇的话，都是汉语，然后把电话还给妈妈，他们继续用蒙语说事情。

我想起在赵大叔家，他是个受过教育的蒙古人，他读了故乡文化衫上那几行蒙文以后，有点紧张又有点惊喜地看着我，"民族情绪够强的呀？"但不管怎么说他是个地道的蒙古牧民。他的小孙女，心肝宝贝一样走到哪都抱着，但他一直在用汉语哄孩子。

关于汉化，我担心很久了，我上大学的时候，我们系不是民族系，虽然各民族同学聚在一起，教学和生活完全和民族没有任何关系。但那时我就发现，我们系的十几个朝鲜族同学里，只有一个不会朝语，其他人都是会说会写。而我们系的十个蒙古族同学里只有两个会说蒙语，另外有一个会写的，是中学时当外语学的。幸好后来认识了几个蒙文系的同学，不然我真的以为中国已经没有蒙古人了，就像没有了匈奴、鲜卑、契丹一样。

当然后来我知道，那些中国史书上记载的游牧民族全民族汉化并不完全属实，中国的史书始终贯穿着强烈的汉本位思想。其实就像秦、汉、隋、唐是朝代交替一样，匈奴、鲜卑、契丹也同样是游牧民族不同时代的名称。也像汉族人选择了最强大的汉族王朝的"汉"作为民族的名称一样。蒙古族选择了最强大的时代所用的名称作为整个民族的名称。但是那些贵族和百姓的大规模汉化确实发生过，而且很多次。

在返回北京的火车上，那一幕又重现了，我的座位前后坐着一家人，两个孩子用汉语大声嬉闹，母亲显然蒙汉兼通，因为她除了要管孩子，还要照顾坐在她对面的婆婆。她的婆婆看上去并不老，最多50多岁，我试图和她说几句话，发现她几乎完全不懂汉语。

我和我的朋友们一直在讨论语言对于承传民族文化究竟有什么样的作用？它是不是必须的？是不是决定性的？在眼前这个场面里有一点显而易见，孩子们难道从来不和祖母说话吗？列车无聊地颠簸着，祖母烦闷地在一张长椅上躺下，孩子们自顾自地在后面吵闹，不知道自家的孩子和祖父母不能沟通是什么样的感觉。

西方的社会学家做过大量研究，发现人类作为一种动物，在哺育幼崽这一行为方式上和很多动物不同，祖父母在其中充当着父母不可取代的角色。文化就在我身边断裂了，不仅仅是语言，如果孩子不再和祖母说话，那么古老的故事，思维方式、价值观念甚至爱都无从传递给他们。与此同时，他们会逐渐从冷淡到反感进而蔑视自己的祖母，最终排斥祖母的一切。

六

从克旗回来，又回到城市里。整个秋天，朋友们聚在一起几乎每一次都提到那达慕。北京的那达慕这些年总是没人张罗，春天没人张罗，夏天没有人张罗，到了秋天不断地有很多流言，说下周就要办了，下下周就要办了，一直拖到冬天。最后故乡网的朋友们决定自己举行一个那达慕。

经过几周的准备，时间已经到了冬天，场地硬了，不能再摔跤，也没有借到布鲁，不能比赛投掷，最终只能比赛篮球和羽毛球。由于没有传统项目，大家取消了那达慕这个名称，改为迎新年的聚会。

那一次聚会真是难忘，那么多年轻的朋友聚在一起，做什么职业的都有，也有学生。平时走在人群里不见得特别的人，聚在一起就恢复了民族本色，歌手朋友为我们唱歌，乐手朋友为我们拉琴、弹键盘，居然还有一个男孩子演唱了一段呼麦。那孩子刚刚才学，憋得满脸通红，还经常唱断，但是他那么年轻，能下功夫学习一门快要失传的传统技艺真是太难得了。

　　大家吃着喝着，劝嗓子好的上台唱歌，久未见面的朋友互相问候，打听些近况，或者有上句没下句地聊天，喝高了也不知道。虽然只有主持人一个人穿了蒙古袍，但那一刻我们好像远离了窗外的城市，回到古老的故乡。就像草原上的蒙古人一样不管是什么原因聚了一起，就一起欢歌宴饮，直到尽兴。真诚的、饱涨的热情燃烧在图图餐厅里。

　　那时候我忽然觉得我一直以来的担心是多余的——谁说蒙古人汉化了？我们的民族文化活着，活得好好的呀！但那天的聚会上，主持人朋友说一句很伤感的话："中国的蒙古族就要消失了，最后消失的是我们的草原。"

　　我忽然想起在克旗车子开远时，回头看到的那片树林，贡格尔草原的草退化了，有的地方草连脚面都盖不住，但赵大爷那片林地间隙有成片的青草，能长到齐腰的高度。是否故乡网的朋友也像赵大爷的林地一样——在大面积退化的草原上制造了一种假象？

　　现在故乡网的网友聚会已经发展成助学聚会，帮助那些贫困的仍然用蒙古语学习的孩子们。那些孩子是正在变成马兰的牧草，还是细小的马兰？我也不知道，但至少，他们并不是沙漠。

七

　　不是只有草原会变成沙漠的，文化也会。我曾经认识一个电视台的导演，蒙古族人。照理说，电视台的导演算是文化人，可她不是。她长着鄂尔多斯人那样明亮的面孔，却像30年代的上海太太那样把头发高高地盘起，并且用小资的着装包裹住她宽厚的肩膀。但我并不是一开始就对她那么绝望。那天我们一起喝酒，她忽然拉住我的手问我："你为什么会喜欢我们这个民族？很多人都不喜欢？他们都说我们这民族不好！""我就是喜欢，不为什么。"我没别的话可说了，真的没了，我看着她混浊的眼睛，文化已经在她的眼睛里化作了沙漠。

　　沙化的游牧人后裔其实是很悲哀的。北方的汉族人在创造力上总是逊于南方人，很大程度上与此有关。我和一个山西大同来的女孩子合租过一所房子，她虽然知道她们那里人都是鲜卑族的后裔，却更喜欢别人说她像南方人。她虽然有柔长的秀发，修整过自己的眉眼，但她不会有南方女孩那样细腻的皮肤和天生乖巧的性情。她骨子里要强，为了不显得比别人差，努力装得很柔弱。生活在悖论里的她怎么做都是错的，进而变得胆怯而无所适从。

五月的太阳很高了，北京的绿化带里，马兰花开了。蓝色的，幽幽的蓝，像蓝色的火焰，吐着长长的舌头。那花的叶子在城市的灌溉下肥厚得夸张，花朵也大得奔放，她叫兰花，是兰花的花型，却不似兰花的清秀。有意思，兰花在汉民族的精神世界里占有重要的位置，马兰虽不是那种风格，但竟然也是兰花。我终于想明白当初那本书缺少了什么——崇敬，对草原的古典文化和自然环境的敬意。那种敬意正是蒙古人世代相承的精神财富。

北京的文化圈里有很多蒙古人，除却沙化的，也有不少仍然热爱着自己的民族的，有文人、音乐人、摄影师、画家，也有演员、歌手、舞蹈家。那些脱离了原生态的艺术形式在北京卖起来也很艰难，但总算卖得动。就像马兰，留住形式的是花盆里养的，留住内气的是草原上长的。总之都市人都还是比较喜欢的，真正的牧草，都市人是难得喜欢的。

北京的马兰花，不像草原上那样蓝幽幽的一直开到天边，也不是汉族人喜欢的花朵细小含蓄的空谷幽兰。绿化带里的马兰一大朵一大朵的，像伸长的蓝舌头，晃动在长挺的绿叶中间，透过阳光，它的美丽不再像一个神话而像一本志怪小说。那是草原变成沙漠之前的最后一站。

或许整整一代年轻的蒙古人都是马兰，草原是先辈，沙漠就在身后——在火车上、长途车站那些嬉闹的孩子、赵大爷的小宝贝、学习班上的学友、还有故乡网的朋友……马兰花开了，开在草原上，开在北京的绿化带，蓝幽幽的，一直到天边。

2004年春

草原，寻访传说

科尔沁：草原在哪里

在汉族地区关于科尔沁草原的传说和猜测可能比其他草原都多，传说中那是一片遥远而自由的土地，有蓝天、青草、牛羊，有美丽的姑娘和英俊的小伙子。在清代，满洲贵族禁止和汉族通婚，却热衷于和科尔沁蒙古通婚，于是科尔沁出了很多王妃，也出过驸马。刻板的历史学家可以说这种联姻是政治联盟的需要，但是科尔沁如果没有优秀的文化令满洲贵族欣赏，没有强大的军队足以依靠，没有重要的政治地位值得联合，没有俊男靓女让那些身居显贵的皇族子弟心生爱慕，这种联姻会长期存在吗？

所有的联姻中最出名的就是孝庄。她出名的原因说白了挺无聊，就是一段风流韵事。其实就如一位历史学家所说的，他不相信孝庄下嫁了多尔衮，原因很简单：没有史料可查，不仅汉文史料中没有，满文的也没有。以前的史料里记载过不少北方民族精明强干、受人尊敬的太后改嫁的事，这并不影响太后的形象和地位，只不过这些故事没有流传到汉族民间，引起剧作家们杜撰的"秘史"欲望。清朝初年孝庄和多尔之衮间确实存在着某种微妙的联盟。如果当年长期生活在禁欲文化中的汉族人理解不了，今天有点恋爱经验的人应该很容易理解——如果男女之间感情上有那么一点暧昧，在政治上或者工作中也就会有那么一点默契，不过如此吧！

孝庄有一幅晚年的画像流传于世，很有神韵。画中身着便装的孝庄坐在床榻上，手执佛珠，她似乎正在听什么人说话，而且说话的内容引起了她的注意，看得出她是个刚毅、坚韧、主控着大局的老太太。而她年轻时是否美貌，晚年是否风韵犹存，画的创作者和被画者都不关心。蒙古族人虽然大男子主义，但是很尊重妇女。草原上生存环境严酷，人们都喜欢女人能干有主见，而不喜欢女人娇气柔弱。这样的文化背景下，才会出孝庄这样的女人。这也是草原的魅力所在。

真实的科尔沁第一次撞进我视线的时候，令我非常意外。那是一座城市，很多在那里长大的人都没有见过草原。那个叫科尔沁的地方，是内蒙古通辽市的城区，街道上人群来来往往，一眼很难区分出是蒙族还是汉族。只在一些民族特色餐馆里，才有穿着蒙古袍的人演出一些歌舞节目。这些节目像摆拍的民族风情照片一样，有明显的伪造痕迹。

蒙古族人在酒桌边的歌声其实是一种很自然的文化现象，许多蒙古人天性腼腆，很少表达感情，酒至微醉的时候，感情随着歌声汇入舒缓深情的旋律流淌出来，这就是滋养千万首民歌的文化基础，是任何舞台化的表演都代替不了的。

和我们吃饭的人当中有一位蒙古人，别人都叫他"敖局长"。他是一位老教育工作者，谦逊而温和，喜欢在酒后唱家乡的歌曲。科尔沁草原就在他的歌声里："绿色的土地广阔无边，天边飘来座座白毡房……"科尔沁原来有那么多民歌，流传出来的是那样贫乏。

敖局长并不姓敖，传统上蒙古人称呼人的习惯有点像西方人，是姓名分开叫的，但是现在，受汉族影响都简化了，当地的汉族同事以他名字的第一个发音称他为"敖局长"。敖局长本姓包，一个令蒙古人骄傲的姓氏，和孝庄、僧格林沁出于同一个家族——鲍尔吉金，成吉思汗的黄金家族。

在蒙古族大部分地区姓包就意味着是成吉思汗的子孙，但科尔沁的包姓人是成吉思汗的弟弟哈撒儿的后裔。哈撒儿是蒙古史上著名的英雄，他勇猛无敌，有着可以和哥哥媲美的军事政治才能，同时对哥哥、对整个家族忠心不二。哈撒儿因为才能出众、军功卓著，在蒙古帝国中的地位很高，领地广阔，属民众多。他善于射箭，箭术当世无双，"科尔"在蒙古语里是一个跟弓箭有关的词，"沁"是表示人的名词后缀，这就像英语里的"teach"和"teacher"，他的部落就叫做科尔沁部，部落的领地叫科尔沁草原。虽然哈撒儿的说法有传说成分，但是谁说那些被风吹散的传说不能被当作历史，又有多少史书上记的东西完全禁得起推敲和考证？

我喜欢科尔沁的传说，那些英雄的传说，科尔沁是英雄创造的，科尔沁总是有英雄的，清朝"倚之为长城"的僧格林沁亲王，随着一首歌曲在世间流传的嘎达梅林……但是置身于此地，草原似乎也只是个传说。

离开市区，我急于见到的草原并没有出现，公路两边都是农田，高而直挺的玉米密密麻麻地立在田里，从脚下一直延伸到天边。没有草地没有牛羊，没有牧歌。

玉米地无穷无尽，偶尔有砖房和泥房混合的村庄掠过窗外，鸭子在村边的小水泡里游泳，鸡在玉米地的边缘走来走去，神经质地抖动着脖子，一只体形巨大的黑色的猪从村子里跑出来，一大群小崽子跟在它后面。多年以来，敖局长的一句话一直刺在我心里，他说："通辽是内蒙古的粮仓，这里的粮食好啊！"我总觉得这话不应该是他说的。

科尔沁的地域范围实际上包括今天内蒙古通辽市、兴安盟两个地级行政区，还有赤峰市东北部、辽宁、吉林西部的一些地区，那里曾经都是水草丰美的大草原。科尔沁部一度强大到成为蒙古三大集团之一，西方的卫拉特、中部的蒙古本部和东方的科尔沁。在那个时期，蒙古本部大多数时间，处在纷争和动荡之中，而东西方的两大集团则相对强盛。和总想取代本部的卫拉特不一样，科尔沁是本部的亲戚，虽然也经常闹矛盾，但科尔沁总的来说比较支持本部，并且寻求草原的和平及与周边民族的和解。这个部落在满洲强大起来的时候，没有选择誓死抗击，而是选择了成为他们的盟友。今天中国的版图和国际身份基本上是从清朝继承下来的。当清朝覆灭，蒙古国以90%以上的公民投票结果选择独立的时候，科尔沁人却不舍得离开这个自己参与缔造并且为保卫她流过很多血的国家，今天中国境内的蒙古族人口一半以上是科尔沁人。

在清朝，科尔沁和大部分蒙古地区一样享有着一项重要的权力：蒙地禁止开垦。这条措施今天听起来非常环保。世代生活在草原上的人知道草原的生态脆弱，植被不能轻易撕破，知道这片物产贫瘠的土地养育不了太多的人口。

北洋军阀时期，已经退化暗弱的科尔沁大大小小的王爷们开始出售自己的领地，也就是那个时候有了嘎达梅林的反抗。抗垦运动失败以后，饥饿的、人口基数巨大的汉族农民涌向草原。从那时起草原渐行渐远，退却到更加偏远干旱的地方。潮湿、低洼、有水源的土地最先被开垦成农田，那也是草长得最好的地方，从此不再有"风吹草低见牛羊"，而只有"浅草才能没马蹄"了。

后来，向科尔沁的移民和开垦越来越严重，马头琴大师齐·宝力高文革结束时从监狱回到阔别十年的家乡，他这样描述当时的景象："我一看我的家乡，科尔沁大草原啊，不像样，坑坑洼洼，大队长骑着马，举着鞭子，赶着农民趴在那种地……"改革开放以后，商品粮基地建设再次深入到科尔沁地区，草原的面积越来越小。干旱的土地上，被排挤出来的牧群显得过于拥挤了，仅剩的草场也面临着严重的沙化威胁，新闻里每每称之为"科尔沁沙地"。

在变迁难以抗拒的时代，存在有时候就是一种成功。科尔沁蒙古族人在汉族移民涌入的最初岁月里，也朝两个极端发展过，一部分人离开了家乡，去寻找可以放牧的草原，另一部分人被完全同化了。但是善于寻找平衡保全自我的科尔沁人在调整一段时间之后再次找到了平衡点，他们留下来成了蒙古农民。他们种的玉米主要是商品粮，也种水稻，种在有活水的地方，给自家人吃的，真正的上等东北大米。

农耕的科尔沁，已经成为蒙古族中一个独特的部落。科尔沁的短调民歌很有特点，不同于蒙古长调，据说是农耕以后，面对不再广阔地域，产生的旋律较短的歌曲。蒙古族著名的集体舞"安代舞"实际是科尔沁地区的舞蹈。科尔沁蒙古语因为加入了太多的汉语单词，已经和蒙古国、中国西部的蒙古语互不相通了，但它的语法和思维逻辑却依然没变。而且教育发达，会讲蒙古语的人比例很高。找不到草原的科尔沁依然出产好马，而且还是中国马王之乡。每年的8月18日，珠日和牧场会举行赛马大会。但是科尔沁的马是适应场地速度赛的，而不是蒙古传统的几十公里的越野。

敖局长指给我看公路边上的几个小伙子。他们光着膀子，皮肤被太阳晒得黝黑，骑着黝黑的马，马背上只有一根缰绳，没有鞍子，也没有马蹬。他们那样悠然地走在玉米地边，深绿色的玉米从他们的侧面一直延伸到天边。敖局长轻轻拍了拍车座的靠背，那就是从心底对小伙子们精湛骑术的赞扬。在玉米地的中间有一块不平整的空地上，一个羊倌追着羊群奔跑，虽然没有穿蒙古袍，但是可以却信他们都是蒙古人。

开拖拉机的科尔沁人依然骑马，种玉米的科尔沁人依然养羊，汉语说得很流利的科尔沁人聚在一起时就讲蒙古语。就像草原上流传的那首歌："草原在哪里？草原在哪里？草原就在我们心里……"

乌珠穆沁：天堂里的牧马人

天堂是什么样的？在每个人心里它都是不一样的。腾格尔用一首歌告诉人们蒙古人心里的天堂，这个天堂据说就在乌珠穆沁。

牧民达布希拉图的家离西乌珠穆沁旗旗府大约100公里，到达他家的时候是大年初二，他是今天的草原上越来越少有的一种人——牧马人。他似乎并不乐意看到陌生人因为他的马群而拜访他。牧马对他来说是一种生活，一种追求，甚至是一种信仰，和外人的好奇心毫不相干。

我在那里的时候，锡林郭勒盟的地方电视台正在放一部纪录片《都仁的婚事》，一个叫都仁的小伙子坚持按传统礼仪骑马去迎亲，可是遭到双方父母的反对。因为现在的草原上，凑起一只迎亲的队伍已经很困难了。乌珠穆沁草原上，有马群的人家非常少了，很多人家都只留了一两匹坐骑。但是达布希拉图依然有马群，他喜欢马，不仅放牧，甚至去近处的亲戚家别人都开吉普，他还是骑马。他说，马是蒙古人的传统，他要这样骑着马走来走去，也是给周围的年轻人做个榜样。

有时候我觉得达布希拉图挺执拗的，他恪守着蒙古族很多传统的礼节，甚至保存着古典的个性。我在他家的时候，他一直少言寡语，蒙古人在陌生人面前的害羞有时候表现为一种沉闷的冷漠，让初来乍到的人不好适应。但是他准备去干活的时候，就看我一眼，意思就是问问我，要不要一起去看看。

曾经有人告诉我，如果你想真正了解蒙古人，一定要在冬天来草原。蒙古人的性格并不是在水清草美的季节里养出来的，而是在冬季的寒冷和风暴中摧炼出来的。天空很晴朗，没有云，一丝风也没有，我的脸却像刀割一样疼，不停地流鼻涕，我用戴着手套的手沾了一下，指尖立刻结冰了。照相机不工作了，是我呼吸造成了局部的温差，我只好像用数码相机那样远远地举着它。

第一天，还看不到马，马群在很远的草场上放着。达布希拉图的工作相当忙，虽然是大年初二，正在下羔子的羊群却不会给牧人放假。他一言不发地忙碌，我跟在他后面，从一个羊圈跑到另一个羊圈，然后看他拿起套马杆，骑上马，消失在围栏那一边的牧场上。

晚上的时候，达布希拉图来到我和帮我做翻译的萨日娜待的那间屋里，我知道他想告诉我一些牧马的事情，但是他并没有主动开口。后来我们聊到他为什么坚持牧马，他的情绪有点激动了，很难得地长长地说了一大段话。我能听懂的蒙语很少，但是我听过一首歌《父亲是牧马人》，那首歌用一种凝重而深情的曲调反复吟唱："我父亲是牧马人，我父亲是牧马人……"此刻我也听到达布希拉图不断重复着：我父亲是牧马人。

草原上牧民的收入主要来自畜群，绵羊出羊毛，山羊出羊绒，奶牛可以挤奶，做奶制品。牛羊还可以杀了吃肉。但是马群却不能，蒙古人不吃马肉，马身上，略微值一点钱的是马鬃，马鬃可以编成绳子，勒在蒙古包的毡墙外边，但是产量很低，基本上不能到市场上卖。养马只有把小马养成年出售这一种收入途径，由此得到的收入和付出完全不成比例。养马非常辛苦，而且草原上还时常有外地来的盗马贼趁夜将成群的马赶上汽车拉走，牧人们常常要半夜起来去看马群。现在的牧马人都是因为热爱才坚持的。

达布希拉图家几年前还有300多匹马，历经磨难，现在只剩两个儿马子了。这是草原上数马的方式，儿马子就是种公马，马群的首领，有一个儿马子就意味着有30匹左右的一个马群。

第二天清晨，达布希拉图13岁的儿子抱着沉重的马鞍，举到肩膀和自己差不多高的马背上，帮父亲备马。他哥哥开着吉普车，载着我们跟他一起去看马群。离开定居点，草原逐渐开阔，人的心情也跟着好起来。有一点微微起伏的土地被雪覆盖着，反射着耀眼的白光，达布希拉图远远地骑着一匹马，从一个坡地后面上来，用望远镜寻找他的马群。70匹马的马群在广阔的草原上显得太少了。

发现马群以后，达布希拉图骑着马从侧面绕过去，马群看到牧马人就迎着我们跑过来。冬天的马毛很厚，看着不像夏天的那样矫健，但冰天雪地里依然精神抖擞。达布希拉图的哥哥，指给我鬃毛飘舞的儿马子。

它的马鬃很长，据说有的儿马子马鬃甚至可以拖到地。每年春天剪马鬃的时候，儿马子的马鬃是不剪的，因为儿马子威风，剪马鬃要把马按住，这样会灭儿马子的威风。这个小小的细节里，其实包含着蒙古文化中的处世态度和价值观念，蒙古人从来不刻意修理那些人群中拔尖的人，如果他是匹儿马子，他就应该那么威风。但是套马的时候，小伙子们都争着套儿马子，因为好玩，儿马子力气很大，它常常咬住套马杆就抢走了，厉害的儿马子有时能一连抢走四五个套马杆。

乌珠穆沁是摔跤手的故乡，跤王米苏拉有一次聊天的时候告诉我，他们每年春天都会帮助有马的牧户剪马鬃。那时候，他们这些力气大的人负责把马按住，但马的力气更大，有时候双手实在没力气了，也要坚持，马要是跑了跤手也会威名扫地。他说这种训练比跟人较劲效果好得多。而对牧马人来说剪马鬃就是个手艺活了，也像人剪头发一样，可以剪出不同的发型，每个人都有自己擅长的形状，也会根据每匹马的长相、毛色选择不同的样式，剪过之后大家还会相互炫耀。

到了抓赛马的时候，每匹被选中的马都要经过严格的训练，配置特殊的食谱，吃草、喝水的时间、食量都有严格的控制。

我在乌珠穆沁草原上看过一次赛马，那天下着雨，马蹄溅起的泥巴直接扬起到后面小骑手的脸上，孩子们迎着飞溅的泥巴无法躲闪，咬紧牙关依然催马向前。旁边的吉普车上两个等待上场小骑手，穿着传统的赛马服装——鲜艳的衣服，带飘带的帽子。他们不时打开车门，迎着雨，迎着冷风，兴奋地眺望。这些马背上长大的孩子从小就这样坚强而充满热情。

虽然今天的战场上不再有勇猛无敌的蒙古骑兵，但是草原上马的故事依然精彩，有马的牧民是幸福的。

蒙古人心中的天堂被腾格尔概括得准确而精炼："蓝蓝的天空，清清的湖水，绿绿的草原……奔驰的骏马，洁白的羊群，还有你姑娘……"这样的天堂如今只存在于如乌珠穆沁这样少数的几个生态和文化孤岛上，而且危机四伏。

几年前，草原经历了罕见的大旱。那时候，达布希拉图夫妻俩每天不停地摇抽水机给马喂水，但是水井里的水也越来越少，摇一阵就要等一会儿才能有水再往上抽。那一年达布希拉图也想过要放弃牧马，准备入秋以后把马群卖掉，但是到了秋天，他舍不得了。冬天遇到暴风雪，所有的交通都瘫痪了，幸亏他们家的马多，可以轮流套上雪爬犁到旗里拉救灾物资。现在达布希拉图再也不想放弃马，无论有多少困难他都会坚持，他说：除非上面不让养。

这也不是没可能，草原退化原因很多，不同的地方，也有不同的具体情况，只有一条很明确，工业化以后，草场迅速退化，按照传统方式游牧的时期并不这样。可是今天的人们却喊着保护草原的口号，让世代游牧的蒙古人都盖起了羊圈，绵延千里的草原如今围栏纵横。但事实上，牧民都知道，草原上每盖一间房子附近500亩草场就会因为常年得不到休息而废掉。正是围栏破坏了生态循环，才使马这样的大型动物生存艰难。但说不定哪天会有个新的科研成果说马破坏草场不能养，尽管当初数以百万的蒙古马，如今已经难得一见了。

达布希拉图家附近，有一片水泡子，到了冬天，水就干了，湖底结着一层白色的碱，马群吃碱，就像人要吃盐一样。他赶着马群沿着两条围栏间的路走向水泡子。有了围栏以后，草原上的道路就定下来，牲畜、车子都只走这一个地方，时间长了已经寸草不生，成了草原上的一道道纵横交错的伤疤。但是此刻，雪被风吹起来，又被围栏挡住了，形成又深又厚雪层，马沿着熟悉的道路踏雪而过，一切生态危机都暂时埋藏于大雪之下，乌珠穆沁依然是牧马人的天堂。

巴音布鲁克：梦结束的地方

我从库尔勒下飞机，本可以向西直接进入巴音布鲁克，但是我却绕过整个天山，从伊犁向东进入巴音布鲁克。我特地把巴音布鲁克作为最后一站，因为那是我最想去的地方。长途旅行需要有一个梦想的终点，无论真的到达那里是满意或者失望，它的力量可以牵引你走完全程。

这样我进入巴音布鲁克的路线和成吉思汗西征大军的路线相反，和土尔扈特东归的路线是一致的。200多年以前，土尔扈特部可汗渥巴锡，率领他的军队和百姓，离开伏尔加河下游的钦查草原，那个成吉思汗的孙子拔都当年征服过的地方，万里奔波返回故乡。

汽车在那拉提的高山深谷间穿行，10月，牧民正在转场，可以看到正在收起的毡房，五边形的木栏杆组成的羊圈静静地立在层林尽染的山坡山，除此之外再无丝毫人工痕迹，古老的游牧生活和大自然如此和谐。由于政策原因，新疆的游牧生产方式比内蒙古大部分地区保存得好。

当车子穿过一道山梁，草原忽然像低昂的蒙古长调一样舒缓地展开，一瞬间丰富的色彩都消失了，只有纯金色的草原。前方的山岗上，一座敖包静静地矗立着，披着金色的斜阳，山下是一座小镇，典型的蒙古人的土地。

进入巴音布鲁克小镇，开始有马匹出现在我们周围，既不是高大的伊犁马，也不是粗壮的蒙古马，马不高，但身材秀丽，马蹄抬起和踏地的动作很有韵律，像跳盛装舞步。穿过小镇即有羊群，黑色的身体结实的绵羊聚在一起，像一副英国油画。到天鹅湖边上，我们的车子停下来，那有一个蒙古包，一只黑色的卷毛大狗很乖地走到我身边，我伸手在它的长毛里摸了摸。这种感觉很震撼，这些欧洲品种的狗和牲畜，是被土尔扈特人万里迢迢带到巴音布鲁克的。这个世界上竟然有人愿意抛弃先进的欧洲，回到古老落后的亚洲来？

电影《东归英雄传》和历史并不靠谱，但能传递一个民族的情感。年轻的土尔扈特英雄们在无边的草原策马飞奔，忽然间到了一个乱糟糟的小镇，撞进镜头的竟然是穿着马裤，白衬衫扎在腰带里的瘦高的俄罗斯士兵。那个镜头也许注释了土尔扈特人东归的一个原因——文化压力。草原不再纯净了，现代文明像传染病一样侵入到草原深处，让生活在古朴世界里的土尔扈特人浑身不自在。

在伏尔加河流域过去的300年里，土尔扈特人在精神上一直效忠远在新疆的卫拉特汗国，派人参加他们的会盟和庆典，信奉喇嘛教。为了在远离祖国的地方安身，他们参与土耳其人、俄罗斯人的战争，在周边慢慢发展强大的势力间寻找生存空间。他们惦念着遥远的祖先的故乡，漠视着世界的变化。只是在武器从马刀变成鸟枪变成大炮的时候，他们的伤亡惨重起来。

年轻的可汗渥巴锡似乎很理想主义，他居然想回家，回到连他的爷爷都没有见过的故乡，那片土地那样遥远又那么凶险，刚刚有几十万蒙古人葬身在战火中。18世纪中叶，准葛尔汗国被清朝彻底打败了。据《草原帝国》记载："准葛尔部人民，主要是绰罗斯与辉特二部，几乎全被消灭。"远在伏尔加河下游的渥巴锡听说他兄弟部落的故地已经成为无人区的时候，他决定率部认领这片土地。

起事的那一年，伏尔加河久久没有封冻，河东岸的居民无法赶着牲畜过河，因为担心时间久了走漏消息，渥巴锡最终选择抛弃他一半的臣民，率领西岸的部众东归。他的出走遭到俄罗斯人的拦截，也不受清朝的欢迎。清政府最初听到这个消息大惊失色，向途中各国献上厚礼，请他们拦截。土尔扈特人一路遭到疯狂地袭击，几十公里长的队伍，牲畜和老百姓放在中间，前后部队往反冲杀，一路杀到准葛尔故国的边境。远远的清朝的边防前哨已经能够看到了，损失了一半军民筋疲力尽的渥巴锡知道自己没有力量攻取伊犁了。开了几个月的会议之后，渥巴锡决定接受招安，向清朝投降。之后才是我们历史书上讲到的热烈欢迎。

尽管渥巴锡只带回来7万人，还是被分成四个部分，安置在相距遥远的地方，渥巴锡自己的领地没有被安排在北疆四通八达的准葛尔盆地，而是在巴音布鲁克。巴音布鲁克草原实际上是天山内部一块巨大平坦的谷地，只有3个出口通向外界，至今仍然交通不便。这是渥巴锡梦想的终点，不知他那时是怎样的心情。

我骑上马，朝天鹅湖的方向走过去，天鹅已经被游客惊走了，草原静悄悄的，湖水里立着红色的芦苇，远处是雪山。开都河静静流淌，四周的山脚下，碎镜子一样的小水面映着艳蓝的天，巴音布鲁克，就是泉水丰盈的意思。在我到达过的草原里，只有这里还有野狼在夜色中悄然前行。

土尔扈特人属于西方的卫拉特，和东方的蒙古人不一样，他们从不曾匍匐在大汗脚下，没有做过忠实的奴仆；也不曾主宰庞大帝国，滋生出征服者那样宽宏和悲悯的性格；巴音布鲁克封闭的地域保护了传统文化，土尔扈特人身上于是有令各地的蒙古人称道和艳羡的那种古典气质。毡房边上有两个瘦高的蒙古小伙子在夕阳下拴马。毡房的门口正在晒奶疙瘩，我蹲下来，捡起来偿偿，还没晒干，软软的有点酸。一位老阿妈微笑着从毡房里走出来。

这就是渥巴锡为子孙后代追求来的生活，我忽然领悟到他心中的那份高贵——并不是每一个人都觉得现代的生活比古朴的生活更好，生活在现代文明中的人有几个真的感觉幸福？可这世界上却总是有"文明人"热衷于改变别人的生活。今天的巴音布鲁克时常有令人不安的消息传出，有人说开都河上要修水电站，淹没大片的草原，有人说天鹅湖要承包给旅游公司，到时牧民都要牵走。草原深处升起袅袅炊烟，白色的蒙古包星罗棋布，古朴的唯一缺陷是它阻止不了现代文明的渗透，就像那些被游客惊走的天鹅。

2005年3月 北京

锡林河的孩子

锡林郭勒是一片草原的名字，郭勒在蒙古语中的意思就是河，锡林是那些低矮的山岗，穿越山岗的河就是锡林郭勒，锡林郭勒是一条河的名字，也是一片草原的名字。锡林郭勒草原很大，有一个法国那么大，但是锡林河很小，流水潺潺，就像一条小溪。

在锡盟和赤峰的边界附近，我们的汽车开过一座不太长的也不太高的桥，公路平坦、地势平坦，车子飞驰而过，忽然有人问："哎呀，咱们刚才过的什么桥？"我们都知道锡林河就在这附近，所以连忙倒车回去。

果然是锡林河，她那样小，那样细弱，却养育那样广阔的土地，她看上去那样宁静，但实际上那样艰辛。

草原上很多地方用水做名字，呼伦贝尔、巴彦淖尔、巴音郭勒、巴音布鲁克……小地名就多得不用说了。草原是缺水的地方，水是值得感激和赞美的，蒙古人喜欢赞美他们生活的世界，无论生活多么艰苦，一湾清泉、一池碧波都是长生天的恩赐。

清澈的水源养育着清澈的心灵，那些清的像泉水一样的孩子们。

流鼻涕的萨其日拉图

离开那个在锡盟度过的冬天已经两年了，那个神奇的孩子萨其日拉图一直在我心里，不知道他现在怎么样了。我见到萨其日拉图的时候有点诧异，这孩子虎头虎脑，浓眉大眼，长得非常漂亮。穿着一件蓝色的小蒙古袍，蹬着小靴子，路都还走不好呢，却跑来跑去，他的脸红得发黑，还不停地流鼻涕。

孩子是我采访的那一家人的小外甥，是几家亲戚里最小的孩子。他有四个舅舅、五六个表哥表姐，表哥表姐中最小的都13岁了，他只有三四岁大，所以一家人的目光都在他身上，他还经常在大家怀里被传来传去。

我去他家的时候正是春节，蒙古人叫"白节"。草原上，亲戚们家住得都很远，有时要在汽车上颠簸四五个小时才能相互走访。一进门，亲戚们按照传统的礼节互相拜年。蒙古人古典的拜年方式是双方捧着哈达，相互碰手，长辈的手在上面，晚辈的在下面，哈达并不互相献，礼毕就各自收回。即使在蒙古族地区完整地保持着这个礼节的部族人家也不太多了，但至少在萨其日拉图的家乡这个礼节还没有失传的迹象，因为萨其日拉图这样的小屁孩也懂得并且尊重着这个礼节。

亲戚们相互见礼的时候，萨其日拉图也拿着一根哈达，追在大人屁股后面。大家看到他这样就笑起来，但每个人都认真地和他见礼。萨其日拉图最小的舅舅是个牧马人，我那一次就是为采访他而做的旅行，他对蒙古族古典文化非常看重，对承传马背文化传统尤其在意。他是个严肃、英俊、有点忧伤的蒙古牧民，他很认真地接受萨其日拉图拜年，一点也不笑，让他把一套动作做完整，全家人都热切地看着，仿佛要把舅舅的精神注入到萨其日拉图小小的身体中。

萨其日拉图还有一个舅舅，是旗里的旅游局长。他对我比家里其他人都热情得多，人还保持着朴实，不过说话已经不那么实在。他领我来他弟弟家的路上，一再向我说明，这里的牧马人已经很少了，像他弟弟那样骑着马出门的人在这一带只剩他弟弟一家，其他人家都骑摩托或开汽车。仿佛他弟弟是一个宝贵的活化石。但是在去他家的路上，我们虽然看到一些骑摩托和开汽车的牧民，也看到几个骑马的人。这样的舅舅很热衷让萨其日拉图配合我的镜头，但是每次一哄，孩子就会哭起来，而且是放声大哭起来。大过年的，孩子这么大声地哭，弄得我很窘迫，一家人也很不舒服，都纷纷离开那间暖和的屋子。这个上班的舅舅和家里人似乎有点隔阂，但也不太大，蒙古人性情宽厚，对自己不习惯的事情也能默然容忍，何况这个舅舅是个见过世面的人，还曾经带着其他舅舅去过北京、深圳和蒙古国。他朴实地兜售着家里的传统生活，成年人不很愿意，就腼腆的离开，孩子却以他的天性大哭起来。晚上我坐在厨房里取暖，萨其日拉图和一家人挤在房子中间的屋子里看电视，不知道为了什么事情，他母亲叫他到厨房去，他倔强地说："到厨房去可以，但是不能给我拍照片。"听到这话，只有我和帮我做翻译的朋友在笑。

萨其日拉图在很多地方很像他牧马的舅舅，他也一样不爱笑，以一种冷漠对抗着草原以外那个他不熟悉的世界，又用冷而硬的傲骨热爱着荒原上的生活。第二天，他不怎么太抗拒我的镜头了，我开始能拍到他的背影，舅妈为他整理蒙古袍，他乖乖地趴在舅妈的怀里，享受舅妈的爱。有时候，我觉得整理蒙古袍也是个仪式，在草原上各种传统都退化的今天，很多人穿袍子也不会了，这孩子才那么小，还不停的长个，家里人就做给他这么讲究的袍子，像大礼服一样讲究、漂亮，穿的时候又那样一丝不苟，这些都可以在很小的时候种在孩子的心里。

有一个镜头，我的印象很深刻，他睁大了眼睛，好奇地，但冰冷地看着我的镜头，目光散落在我的镜头上，心却好像想别的去了，这个小不点的心里还有一个多么大的世界呢？在他身后，他不善言谈的舅舅正在为他整理蒙古袍的腰带。我没有拍那张照片，我想即使这张照片能够流传在这个世界上，又有多少人理解这两个人呢？冷而硬的热爱照片是照不出来的，照片或许会被理解为迷茫、好奇……也许还有别的，算了吧。

今天的萨其日拉图无论在性情上还是行为上，都更加贴近牧马的舅舅，但不知道它长大了会怎么样。他的一个表哥在外面上大学，现在，对家里的一切表现出一种不好意思的羞赧，并不是牧民见到生人不习惯的腼腆。不过小一点的表哥却不一样，他还没有走出牧场，他在清晨，带着一种坚守的高贵给父亲备鞍。萨其日拉图还没上学，在两个表哥中，他也更接近这个小的。不知道他长大后会怎么样。有消息说，苏木的小学校要撤掉，孩子以后都要到旗里上学，旗里离萨其日拉图的家有100多公里，那时孩子和土地的关系、和家人的关系都会变得遥远，这个今天天性坚定的小男孩，会不会有一天也露出羞腆的笑容呢？

　　冬天的荒原很冷，不要说滴水成冰，就是我们的呼吸沾到围脖上、手套上、衣领上也很快结成了冰霜。我被这寒冷限制住了，手无法正常按动相机的快门、眼睛无法正常观察四周的情况，甚至鼻子无法正常呼吸。我正在吃力地调整自己的时候，忽然发现牛圈的矮墙场蹿上来一个小小的人物——萨其日拉图。他竟然笑着，一点也不像屋子里的那个小孩那样腼腆、倔强，他正跳上比他还高的矮墙，站在上面，接着又跳下来了，蓝色的蒙古袍，紫红的围巾在风里飘。在零下20度的原野上，一个冻得小脸黑红的小孩，正撒欢似地跟在哥哥们身后跑。不，他仍然很倔强，即使哥哥们都大了，玩的时候并没有照顾他的意思，他仍然紧随着。有时哥哥们会突然回头，把孩子抄起来，抱在怀里，跑一会又放下，他依旧紧跟着长大的哥哥们跑。这孩子长得真太结实了。

　　第二天下午，我们来到他们的一个亲戚家，那一家人同样喜欢逗孩子，他们送给萨其日拉图一瓶花生奶，然后跟他说："你收了我们的年礼，还什么礼呀？"萨其日拉图左看右看，没有回话，把花生奶拧开喝了一口。那家人又说："你们家有很多牛，就还一头牛吧！"萨其日拉图又喝了一口，然后想了想，把盖拧上，把花生奶放回到桌子上，表示不要了。大家都笑起来。大家于是哄他把奶拿上，他犹豫不决，一会儿放进蒙古袍胸前的兜里，一会儿又拿出来，很不放心的样子。后来他把花生奶拿回了家，家里人又逗他："听说你用一头牛换了一瓶喝的东西，是不是真的？"他左右看了看两边的人，想确认一下自己是不是上当了，看到大家严肃的表情，他伤心地大哭起来。一家人又忙着笑，又忙着哄他。草原上的小男孩似乎很爱哭，倒不似小女孩那样机灵有心，可就是这样的小男孩，将来可以长成顶天立地的蒙古汉子。

　　草原上有很多咬人的狗，很凶，萨其日拉图家也养了。我们到他家门口，他的表姐把一条狗拉住，好让我们进门，另一条却一直大叫不止。萨其日拉图虽然还没有狗双腿站起来高却凶巴巴地冲过去，抬腿做出要踢狗的样子，狗居然怕他，虽然汪汪的叫，却也不敢上前。

　　草原上地势平缓，周围有些微微隆起的山包，在我看来哪里和哪里都差不多。小小的萨其日拉图却说：我们来时走得不是这条路，大家都笑了，小家伙说得对，他已经认识难认的草原路。

天使阿纳尔

　　阿纳尔是个城市里的孩子，她很淘气，很少见到城里孩子像她那么淘气。她可能本来是大草原的孩子，圈在城市里，地方不够她闹的，所以她才这么淘气。

　　阿纳尔的父母带着我和他一起去亲戚朋友家拜年，以便我熟悉蒙古族的过年讲究。他们的一个朋友住在锡林郭勒以北的牧场上，直到今天仍然住蒙古包，他们家的牧场被一条公路切开，两边分别作冬场和夏场。两边的牧场上各有一所很漂亮的房子，不过那房子是羊圈，是他们为羊盖的，他们夫妻二人住在蒙古包里，因为他们喜欢蒙古包，习惯那里面的生活。

　　这家的男主人见到阿纳尔的父亲立刻高兴起来，伸手就要比划比划，就是摔跤，我发现这仍然是草原上男人们见面时很自然的打招呼方式。两人角了角力并没真摔就到屋里喝茶。阿纳尔照旧很淘，在爸爸妈妈中间爬来爬去。主人招呼阿纳尔的父母穿上他们家的袍子，好像这样会增添屋里的气氛，也可能是因为他们这里地近公路，经常招待旅游者成了习惯的缘故。不过阿纳尔的父母穿上袍子以后气质立刻不同起来，父亲很魁伟的占据很大地方，母亲也变得很端庄，阿纳尔本来就穿着小蒙古袍，更加玲珑起来。

　　主人和客人相互见过礼，阿纳尔要给主人敬酒，虽然淘气，但是一旦敬酒，阿纳尔的神色就严肃起来，很认真地把装满酒的酒杯举到主人面前，好像在做一件很重大的事情。主人也给我们敬酒，她很抱歉地说，她不能喝酒，这几天母羊下羔子，忙，更不能喝。她原来滴酒不沾，只是因为这个地方常有客人来，她才学着喝的。真有意思，我们都以为蒙古人能喝酒，可是走访了几户牧民都是不喝酒的，也许这里的牧民认为汉族人很能喝酒吧。

阿纳尔的父亲是个司机，也是一个牧民的儿子。他成年的时候，他们家按照牧民的成年礼还为他准备了一副马鞍，现在马鞍放在家里，是一件重要的陈设。阿纳尔的家住在城市里，是一套两居室，家里堆满了阿纳尔的玩具。充气的塑料球，大得她可以坐在上面的小鸭子，孙悟空的金箍棒和猪八戒的九齿钉耙，都是充气玩具。她看蒙语版的《西游记》，穿着蒙古袍带孙悟空面具玩。阿纳尔的家里很重视培养孩子对草原的感情，每年都把她送到草原上的亲戚家住一段时间，孩子在草原上从一个山坡跑到另一个山坡，去吃奶豆腐，亲戚还为她缝制了手工的小蒙古袍，但阿纳尔也是看动画片长大的一代，她的家里整天放着《猫和老鼠》，即使她玩其他游戏的时候，也不肯让电视停下来。

阿纳尔很漂亮，她的姑姑有个朋友叫塞罕娜，也是个很漂亮的蒙古姑娘，她在一家电视台工作，她虽然是蒙古人，可是穿着时尚，对古老的蒙古风俗已经陌生，不喜欢蒙餐，喜欢西式快餐。有时候我想，阿纳尔长大了会不会也变成那样的女孩？但是有时候我觉得不会，因为阿纳尔的父母虽然离开了草原，却仍然和草原保持着深厚的联系，他的父亲仍然把雕花的马鞍放在家里，他的母亲，仍然喜欢朋友家新生的小羊羔。但阿纳尔究竟会怎么样呢？我们谁也不知道。

海热

我做梦也没想到美丽的乌云花会变成那个样子。乌云花是我见过的最美丽的蒙古女人，美丽、端庄又有几分清秀，她是海热的妈妈。她是个牧民，却比许多城里人还要漂亮。过年的时候，她穿一件绿色的蒙古袍，她丈夫穿蓝色的，夫妻俩坐在一起，就像一副画，美得有点不真实。

海热也是个小姑娘，长着圆圆的脸蛋，长头发扎成两个小抓髻，像其他牧民家的孩子一样有点酷酷的。她那天穿着一件绿色的小羽绒服，妈妈把她的脸小心地围在一条厚围巾下面，她的脸才没像萨其日拉图的脸一样变成通红的红黑色，那是她的母亲对她十分珍惜。

新年，她爸爸骑着摩托，带着她和妈妈给爷爷拜年。进了门，海热酷酷的脱下外套，露出鲜红的蒙古袍，没用任何人教，海热拿着一条哈达走到爷爷面前，扑通一下就跪下了，给爷爷磕了个头，在一旁的舅妈看到孩子这么懂礼节，欣喜地把双手抱在胸前。

海热的爷爷是个退休的国家干部，老爷子对牧民、对草原、对蒙古族的传统非常在意。受他的影响，家里的孩子们也都很虔诚。过年的时候，他们祭火、祭祖先，家里的小孩子也学着大人的样子把黄油和干果放在火上。但不知为什么，老爷子家里少一样每一户牧民家都有的东西，就是成吉思汗像。海热的父亲一定是看到了，所以新年买了一张成吉思汗像作为礼物送给老爷子。真是个细心的青年。

海热家那时已经搬到了奶牛村，政府给他们盖了院墙，贷款买了牛，他们还没有盖房子，搭了两个蒙古包，虽然是冬天蒙古包里却烧得很暖，海热脱去外衣只穿秋衣秋裤，和她城里长大表姐阿纳尔一起就像一对双胞胎，只是海热显得更结实一些。

奶牛村是为围封转移的牧户修建的村子。按照围封转移的政策，海热家卖掉了500头左右的牲畜，贷款买了奶牛，奶牛很贵，一头要一万多块，比牧场上的几百块钱的土牛贵得多。根据推行这项政策的部门的计算，这些奶牛的产值也比土牛高得多，但单就产奶量算，差距绝对没有那么大，最多三五倍。当时我很怀疑，但是海热家的人也没说什么。他们觉得牧场上的草可以打，再养几头日子应该也还可以。

虽然推行政策的时候怎么算怎么合算，但是一年后我再到这一家拜访却发现美丽的乌云花变得又老又瘦，像个小老太太。海热则变得黑黑胖胖，像个农村长大的小丫头。他们的村庄越发像个汉族农村的小村子，一点没有牧场的味道。乌云花说，他们买的奶牛一共5头，都是2岁的母牛，没下过小牛犊，也没有牛奶。乌云花已经白养了这些小牛一年了。家里堆积如山的草料捆让我大惑不解。围封转移说是为了保护草场，可是牛羊圈起来就不吃草了吗？牛羊放养在草地上，吃草就像我们用鱼钩在水里钓鱼，牛羊圈起来，用打草机割草，就像竭泽而渔，这样会更环保吗？这些外地引进的母牛耗草量大，一个夏天，一头牛要吃掉价值2 000块钱的草，已经白养活第二年了。乌云花家到底亏了多少？

乌云花已经在奶牛村盖了房子，盖房子的钱是以前放牧的积蓄。刚刚打完草的年轻人聚在她家聊天，他们一起交流着远方的干旱和草料价格上涨的消息。海热的爷爷说，养奶牛不合算，不如在牧场上放牧。但政府许诺奶牛村的孩子将来可以免费上学，现在只有这条对乌云花有吸引力，不过海热还小，大家又担心过几年政策会不会变。

海热这个名字的意思是爱，乌云花家的电视柜上，有一张海热的艺术照。这个并不富裕的家庭还给海热照了艺术照，可见拿孩子有多么金贵。那时的海热还白白净净的，酷酷的，像个很时髦的城里孩子，很多牧民家的小孩都是如此，虽然生在偏远的牧场，但孩子的气质、长相甚至性格都很现代派，和城里人没什么差别。因为爱，乌云花希望孩子有美好的未来，因为爱她接受围封转移的条件，好让孩子可以上好学校，但是到了奶牛村，孩子就变得粗笨笨的，像个乡下人了。

从海热家回来以后，我参加过一个民间的环境保护的研讨会，会上我得到确切的消息。围封转移建立奶牛村的项目基本上是失败的，据说当地所有的奶牛户都成了城镇低保户，受损失的不仅是养奶牛的牧民，还有当地政府，因为他们得承担这些低保户的最低生活保障金。大家讨论着项目失败的偶然性和必然性，我听着悻悻的，无论这些远方的人们讨论出的结果是偶然还是必然，海热这样的孩子的生活就这样被轻率的改变了，谁能把变形的童年再还给她呢？

海热家的牧场还属于他们，只是不能回迁。他家的亲戚带着我去牧场上看，大草原上牧草丰茂并没有退化的样子。一些煤矿工人正在勘探，每两百米，就有一个高高竖起的井架。这一带发现了煤层，也许这才是围封转移真正的动力。如果煤矿开采，那么这一带将成为露天矿坑，大草原将不复存在。现在金色的草原上到处是打下来的草扎成的捆子。草原依然在，只是没有牛羊，也没有牛羊粪便的滋养，没有牛羊走过传递秋天的草籽。像海热变形的童年一样，草原也在一种无形的时空中被压抑变形。

锡林河上近来修了许多水库，水被引往城市，供给城市的用水需求。断流的锡林河沿岸的草地和湿地正在退化，但它还远在草原上的时候还是一条健康的河流。今天的锡林河会为我们养育出什么样的孩子呢？无论如何，孩子正在一天天长大。

2006年5月

<h1 style="text-align:right">巴尔虎秘境</h1>

　　"蓝蓝的天空，青青的湖水，绿绿的草原，那是我的家……"腾格尔的"天堂"是如此简单的20个字，它却如此难以寻觅。那天在草原上生活过十几年的老知青陈老师从新巴尔虎左旗借来一辆旧吉普，载着我们一路奔驰，在苍茫无际的大漠上，我不辨南北，只看着风景由单调变得美丽变得惊艳起来。

云深何处，大地的魅力

　　在今天的中国，想找一块没有被农耕文化入侵、没有遭遇干旱和退化、正生机勃勃的草原已经不是一件容易的事情。坐火车进入内蒙古整整一天两晚穿过完全被开垦的科尔沁草原，环绕在有一片空地，就有村庄并种着粮食的兴安岭，我们到达了呼伦贝尔市的市府所在地——海拉尔；然后坐汽车几个小时奔驰在牧、垦交错的海拉尔市郊，到达了新巴尔虎左旗；然后坐上越野车，远远地把旗府周围正在被干旱困扰的原野抛在身后，去往那个腾格尔歌声中描绘的天堂——乌布尔宝力格。

　　且慢！乌布尔宝力格并没有那么快就能赶到。在到达那里之前，巴尔虎草原还有很多话要对我们讲。

　　我们的车子沿着一条笔直的，三米宽的乡村公路飞奔。翡翠色的大地无始无终。看不到人，也看不到牲畜，这就是草原。贸然看上去荒无人烟的地方实际上都是牧民的家园。每一块土地都是有主人的，每一片牧草都有牛羊吃过、踩过。但他们离去后，风景仍保持着原始的风貌，和长生天交给他们时一样。这就是游牧民族利用土地的方式，和农耕民族不一样，他们不是站在生态系统的对立面上改造自然，而是变成生态系统的一个环节融入其中。

很偶然的，我们也会碰到一群羊或一群牛。羊群经过，会在汽车前呼地散开，像许多被风吹起地白色棉花。牛群则冷漠地静静地在公路上散步，对车喇叭的声音不理不睬。我们的吉普车太小了，那些小山一样的大牛对它无所畏惧。草原上突然遇到牧群的感觉是令人惊叹的。无边的碧绿，上面突然出现黄色、黑色、白色交错的大花，连车上的老牧民也一样赞叹。

这片土地在我们到达之前经历了一场透雨，甚至我们到达时雨还在下。而在这之前是长达10年的干旱。"那时这里全是大沙漠，啥也没有了，10年没有这景象了。"车上的牧民朋友说。然而现在它郁郁葱葱的，翡翠般地直扑天边。生态系统是脆弱的，也是坚韧的。

我们离开公路，去造访一户人家，先看到两个巨大的干草垛，像两个粮囤，在艳阳下，闪着金色的光芒，那是去年打下来没有吃了的草料。打草和圈养是外来的生活方式，它真的适应这片土地吗？看着浪费了的干草，我们都多少有点心疼。绕过干草垛，一所房子从地平线的方向跑过来，这是一户牧民的冬营盘。由于政府推行定居政策，很多牧民在自家的冬场上盖了房子。周围没有牧群、静悄悄的，主人不在家。我们下了车，在周围走一走，这个地方其实是呼伦贝尔沙地，是呼伦贝尔草原上一条宽大的，绵长的沙带。但是，目之所及，看不到一点黄沙，沙葱、野韭菜、蒿子，茂盛地长到小腿肚。百灵鸟在飞，偶尔，又一只鹰盘旋而过。这是巴尔虎草原要跟我们说的：沙地不是洪水猛兽，更不是万恶的沙尘暴的来源，它是大自然的一部分。在有雨的季节里，在有水的地方，它也会被茂盛的植物覆盖。现在，这片土地的主人正把它保存起来，留给冬天的牛羊，做它们温暖的家。

继续向前，绕过一段漫长的网围栏，远远地，我们看到一个边防哨卡，然后我们折向远离那哨卡的方向，奔向一片大森林，那是大兴安岭的边缘。

出乎意料地，森林也生长在沙地上。参天的大树下，绿色的草地裂开口子，露出银色的沙子，生态系统的各个要素间的关系远不像人们想象的那么简单。

从早上开车到中午，中午到傍晚，乌布尔宝力格在哪？——再转过一个弯就到了。我们却转了一个弯，又一个弯，没有公路了，草地上只有两行吉普车的车轮印，那轮印的下面，时而是黑土，时而是带水的黑泥，时而是黄沙，那是大地在跟我们说话——看上去一望无际的绿草是多变的土地的守护神。

彩霞漫天，阳光写的歌

乌布尔宝力格，意思是南方的泉水，在草原上，有水的地方就有草，而草原经常用水的名字命名，这个有水有草的地方就是游牧人居住的地方。接近乌布尔宝力格的时候，土地变成了起伏连绵的丘陵，绿草像一件纺织细密的衣服，裹在曲线柔美的大地身上。越过一个山岭，下面有一片湖水，湖水的南岸是一个度假村，对岸有一排白色的蒙古包，那就是我们要去拜访的人家。他们正在夏牧场上为儿子准备婚礼。亲戚众多，我分不清人和人的关系，但我一一向他们欠身问好，送上我买的糖果，他们就都笑了，我被接纳下来。

我们被请到毡房里喝茶，虽然是盛夏，但冷风依然穿透衣服，凉凉地刺到骨头里，好在草原上的奶茶有很好的强身健体的功效，喝下去就热热地把凉气逼出来。陈老师和主人谈论附近开垦土地的事情，乌布尔宝力格相对潮湿一点，种庄稼能活，因此正面临被大面积开垦。牧民虽然抵制，但胳膊拧不过大腿，草原正在快速地消失。

毡房外，夕阳开始把大地变成温暖的金黄色。山坡的北侧还有一个湖，但风景和南边的湖水并不相同。南边的湖水还是碧蓝的，而北边的湖水却变成亮黄色，而后渐渐变得像红宝石一样晶莹透亮，可能因为逆光的原因吧！夏季的落日是靠北的。羊群在湖水边静静地休息，卧着的、站着的，都被阳光染成金红色。一轮浑圆的红日正沉向森林的边缘，像醉了的红葡萄酒。云变成红色、粉红色、蓝紫色，像被风扬起来的巨大旗帜，在无尽的苍穹上飘扬。

　　眼看着太阳落下去了，天还没有黑。蒙古包的后面，一排勒勒车静静地停着，最近一些牧民放弃了烧柴油的拖拉机，重新使用勒勒车作为草原上的运输工具，这近乎绝迹的古老交通工具又重现生机。勒勒车边上，有个木架子，一束皮绳被一个巨石的圆环坠着，一个年轻的牧民，更准确地说，一个十几岁的男孩，把一根木棍从皮绳间按下、又抬起，那是在鞣皮子，他的背影在落日的余晖中像巨人一样。蒙古包的前面，草地上，一位妇女正在踩缝纫机，为新人的蒙古包盖在天窗的那块布缝最后几针，那是一块雪白的，绣着红色云朵的布。

　　天空暗下来，周围都是飞虫，人们在忙着做晚饭。月亮升起来了，竟然是红色的，像一团火，只有半个，草原上静悄悄，远处度假村在大声地放音乐，但音乐隔着水飘过来，就变得很轻很淡很模糊，像风吹过来的一团雾气。狗不再四处跑，静静地在蒙古包门口趴下，向里面张望着。

　　不要错过清晨！无论在城市里你会睡到几点钟，野外的清晨都不要错过。早上四点，我们起了床。周围朦朦胧胧的，一只率先醒过来的狗跟着我们，我们挠它的肚子，它就仰面躺下，赖赖地瞧着我们。我的旅伴敖日格勒是个学计算机技术的研究生，他要在北京工作了，这次下乡顺便回他在新巴尔虎右旗的家乡探望父母，他又是向导、又是翻译、又是玩伴、又是民俗指导。在乌布尔宝力格这样的地方旅行有这样一个旅伴是非常幸运的事情。

　　我们离开蒙古包，走向北边的湖水。脚下的土地软软的，草圪塔微微地起伏着，马在吃草，安静的，健美的，高贵的。湖面上，雾气升起来，牛轻轻地相互蹭着，像一幅有水雾的油画。天空亮起来，太阳出来了，朝阳和夕阳那么不一样，从跃出地平线的一刻起就金光万丈，四周立刻变得明丽耀眼、色彩鲜艳。

　　回到蒙古包前，牧人们已经醒来，有人翻上马背拿着套马杆，去照顾远处的牧群，有人从蒙古包走出来整理锃亮的新摩托车。孩子们跑出来，玩丢在草地上的车轮。狗也醒过来，跑过柴堆前。湖水碧蓝碧蓝的，几只大雁从湖面上飞起来，从一个正在劈柴的女人头顶飞过去，离开了。这是一片有狼的草原，所以羊群晚上被圈在羊圈里，现在它们也被放出来，放牧的小伙子打着哈欠，羊群睡眼惺忪地望着美丽的草原。无边的草原上，绿色发着耀眼的光芒。

一只小山羊可能是太弱小了，跟不上牧群的队伍，被系在蒙古包边上。我们想接近它，它紧张地叫起来。两只狗跳出来冲我们叫，原来它们是小羊羔的狗哥哥，守护着小山羊，不让外人靠近，那狗还用前抓搂着小羊，用舌头把我们摸过的地方舔一舔。

湖畔的草地上，牛在大口地嚼食青草，那地面踩一下就能冒水，青草泛着灰白色，矮矮地铺在地面上，并不像外面传说的，牛也好、羊也好、山羊、绵羊，都没有刨开土吃草根的习惯，他们只是把草梢上最嫩的叶子拽下来食用，对草从不伤筋动骨。近处，牛在吃草，远一点的湖岸边，马群在湖水中站立着，再远一点的山坡上，羊群像撒开的碎银，牧羊人骑着马跑来跑去，再远一点沙丘翻开白色的肚皮，似乎要流淌下来，再远是森林，苍绿的树木整齐的点缀在天边。生态系统是脆弱的，也是坚韧的。在这片风景如画的草原上，沙丘离我们那样近，但在离沙丘这样近的地方，有森林、有草原、有湿地。

蒙古包，守望未来的新家

腾格尔的《天堂》还有20个字："奔驰的骏马，洁白的羊群，还有你，姑娘，这是我的家……"乌布尔宝力格已经有了骏马、羊群、当然还有一位没有出场的姑娘。

虽然还没看到新娘，聚集在这里的亲戚有了很多家，每家都有自己的女主人。她们已经开始一整天不住手的劳动。虽然婚礼是个盛大的节日，但牧场上的工作并不因为它中断。

挤牛奶了，女主人把小牛放过去，先让小牛去吃一下，刺激母牛下奶，然后把小牛赶开，拿个桶去挤。每个牛提供的奶都不多，但是很快，奶就有了满满的一桶。

昨天的牛奶发了一夜的酵，可以做奶豆腐了。女主人在炉灶上支起一口大锅，把牛奶倒进一个滤网，然后流进锅里，锅下面点着小火，这一大锅牛奶要在这火的作用下慢慢地蒸干，变成一块奶豆腐。整个过程，女主人要不停地搅牛奶，直到水分完全蒸发，很辛苦的工作。

我们顺着水往前走，地上有大块大块的牛粪，有新鲜的、潮湿的、半干的、干透的，干透的可以捡回去作燃料，这是非常好的燃料，因为它来自青草，燃烧时不会增加温室气体的排放负担，而燃烧的灰烬还给草原，矿物质还可以滋养青草。但我不小心踩在一陀新鲜的牛粪上，黏糊糊地粘了满脚。敖日格勒笑着说："没关系，绿色纯天然的。"我只好在草上蹭来蹭去，把它蹭干净。

在水边的沼泽地里，我们发现一头小牛，很小很小，开始还以为是一只小狗。我们走过去，它警惕地看着我们向沼泽深处挪动了几步，它很瘦弱，几乎站不住。我们无法靠近它，它的头上，苍蝇已经密密麻麻地落在上面。我们走回蒙古包，寻找它的主人。"它生得太晚了，过不了冬。"女主人说。但是她仍然让儿子带一头大牛去喂喂它，这只是一点施舍的怜悯，他们并不太在意这头小牛在物竞天择的法则中被淘汰。蒙古人经常在嘴上念叨的一句话是："可怜的，可怜的。"但对于那些强大的生灵遇到困难和险阻，他们有更多的同情心，对于被自然法则选中的牺牲品，他们态度却那样平静：老天也是要吃饭的，他们说。弱肉强食，在有些情况下是对生命最好的尊重。

南边的坡地上有很多狗，因为每家亲戚都至少带来两只狗，每新来一家人，人互相打招呼，狗也互相打招呼，汪汪一阵叫后，新的狗王就产生了。我们住的那一家杀了一只羊招待我们，六七条狗围在周围，但没有一个上来咬的，因为人在，人是他们终极的"王"。我很惊讶，因为羊皮剥开，羊肉切出来，下面都是羊血，主人把鲜血收在一个盆里用来灌血肠，这样血淋淋的场面下，狗竟然耐心地趴着，等待分给它们的那一小块肉。这些由狼演化来的动物，仍然保持着狼群的纪律性。

山坡上，新的蒙古包不断地被搭建，那是来参加婚礼的亲戚。已经有很浓烈的节日气氛了。每家都是举家搬迁，带着自家的蒙古包、狗和孩子聚到新郎的蒙古包周围，每个人的脸上都挂着微笑。主人家的人都在牧场上忙碌，客人们不需要帮忙，自己搭建自己的住房。先把哈纳支上（强的木骨架），安上门，再架上天窗，蒙古包的结构就搭好了。一个青年在蒙古包里面调整乌尼（和天窗相连的，令人目眩的木梁），他的女友腼腆地在外面帮他拴上绳子，他们不是今天婚礼的主角，但不言不语间他们也幸福而默契。然后在上面绷一层洁白的布，那是蒙古包的衬里，再把作顶棚的毡子抖开，铺满屋顶，这个动作是有诗意的，抖开毡子的时候，也构建了一个家。毡子围好后，还要架设风力发电机或太阳能蓄电池。山坡上很快有了十几个蒙古包，有白一点的，有旧一点的，远远看去一大排，像天边泛起的白云。

经过主人同意，我们去新婚夫妇的蒙古包看一看，里面窗明几净，中间有一个炉子，老式的柜子立在墙边，正面的墙边放着一对高级的组合音响，没有电视，可能信号不好，不过对于热爱音乐的蒙古人来说，音响可能更加重要。新婚夫妇穿着蒙古袍的结婚照挂在墙上，俊美、精神、充满朝气的一对人。和传统的蒙古包有点不一样的是：地上铺了一层地板革。塑料，还是不可避免地闯进了传统的、纯粹天然的生活。

蒙古包是蒙古人发明的流动的住房，它对环境的影响很小。通常一个游牧季节过去之后，蒙古包移走，地面上只有一个浅浅的草圈。像这样为婚礼聚在一起几天，对环境几乎毫无影响。主人家很富裕，其实完全盖得起房子，但是他和他的儿子都宁愿在蒙古包里办传统的婚礼，这里居住舒适，又可以把古老的传统带进新的生活。在传统的蒙古包里实现现代化，是很多牧区的蒙古青年的理想。

明天，这里将变成歌和舞的海洋，这些腼腆的游牧人，聚在一起之后，欢乐会像燃烧的火焰一样越烧越旺。所有的歌舞节目都是牧民自己演出的，不需要专业团体，很多牧民都会唱很好听的长调，尽管平日里看不出来，到酒宴上，气氛起来以后，很多人都会变成歌手。蒙古族的民间音乐是用非舞台演出的自娱自乐形式保存的。

　　尽管不知道大草原还能保存多长时间——大型的综合农机正在隆隆地向这片草原驶来，也有报告说这附近发现了煤矿。但是今天，一对新人要在蒙古包里建立一个新家，在这里守望草原的未来。

2006年1月

傲慢的粉丝

一

我是个骄傲的人，骄傲到当了别人的fans还骄傲，属于比较离谱的那种。

北京的"非典"刚过去的时候，我和朋友们一起聚会，刚从笼子里放出来，大家都特别兴奋。一直玩到半夜仍不舍得散伙，饭馆的老板娘不得不提醒我们他要打烊了，我们决定去酒吧。当时北京的大部分酒吧都没有恢复营业。一个朋友告诉我在燕莎附近有一个三宝开的酒吧。听到这个名字，我的心微微一动——三宝，我是他的fans啊！去他的地盘我当然乐意。虽然已经喝高了，我还是用很隐蔽的手段呼悠得大家都同意在半夜里打车穿过北京城，去那个神奇的地方——蓝云敖包。

我们到的时候，三宝居然在，就坐在门口和他的朋友聊天，那是我第一次见到三宝本人。虽然那时他那张脸并不是天天在电视上晃来晃去，虽然酒吧里灯光昏暗，我还是一眼就认出来了。但是我假装没看见，从他身边绕过去，在不远处的一张桌子边坐下，跟谁也没说。那天酒吧里根本没有其他客人。我们闲扯了一会儿，终于有人开始指着门口那张桌子议论三宝。

我的那些朋友都是蒙古人，在这群人面前，三宝不会尴尬到像他开音乐会时那样。据说那时候许多人举着荧光棒进来，向刘欢、毛阿敏、那英、孙楠那些给他捧场的大腕们大声欢呼，当三宝举起指挥棒示意大家安静的时候，下面的人却问："三宝是谁呀？"在蒙古人当中他不会这样尴尬，每个蒙古人都知道他，尽管他从不以民族身份昭示众人，尽管他看上去和"主流文化"融合得那么好，他仍然是蒙古人。说起来我有这么多的蒙古朋友跟三宝有直接关系，但是后来我竟把那件事情忘了。

实心眼的卓拉拉着我说："咱们去找他签名吧！我可是追星族。""呸！"我小声反驳，并且很大声地笑。我其实是好心，作为一个名人，能有一个地方像普通人一样和几个朋友聊一会儿天，是多么不容易的一件事情，何况这酒吧是三宝自己开的，时间是午夜以后，就这么个地方还是伪造的，如果这个时候还蹦出两个女孩找他签名，感觉实在太差了。可是卓拉缠了我几次之后，我就捶着桌子大声嚷嚷："要去你自己去！我才不去呢！"听上去跟"三宝是谁啊？"感觉也差不多。三宝的情绪显然被破坏了，在我嚷嚷了几次之后，他们就走了。

二

我注意到三宝是从他那期《朋友》开始的，那时我可能是个更标准一点的fans。因为那时是被他的个人魅力吸引，他的音乐还没那么出色。

一开始，"找到"三宝并不容易，那年《音画时尚》、《艺术人生》连续露脸之后，三宝就绝少出现在谈话类节目中。虽然办了自己的音乐会，在网上搜索"三宝"资讯还是少得可怜。但连续几次，我都是在不经意间发现了他。那是在看电视的时候，背景音乐忽然打动了我，接下去发现作曲是三宝。次数不多，我就能辨识出他的音乐了（不包括民族音乐），一部新片的音乐响起来的时候，我会突然睁大眼睛说："天哪，三宝！"旋律一次一次响起，一次比一次更好。

我开始为了听一个人的音乐而看一部电视剧或电影，别人忙的时候，看电视剧掐头去尾，我忙的时候只看片头片尾。甚至张艺谋的《我的父亲母亲》拍好以后我一直都没看，直到知道是三宝的作曲。

有些作曲家的旋律因为特殊而容易识别，但三宝不属于那种。三宝的音乐很唯美，唯美得不易被察觉。他的音乐不会猛然跳出来，提示你它的存在，不会用力敲打以显示力量，如果不尽心听，你完全可能忽略它，当你为剧情流泪的时候并不知道是音乐起了作用。就像一部戏里的配角，演得烂大家一眼就能看见，演得越好越到位也越不引人注目。三宝的音乐在影视剧中用来烘托剧情，渲染画面，勾勒男主人公动人的神态，轻抚女主人公回眸的瞬间，他是"最佳男配角"。

影视音乐并不都是天生的配角，比如《黑骏马》。它的音乐就是主角，在影片中的地位胜过那仁花那坚毅感人的女一号，胜过腾格尔本人演的男一号。音乐推动着甚至引领着情节的发展，也可以不在乎情节自己跳出来，让剧情、画面、演员来烘托。整个片子简直就是诠释腾格尔的音乐的巨制MTV，以至于人们欣赏它的时候可以不在乎它生涩的剧情，原谅腾格尔差强人意的表演。

同样是蒙古音乐蒙古风情电影，《天上草原》就完全不同，音乐在适当的时候出现，在适当的时候消失，在剧情震撼的时候辉煌，在剧情伤感的时候呜咽。我第一次看过《天上草原》之后，音乐几乎没给我留下什么印象。直到我听到三宝的专辑——音乐响起居然是呼麦！那么牛的呼麦！但是在影片里，当牛车行使在隆起的大地上，天空低低地压着，我根本没注意到呼麦，好像它原本就应该在那，不是任何别的声音。

三

作为fans，卓拉比我合格得多，两个月以后，她告诉我，她要到三宝的签名了。

那件事说起来很有戏剧性：卓拉在她的朋友当中吹嘘三宝的酒吧，她的一个朋友，一个15岁的小姑娘，特别喜欢三宝，就把一张照片交给卓拉，请她帮忙要一个签名。卓拉去蓝云敖包找到经理哈达帮忙，去之前，心血来潮，在街上买了一张盘送过去请三宝一起签了。几天以后，她接到哈达的电话，说那盘是盗版的，被三宝没收了，但三宝会另外送一张正版盘签好名给她，至于女孩的照片，三宝认为在照片上签名不太合适，到时一起还给她。我默默关注着整件事情的进展，等他们约好了取盘的时间，并且说有可能会见到三宝，我就找了个理由和她一起去。

我找的理由特别好，那时候我的一个朋友印制了一些蒙古文化衫。我正好要送给别的朋友和卓拉。于是下班的时候，我绕了个弯取了几件文化衫，特地多要了一件送给三宝。

虽然我尽量作出姗姗来迟的样子，但还是去早了，八点钟的时候酒吧里还没有客人。Fans对明星的感觉确实有点像单恋，不负责任的单恋。如果不那么庸俗的话，这也可以用来解释明星为什么都喜欢有fans，却又都在fans面前时刻准备自卫。

盘已经签好了，我的朋友取了文化衫，照理我们就可以走了。那天乐队没在，也没有客人，我们却一直在那干耗。酒吧的经理哈达为了帮我们打发时间，就把三宝送的那张盘拿去放了一下。第一支曲子是《金粉世家》的片头《暗香》。音乐一起卓拉发出一声感叹："哎呦！"然后说，"这是他写的呀！"

很多人听到"暗香"以后的感叹词都不是常用的"啊"，而是"哎呦"，好像被点了痛穴一样。让人心痛的歌很多，有的歌里有针，针扎在心坎上，刺在情感最脆弱的地方，所以痛；有的歌有刀，刀割着肌肉，疼得撕心裂肺；有的歌里有毒药，心会酸，喉咙会堵，胃会收缩，浑身都能抽搐起来——那都是好歌，但那不是《暗香》。《暗香》没有针也没有刀，音乐响起来的时候，就像无数的泪水落下来。

说起来，三宝是我真正的音乐启蒙者。我小的时候家里没有录音机，没有琴，也没有人喜欢音乐，尤其排斥流行音乐。直到20岁我还是个音盲。此前也学过一点音乐，是在音乐课上，记住了许多伟大音乐家的名字，也记住了一些经典的旋律，但那只是看似高雅，其实全然不懂，那样学音乐完全违背了音乐的自然本性，也就不可能学出什么来。20岁那年我终于真正开始喜欢歌——流行歌曲，但在听三宝的音乐之前，准确地说是三宝成功之前，我喜欢歌主要是因为歌词。

我外公曾经是个书香世家的少爷，我很小的时候他就教我念唐诗宋词，所以我老早就对文字有感觉。中国现在仍有很多人热衷于研究诗歌，大发感慨说什么"当代中国诗歌向何处去?"我一直对此特别奇怪,当代很多歌词如果剥去音乐,就是很好的诗,对仗整齐,朗朗上口,比文学期刊上发表的所谓诗好得多,而古代的唐诗宋词也都是有音乐的!

也就是说,那时我是为了文字而不是音乐喜欢歌的。我会把歌词整段整段背下来,默写下来,记住音乐,只是为了记住演唱歌词用的那个旋律,连和歌词紧密连接的过门都记不住。

但从三宝开始,一切就变了。我注意到他写的歌都是从音乐开始的,从听他的作品开始,我不再挑剔歌词的好坏,甚至不再注意歌词了。在他的音乐中,甚至歌手的声音,也是他的一件乐器,配合整个音乐体系存在。他的很多歌歌词都是不连贯的,甚至支离破碎,但是那些破碎的词句却和音乐完美的配合着,硬的是闪烁在他的音乐里的宝石,柔软的是装饰在表面的丝绸和鲜花,它们是他的打击乐,他的和弦。无论谁是谁的配角,在音乐中三宝是当仁不让的主角。

四

那天我们等了很久,卓拉有点紧张,我看上去不像个fans,她怕我想走,其实我才不会走呢。后来她又来了两个朋友,其中一个是那要签名的女孩子的父亲。他们聊他们的。我就拿出本子,借着蜡烛微弱的烛火让哈达教我那上面的蒙语句子。我们就那样随便聊着,等着,没有别的客人,我们也停止了消费,酒吧里有蚊子,哈达甚至拿来了半瓶花露水给我。

虽然在等,但我知道我不大可能见到三宝,他是个谨慎的名人,而我是个傲慢的fans。

我的工作给了我一种特权,我对名人见多不怪,既然我可以在公司的楼道里和大牌明星擦肩而过,在办公室里和他们不慌不忙地讨价还价,我学会了在明星面前收起fans嘴脸,端着架子,时间一长就真的不愿意在他们面前弯腰了。

那时候,我还不觉得三宝是个音乐家,如果把他当成个音乐家,或许我会愿意在他面前弯腰,但那时我只觉得他是个工匠。现在证明那是一种偏见，我们的教育造成的偏见，甚至三宝自己都没有完全摆脱这个偏见。

三宝是学古典音乐的，毕业于中央音乐学院指挥系。指挥是音乐界人才的重中之重，学校一年才招一个学生，几年才教出一个指挥。三宝是我见过的最年轻的音乐会指挥，而且是自己的个人作品音乐会。我曾经为此把他看得比其他音乐人高。其实我根本不记得他指挥的什么曲目，但我永远会记得被他自己称之为"垃圾"的《我的眼里只有你》和《不见不散》。后来听了他太多的电视剧音乐，发现他是个如此勤快的人。但也由此我怀疑他是个工匠，搭建音乐的工匠。他们圈里人更喜欢说自己是手艺人。

在我们国家的语言里，准确地说在汉语里，工匠和大师、手艺人和艺术家有本质区别。关于二者的区别，那些崇尚"艺术"的人能给你讲出一堆道理。其实说穿了，最大的区别就是社会地位不一样。

在中国古代，各个艺术门类里只有文学不存在工匠和大师的区别。大概因为中国太多的文人做了高官，那些做不了官的，也可以以文会友成为高官的朋友，从而获得很高的地位，而后文人受尊崇的社会地位成了一种文化传统，世代相传。其他各个领域都没有这种特权。比如绘画只有文人画能成为艺术品，宫殿的彩绘，寺庙的泥塑，无论多么精彩，都无法知道创作他们的那些卑微的匠人。

但是在西方这个区别是不存在的，其实达·芬奇、拉斐尔、米开朗琪罗都是在大庙里画画的人。之所以在国人的意识里没有把西方的艺术大师和我们的雕刻师傅、画匠联系起来，估计是中国的工匠地位太低了，早期的"海龟"们，实在不愿意让人觉得他们多年留洋就是学了一门工匠的手艺，因而故意把西方的大师吹捧得很高。而后他们参与了中国现代艺术教育体系的创立，于是就这样一代一代地谬种流传下来。雕刻石狮子的农民无论手艺多么精湛，都不可能成为艺术家，美术学院的学生无论手艺多么差都不屑于作工匠。而三宝是个乐于做工匠的科班音乐人。

事实上艺术非常需要工匠。不要以为效仿西方的所谓高雅艺术就叫有文化，表面的效仿和深层的无知才是最没文化的。一个艺术门类有丰富的工匠资源，才有文化基础，其中闪现出的精品便成为传世名作，这才是自然状态。所谓艺术大师并不是学了专业知识，却要很长时间才挤牙膏似地挤出一个蹩脚作品的人，真正的艺术大师首先都是能工巧匠。

五

我最初注意到三宝，并不是因为他的音乐，而是因为他是蒙古人。

我大学毕业那年，收拾起行李走出校门，没有留下任何蒙古朋友的联系方式。既然现实世界是残酷的，我决定活得现实，赚钱吃饭，找男朋友嫁人——蒙古？民族文化？算了吧，和我有什么关系？

在以后的几年里就真的没有任何关系了。我割断了我的蒙古情节，割得那样彻底，那样干净，干净到我自己都不记得自己丢了什么了。

就这样过了好多年，我生病了，浑身都难受，却不知道到底哪病了，头疼医头，但医的时候发现不是头疼，脚疼医脚，但连自己也知道没医对。我没有朋友，我就和同事一起去玩，去吃饭，去爬山，去唱卡拉OK，我们玩得很好，但是玩过之后我还是没有朋友。我没有男朋友，我去买好衣服，减肥，相亲，我征服不了别人，别人也征服不了我，所有小伙子从我身边走过都看我不顺眼，所有走过我身边的小伙子都令我失望。不是地位、不是金钱、不是长相、不是脾气，是眼睛，他们的眼睛里没有我想要的东西。有一种眼神就在我心里，目光通向心灵深处，但我不记得我在哪见过了。我努力地工作，工作蒸蒸日上，但我不快乐，我的工作受挫了，大家都来安慰我，我却没感觉。我只是觉得嗓子里始终像塞了一块棉花，虽然很努力地想大口喘息，却始终摆脱不了窒息的感觉。如果不是"遇见"三宝，我可能依然困在生活的迷雾中不知所往。

我知道他是从他那期《朋友》开始的。《朋友》那个节目有段时间收视率还相当不错，中心人物一般都是妇孺皆知的大牌明星。但那天三宝出来的时候，我的反应是：这人是谁呀？我是听到"大地"两个字才继续看那期节目的。毕竟"大地"出过《校园民谣》，《校园民谣》给我们那个年代带来的震撼太大了，我记得那里每一首歌，每个歌星的名字，也记得高晓松，却对三宝没有任何印象。当王刚问三宝的蒙古名字的时候，我下意识地按了一下遥控器，想换台，他触动了我的敏感神经，一根我打算永远都不想再碰的神经。我忘记什么原因导致我没有换台了，真幸运看了那期节目。

三宝请了几个朋友，有蒙古人也有汉族人。三宝和他的朋友都不是那种贴了标签的蒙古人，也没有特地拿蒙古文化说事，但那种特有的气息依然。台上那三个蒙古小伙子转过脸面向观众的时候，我看到了那种久违的东西——他们的眼睛，我曾经熟悉的目光。他们都是那样刚性的人，不需要发达的肌肉、冷酷的表情和张扬的举止来证明的刚性，柔软的略带悲悯的目光从眼睛散发出来，弥散在四周——刚柔并济，那是一个民族的气质。

正因为没有贴标签，他们才更真实。今天的蒙古人已不再是成吉思汗的勇士了，也不是媒体上经常看到的身着盛装的不合时代的人。大家都受过良好的教育，思想开放，衣着时尚，我曾经很失望地以为中国的蒙古人都汉化了，这确实是个问题，但现代化本身并不是汉化，现代的蒙古人只是看上去和周遭相似，但灵魂却生活在另一个世界里。尽管很多年了，我依然能认出来，原来我什么都没忘。

节目现场那两个汉族小伙子也是很可爱的人，但是他们的眼睛是会反光的，把世界反射在心灵之外。汉族人很早以前就是高度社会化的，长在规则和礼教之中，而蒙古人是长在苍天与大地之间的，这并无所谓好坏，但是真的太不一样了。

我发现我原来是一只被人养大的狼，多年以来一直为做一条好狗徒劳地努力着，那一天我听到了一声来自天际的狼嗥。我忽然明白我这些年少了什么——蒙古。那一天起，我决定返回。这话说起来重了，三宝改变了我的人生，尽管他根本不知道我是谁。

现在我有很多朋友了，蒙古族的，汉族的，还有别的民族的，整个人的状态和以前大不一样。但是就在蓝云敖包，有一次，一个朋友问我："你什么时候决定回到蒙古人当中的？当时有什么事情发生吗？"我想了好久，竟然没想起来。看起来fans就是fans，爱得容易忘得快。

六

　　大约一点钟，三宝进来了，我第一个看到，比卓拉、比哈达、比所有的服务员都早，我把早早准备好的文化衫拿起来，但却坐在原地，还是什么都没说。三宝进来以后没有坐在大厅里，他们另有一间小厅。哈达赶紧跑过去，请老板的指示。我意识到我今天"见不到"他了，既然我们之间的距离如明星和fans一样遥远，那我还是不必搅扰他了。

　　一切如我所料，过了一会儿，哈达出来了，说我们当中可以有一个人进去和他见一下。

　　我把文化衫递给卓拉，大方地说："你去吧。"当然论理是应该卓拉去的，但就算他说可以进去两个人，我也不能容忍这种见面，对我来说，如果真要见，也要他看得起才行。卓拉拿着文化衫和光盘进去了。一会儿她出来了，兴奋之情溢于言表。"我被召见了！"她调侃说。"对，你被召见了。"我说。"召见"这词用得真好，我想，反正他不能"召见"我，他没这个权力。

　　卓拉很兴奋地给我讲他们在里面那几句难得的简短对话，她说她特别喜欢《天上草原》的音乐，三宝不置可否。我"嗯"了一声，一副先知先觉的样子，"我想也是，他做民族音乐才刚开始。"要是我，我宁愿和他说"你的《暗香》真是太完美了！"不过我要真这么说肯定得罪他。"你那件文化衫真好，他一开始不怎么高兴，看到那上面的字就笑了，他认识啊！""废话，他是蒙族的。"我说。不过这次我真的有点高兴，因为送出一份适当的礼物而高兴。那件文化衫上的蒙文字是我一个擅长蒙文书法的朋友写的，是一首诗，大概的意思是：永不忘记生养我的故乡，永不忘记祖先留下的语言。当然原文要有色彩得多。我知道三宝会喜欢，起码这一次他没有让我失望。

　　就在那期《朋友》里，我清楚地记得一件事，他说他第一次考音乐学院失败是因为他是蒙授生，所以拿汉语考文化课考不过。他说："这事没办法！"这件事，我的很多朋友都记得，好像他蒙授吃了多大亏似的！或者那时候他也没有意识到民族文化的重要，那毕竟是两年或者三年前了。

那年的个人作品音乐会之后，三宝出镜最多的一次是在两年一届的青年歌手大赛上。作为评委三宝一直阴沉着脸对绝大部分歌手反应冷淡。比赛里有一道题目，大概是辨识民族音乐，当腾格尔的《天堂》响起来的时候，三宝忽然笑了，笑得很难拿——喜欢、欣幸、还有点嘲讽，兄弟之间的嘲讽。在那天之前，我一直担心他白拿了民族文化的滋养，就是那一笑，我确信了他的民族情结，很重的民族情结。

但就在几乎和我们在蓝云敫包见到三宝的同一时段，他在一次采访中说过这样一段话："少数民族，音乐产生的很多原因是因为没办法用语言表达，就唱给你听，音乐是超越语言以外可以交流的。因为他词汇量就这点，他一着急就给你唱给你跳。"尽管我这么引用有点断章取义，但是这确实是他说的，起码那个记者是这样写的，看得我只想抽他。

虽然所学不多，蒙古语的优美、丰富和达意准确是毋庸置疑的。蒙古人喜欢歌舞很大的原因是蒙古人不大相信那些说出来的东西。"说到不如做到"；"说得好听不如做点实事"，这类的理念存在于蒙古人的道德体系之中。因此蒙古人酒高了的时候通常不会相互拍马屁、吹牛说大话或者信口开河地对时政、历史大发议论，歌舞助兴或抒怀是大家容易选择的方式。蒙古族是一个有歌舞文化的民族。

真正的艺术和民间文化是互动的，要丰富的民间文化做基础。大师们从民间采集营养，补充一些外来元素加工成精美的艺术品，这些成品又反过来影响民间文化变迁。

其实任何一个民族，只要人性上没有太多的束缚，都是能歌善舞的。而且确有一个情况，所有允许自由恋爱的民族，歌舞都是一种普遍的民间文化现象。无论蒙族、苗族、维族、哈萨克族、俄罗斯族还是今天的美利坚族。汉族也曾经是能歌善舞的，但那是在李白的时代了："我歌月徘徊，我舞影凌乱……"不过李白据考证还不是汉族人。

三宝受过很好的教育，一直努力建立乐观向上的人生观，要不然他不会投入那么多感情写《你是这样的人》，不会偏爱《在彩虹上奔跑》。但他的本性却是他成功的一个至关重要的因素。蒙古对三宝音乐的影响并不像取一段民族音乐的旋律，用一件民族乐器那么简单。不管他本人有没有理性地想过这个问题，他的骨头都是蒙古的。

三宝的音乐气质很独特，在不了解蒙古文化的人看来就像个谜。他的音乐很凄美，凄美中并没有自虐、自残倾向反而中气十足。他的音乐也很抒情，抒情中总有如影随形的伤感，很多玩伤感的人要自己倒霉才感觉好，但三宝不用，他信手拈来就是伤感的，就像他一百个不乐意的《暗香》。

三宝的音乐很宏伟。细腻的爱情故事，也用宏大的背景托着，简单的故事被置于无边的场景里——阴霾的天幕和苍茫的大地，平凡的感情也因此变得惊心动魄轰轰烈烈。他学过古典音乐，有很好的基础，他玩流行音乐很多年了，手很熟。但音乐的气质不是能学来的，也不是能练出来的。那种宏伟的忧伤、坚韧的温柔是他的文化赋予的财富。

汉语里有个词叫"柔情似水"，但如果汉族人生长在蒙古高原那样的环境里，一定能发明一个词叫做"柔情似山"。蒙古高原上那些连绵的山峦温柔而博大，清晨的阳光照在斜坡上，光影交错，丝绸一样的柔软。单按海拔算的话那些看似低矮的丘陵其实已经高过汉地许多高耸入云的山峰。

有些事情是这样的，"柔情"一旦被比喻成水，它就同时被赋予了水的特质，它就有了晶莹剔透、脆弱、冰凉、变幻无穷的品质。柔情如果被比喻成山，它就同时是宽宏、舒展、深沉且沧桑的。三宝的音乐中就有那种山一样的柔情。

三宝签的那张盘还是让我颇为失望，居然是拿汉字签的"三宝"两个字，还事事地用的繁体字。毕竟这里是蓝云敖包，卓拉也是蒙古人，就算他在任何地方都用繁体汉字签名，为什么不能在这里破一下例，用蒙古文写上"那日松"呢？他又不是没学过！所以当哈达告诉我们酒吧里就有正版盘卖，可以趁他在一起签了的时候，其他几个人都买了，我没买。

七

无论三宝是个多么出色的音乐人，他是个非常蹩脚的酒吧经营者，他把蓝云敖包办成音乐厅的同时，敖包的生意每况愈下。

可能是当初那半瓶花露水的缘故，我对蓝云敖包有一种回家一样的亲切感，竟然没有理会它糟糕的经营状况，蓝云敖包整晚没有客人，我一个人拎着一瓶酒各处乱走，听音乐，和歌手、乐手、服务员一起玩，自得其乐。但敖包终于失去了乐队，我也失去了蓝云敖包。

失去蓝云敖包时，我才发现手中没有三宝的专辑，就是我没买那盘——《直接影响2》。要知道在中国的音像市场上买一张正版光盘可不是件容易的事！我满街的音像店去找，但是找不到，看来不热销。而再在网上搜索"三宝"时，资讯已多得铺天盖地。

后来，有一次和卓拉一起聊天，她给我看了一张《校园民谣》的纪念册，我终于知道哪首曲子是他编的了，竟然是那首见鬼的《故事里的树》。纪念册的封底上，三宝还剪着短发，发稍卷卷的，他坐在路边捏着一根烟，洋溢着一脸青春的微笑。我并不是说三宝不再年轻了，但和今天相比他那时是那么年轻。那是十年前了。

那是我还在上大学，第一次离家，第一次恋爱，第一次被歌声感动的时代，那是我听《我的眼里只有你》的时代。虽然和他现在的音乐相比，那时的东西那样简单、单薄甚至单调，但他是从那个时代走过来的。这十年，我听着他的音乐从一个小姑娘变成了成年人。他的音乐从单薄到熟练到出类拔萃。

今年刘欢的演唱会上，我坐在观众席，看着背对我的三宝，忽然有种高山仰止样的崇敬，不过我立刻意识到，这个词用在这早了，现在用才华横溢更合适。刘欢选择三宝合作的时候说："想选一个既懂流行音乐，又懂古典音乐的人，这个人只可能是三宝。"但是三宝的民族音乐也日渐出色了。民族、古典、流行，今天的中国音乐人里，能把三者占全的，非他莫属。

其实回想起来，三宝的音乐一直在变，一个阶段比一个阶段更好。无论是圈里人还是媒体都承认他很有天赋。他尊重自己的天赋，但他又是个很有追求的音乐人，因而不致让天赋枯竭。也许有一天，后人回忆他时真的会用高山仰止那样的敬意，也许，也许吧。如果我们的时代可以让那些有才华的人不必媚俗或为生计而生产垃圾，不必因特立独行而备受指责，那么这事真的是可能的。产生大师需要天才、勤奋、环境、机遇……除此之外，还需要一个时代，一个大时代。

2004 年3月20日

两个"和亲"，四个不一样的故事

在历史上"和亲"本身是个有争议的事情，如果千篇一律地把和亲看成一种耻辱，这本身就是大汉族主义的表现。在世界各国各个民族中从东方到西方，王室联姻一直是贵族之间的一种婚姻形态，一种很正常的民族关系，所以那些欧洲的童话中才有那么多王子和公主的故事。但是如果一个民族非要认为只有自己才是世界的中心，其他民族都是四周的蛮夷，他当然会对把女人给别人耿耿于怀。民族关系本身就有紧张、矛盾、仇杀的一面，也有浪漫的一面。

在汉族，虽然和周边民族和亲有无数次，但最著名的和亲莫过于"昭君出塞"和"文成公主入藏"。这两个故事在今天当然已经被统一口径传颂了，但当初是不一样的。

"昭君出塞"在汉族地区长期是作为一个悲剧流传，她是无数和亲悲剧的代表作。在乐府歌词中有大量的"明君词"。北朝的还好，基本上都是表达思乡，个别的还思念汉元帝。最过分的一首是西晋那个出了名的富可敌国的石崇写的《王明君》，寥寥数笔，他把匈奴人描绘成豺狼猛兽，把北方的生活描写得如地狱一样，说王昭君"昔为匣中玉，今为粪上英"。在后来的戏曲中，昭君出塞也是泪洒一路。对此著名的戏剧家曹禺特地做过调查，他发现有的戏曲中还写王昭君在半路上投河自尽，还有的说她一直思念汉元帝，思念成病，她的丈夫在她重病期间一直对她特别好，但她还是思念汉帝，曹禺先生觉得这简直不合逻辑。

为了写话剧《王昭君》曹禺先生调查了北方少数民族中流传的王昭君的故事，他发现，王昭君在北方不仅不痛苦，而且很受尊敬，很多民族的传说中她完全是个圣母。通过史料考证，这次和亲使两个民族保持了60年的和平，于是有了曹禺版的话剧《王昭君》。

另一个关于和亲的故事是文成公主。非常难得，这次和亲被汉族人主动地广泛传颂。基本上我们今天听到的是这样说的：文成公主入藏促进了吐蕃和唐的文化交流，把唐朝的先进技术、文化传入吐蕃。

但是后世人们发现，在当时，文成公主并不受欢迎，她的坐像是在她死后100年才被搬到松赞干布身边的。而且，这么做主要是为了当时的外交关系。

为什么会这样呢?

还是先说王昭君：王昭君据说是个绝世美女，她不是真正的公主，本来是属于汉元帝的女人，因为皇帝在之前没见过，送给别人以后后悔得不得了。而这个女人又非常了不起，她是自愿出塞的，宁可追求有意义的生活，不愿老死在宫苑之中，这样的女人无论长相如何一定有非凡的气质。她既然不是真正的公主，对汉皇来说，就只是个礼物。所以，走后也就没有什么私人的消息。她在草原上的生活是在汉帝的后悔（或者说单相思吧！）中猜测出来的。当然，在偶有的书信中她是一定会表达一些思乡之情的，这是很自然的事情，但单相思的皇帝免不了加以发挥，久而久之，成了汉族人中流传的版本。

王昭君进入草原后，努力适应匈奴人的生活习惯，为她的丈夫生儿育女，在尊重异族文化的基础上，阻止战争，通过她和她儿女的努力，有了60年的和平。

文成公主就不一样了，她入藏可谓声势浩大，唐太宗大队人马陪送，吃喝穿用，玩的、爱的、服侍伺候的人全部带齐了。松赞干布也大礼相迎。

据说，文成公主和松赞干布之间的关系也很好，年轻的吐蕃赞普非常爱慕这个美丽的唐朝公主，文成公主也真心诚意的爱她的丈夫。松赞干布还特地为妻子修建宫殿，李世民也不含糊，只要女婿开口，工匠、建筑材料全部送去。真有点其乐融融的意思，这个公主嫁得实在是太有面子了。

后来松赞干布英年早逝，年纪轻轻文成公主就做了寡妇，她本来可以返回长安，但她却宁愿守着她的丈夫。从此她的命运变得很悲苦，按照我们现在的说法，此后，文成公主就把所有的精力都放在向吐蕃传播先进的技术和文化上了。

说到这，我一下就明白这么"革命"的一个公主为什么不受欢迎了——大汉族主义。首先，她从不想适应吐蕃，浩浩荡荡的送亲队伍就说明了这个问题。她一心一意地希望吐蕃变得像大唐一样好，这个希望本身先给吐蕃定了性：不好。在她努力改造吐蕃的过程中就免不了侵犯吐蕃的民族习惯，违背吐蕃百姓的意愿。她不明白一方水土养一方人这个道理，各地民风本来就应该不同。她的努力可能是对当地有帮助的，也可能是破坏性的。而她丈夫宠爱且纵容她，为她大兴土木，劳民伤财，成千上万的汉族工匠为此进入吐蕃，这对当地人的生活是多么大的影响！

这样就很容易理解当时的藏族人为什么不喜欢她。和王昭君一样，她也是和平使者，但是唐蕃却在她还在世的时候就开战了，没人把她的话当回事！

奇怪的是，千年以来，没有人反思过这个问题。今天的很多汉族朋友，都不觉得自己大汉族主义，像文成公主一样，自以为自己是真心真意地对别的民族好，但总是试图改变别人，优越感是种在骨子里的，然后发现"热脸蛋对了冷屁股"，我只好说活该了！

别生气，包括我自己，我也被人骂过"大汉族主义"，当然是朋友骂的。我花了好长的时间理解为什么，直到我真正理解少数民族文化中有很多优点，我服了！

也许你可以从史料中找出本文的诸多漏洞，但是流传至今的史料从来就是漏洞百出的。写作本文时我只希望更多人知道，其实我们今天的中国一直承袭着自古相传的大汉族主义，站在别人的立场上理解过中国境内的和境外的其他民族将是汉民族的巨大进步。

2002年12月29日

史诗《江格尔》与蒙古文化

源流

关于《江格尔》的起源，学术界有不同的看法。有两种看法是值得关注的。一种看法认为《江格尔》起源于卫拉特人中间，时间是16~17世纪，另一种看法认为《江格尔》起源于匈奴人中间，是西迁后留守在蒙古高原上的匈奴人创作的。

《江格尔》起源于卫拉特的说法是一个比较通行的说法。乌梁海人是成吉思汗的守灵部落，他们原来生活在大蒙古的发祥地三河流域。元末明初的战乱期间，他们为了躲避深入漠北的明军西迁到原大蒙古首都哈拉和林以西以及漠北西部，并以这里为基地，建立了最早的卫拉特联盟。时间是15世纪，这时已经出现了一些《江格尔》的篇章，并且定型了。

卫拉特集团一度发展为蒙古三大集团之一，即成吉思汗后裔的蒙古本部集团、成吉思汗的弟弟哈撒尔所属的科尔沁集团和卫拉特集团。也就是中国史书所称的"漠北蒙古"、"漠南蒙古"、"漠西蒙古"。

16世纪初到17世纪中叶，《江格尔》在天山北麓和阿尔泰山以西的卫拉特地区不断丰富和发展。到了17世纪中期到18世纪晚期，由于准格尔汗国被清朝平定，《江格尔》失去了继续丰富、发展的条件，后来在卫拉特僧俗封建主中间，《江格尔》的演唱都是以秘密形式进行的。这是《江格尔》起源和发展的说法之一。

另有一种比较独特的学术观点认为，《江格尔》是起源于匈奴人当中，在中国东汉的同时期，匈奴发生分裂，西匈奴的一部分迁移到欧洲，在那里彻底改变了欧洲的政治格局，这些匈奴人大多是些身强力壮的壮年男子，他们把年老的和年幼的同胞留在了蒙古高原上。这些年老的和年幼的人在艰苦的环境下生存下来，并且将伟大的民族薪火相传，《江格尔》最初就是产生于这部分人之中。

　　这两种说法哪一种更正确，从某种意义上说也不十分重要，而这两种说法本身有时间先后关系，也不是非此即彼。重要的是我们在欣赏《江格尔》的时候发现《江格尔》中有充沛的乐观、向上、热情、奔放的民族精神。

　　匈奴人的时代在蒙古人之前，而卫拉特人是没有成为世界征服者的那部分蒙古人。所以这两种起源无论哪一种，都不是来源于成吉思汗后裔的蒙古本部之中，也不是来源于和本部有密切关系的科尔沁人中间。在成吉思汗和他的后裔征服世界以后，蒙古人的精神气质发生了一些重大的变化，变得深沉、庄重和严肃。这种变化是因应成为世界征服者的需要而产生的。而17世纪以后蒙古人艺术作品中的一些情绪特征：比如伤感、忧郁、寂寞和委屈，是在蒙古帝国衰落以后，草原生活逐渐破败的背景下产生的。

　　上述这些情绪和民族性格在《江格尔》中是找不到的。从某种意义上说《江格尔》很好地保存了蒙古民族成为世界征服者之前的文化特征，无论是后来融入蒙古的西匈奴后裔，还是四卫拉特联盟，都不曾成为世界的征服者，四卫拉特联盟到17世纪以后，也没有经历东部蒙古那样严重的衰落时期。

审美

　　《江格尔》的内容大多都是叙事长诗，和许多草原上的英雄故事一样，《江格尔》也是孤儿的故事。年幼的江格尔在父母战死后独自在草原上长大，7岁时就成为令人生畏的猎手，后来逐步发展，先收拢父母的旧部而后战败敌人、结交朋友、壮大力量，逐步走上了草原的权力巅峰。

　　《江格尔》的故事中，反映出很多蒙古人的文化观念和价值取向。比如：《江格尔》中的英雄都是身体强壮的人。没有身体孱弱的白面书生。即使像阿拉坦策吉阿爸这样的谋臣，也是体格硬朗、英勇善战的人。《江格尔》的诗歌中经常这样形容他的英雄："站着的时候占15个人的地方，坐着的时候占50个人的地方。"这体现出蒙古民族古老的审美标准——贵壮，这个审美标准一直流传至今，直至今天，蒙古的跤王们都是体型硕大的彪形大汉。

《江格尔》中多次提到，在江格尔的王国里人们永葆25岁的青春。有学者认为这是由于壮年的西匈奴人西迁留下老幼，他们因为对自己的年龄自卑而产生的对25岁壮年的仰慕。这个说法是否确切并不可靠。但是《江格尔》确实有大量的章节提到25岁的青春。这反映出蒙古人的一种文化观点，他们将25岁视为人生最好的年龄，并不是十几岁的花季雨季，也不是儿孙满堂的老太爷、老太太的年龄。一生中最重要的年华是壮年时期，这种文化现象在蒙古民族中一直承传至今，在今天的蒙古国人们过旧历新年时，不是一家人向家中的最长辈行礼，而是全家人向处在一家之主地位的壮年人行礼，这也是"贵壮"文化的一部分。

《江格尔》中大量的故事是《江格尔》及他手下的英雄们成婚的故事，这样的故事少不了对女性美的描写，在《江格尔》中很多描写女性的皮肤、眉毛、眼睛、脸型、腰身等等，将美丽的女人比喻成月亮一样或太阳一样。当美丽的女人出现，周围的环境就会明亮起来。这种描写，既把女性的美描写得恰当传神又不落俗套。这样的描写和传统上蒙古民族对女性美的欣赏是有关系的。蒙古民族生活在蒙古高原上，四周正是东西文化交汇的地方，蒙古民族也曾经走遍世界，自己担当东西文化交汇的任务。他们见过世界各民族、各种族的女子——西方的波斯、土耳其、俄罗斯，中亚的维吾尔、哈萨克，东方的通古斯、南方的汉族和藏族，各民族、各地区的人对女性美的欣赏都不相同，美丽的女人们的长相也不一样。所以描写外貌很难有统一的标准。蒙古人于是懂得欣赏女性美中一种共通的东西——气质，无论哪一民族、哪一种族，美丽的女人都像月亮和太阳一样令周围蓬荜生辉。

蒙古民族是一个艺术创造能力很强的民族，直至今日，有大量的民歌、民间舞蹈和曲艺流传，并有宫廷音乐传世，这和蒙古民族传统上艺术家的地位很高是分不开的。这一点和欧洲民族更接近，和汉族的差距比较大。

在《江格尔》中有一位英雄叫铭彦，是个长得非常漂亮的男子，他除了是江格尔手下的一位大将军以外，还是一位艺术家。他在战争中立下赫赫战功，在江格尔的帐下，他的职务是"颂其"，就是专管唱祝酒歌的官，一位将军担任这样的官职，可见这种官职的尊贵。

在《江格尔》的承传过程中，历代的江格尔齐（吟诵《江格尔》的诗人）都是受人尊敬的人。在社会上有很高的地位，许多家族都是父子相承，形成世袭制度。

卫拉特人传唱《江格尔》有三种场合：纯属娱乐、欢度喜庆和相互比赛。通过歌颂《江格尔》及其英雄们提高卫拉特的自尊心和自信心，加强四卫拉特的内部团结。江格尔齐除了受到重用和得到奖赏之外，还有一些江格尔齐可以得到定期发饷，正是因为有这样的保证，《江格尔》才能穿越卫拉特人坎坷的历史流传至今。

在《江格尔》大量的诗篇中有战胜敌人的故事，有归顺的故事，有联姻的故事，但是找不到平叛的故事。在蒙古族流传的其他故事中也很少能够找到平叛的故事。这并不是由于蒙古族地区很少发生叛乱，而是因为蒙古民族的统治者和百姓都很少把精力花在研究怎样平定和防止叛乱上，也就是很少把精力花在算计人上。但并不是说蒙古人不重视研究人与人之间的关系，《江格尔》中留下大量的关于归顺和联姻的故事就说明这一点。

从《江格尔》的起源、发展以及内容，充分显示了蒙古民族乐观、向上、热情、奔放的性格特点。《江格尔》中的英雄们大多行事简练，说干就干，故事中喷薄着纯朴的热情和力量。这正是《江格尔》留给后人最重要的精神财富。

2007年夏

相恋

和一个民族恋爱

我本来不想现在写这个题目，主要是太大了，我不知道我现在能不能把它写好。

汉族和蒙古族的关系有很多种，敌对过、仇杀过、征服过、融合过。而我和蒙古民族的关系不是上面任何一种。

我喜欢蒙古族，从我还是一个小女孩的时候就开始了，广阔的空间里那些英雄的故事猛烈地轰击我的心，我对蒙古民族产生感情，就像恋爱中的一见钟情一样。但那种感情既脆弱，又肤浅。

或许是上天赐给我的缘分，我真的遇到过一个蒙古小伙子，他可能是比你们大多数人都地道的那种，但刚开始的时候几乎根本没有注意到他是蒙古人，而且他和传说中的蒙古人是那样不同。我们的相爱，短暂且朦胧，但强烈得直射心魄。我为他写了那篇"七年之爱"，但我删掉了。我们碰到了很多问题，当我们四目相对的时候一切都无法解释。我们强烈地相互吸引，却那样严重的难以沟通。而那时，蒙古民族对我的重要性就超过他，我那时真的希望不要和他好了，我希望他找一个蒙古姑娘，像他那样的蒙古人，每一个都很重要，不应该汉化，而我那时没有信心接受蒙古人的生活。但是真的分开的时候，我太舍不得了，我的反应完全失常了。我们最终还是分开了，我为此欠了蒙古族一个大人情，因为一个优秀的小伙子离开了故乡网，他子孙后代也将面临汉化，而我辜负了他的爱，伤了他的心。

分开那些年里，我很少有机会再接触什么蒙古人了。我本以为这对我不是多大的事情，我毕竟不是蒙古人。我每天按照以正常的方式生活，嗲声嗲气地说话，言不由衷地谈判，接受小伙子的礼物，服从母亲安排的相亲，好像我什么也没缺少。但事实不是那样的，我生命中的空白和寂寞变得无法填补，不是为一个小伙子，是为一种生活，一种氛围的包裹，我无法言述自己的孤独。我开始意识到蒙古是我生命的一部分。从那时起，我开始迷上蓝色的故乡这首歌：使我幸存的地方，是这蓝色的故乡。我要回头寻找我的家。

我观察所有蒙古人，到我能去到的有蒙古人的地方玩，向每一个人表达我的友好。但我不属于他们，简单的追求友好或者融合，我迅速地被拒绝了。说真的，那时遇到的拒绝都不像在故乡网里这样激烈，他们同样友好地看着我，温和地微笑着，然后什么也不回答我。我很痛苦，失恋的痛苦，在那时才真正变得强烈，也就在那时，我在一篇去草原的游记里写下一句话：我迷恋这片土地，但他并不在乎我。巧得很，不久神鹿的女儿柳芭，那个著名的鄂温克人，在她的纪录片里写了完全一样的一句话。我就这样失去了专利权，但是很庆幸，有人和我有相同的感受。

关于上一次的恋爱，我终于承认失败，从前我还有盲目的自信，我相信他爱我，但是阴差阳错才不能在一起，但此时我知道我真的被拒绝了，他可能在一开始的时候被我吸引过，但是他最终决定不要我，这是一个冷静的决定，不是置气。

我开始明白走进蒙古人的心和与你们保持友谊中间有一个巨大的台阶。他高得很多人难以攀上去。那也才是我恋爱失败的真正原因。

在我到故乡的时候，我已经能理解很多事了，从年代久远的，到身边的。成吉思汗有个夫人公主哈屯，据说成吉思汗娶到她的时候蒙古人曾深以为荣，而到后来她在草原上的处境并不怎么样。去年的歌手大奖赛上，有个内蒙古电视台选送的汉族歌手唱《昭君出塞》，三宝眼皮都不抬一下，如果是过去，我会奇怪，就连三宝本人不也是"团结族"的吗？但是现在我能理解他为何不屑。

我本身对文化很感兴趣，和很多民族的人交过朋友，但是对蒙古，我会不同。我不只是想和蒙古人交上朋友，和平共处就完了，因为我热爱，我需要被接纳。当一个人爱上一个人的时候，就要尝试理解他，接纳他的痛苦和欢乐，站在他的角度上想问题，为他的成功而兴奋，为他的荣誉而骄傲，也要呵护他的伤痛，容忍他的缺陷。而当你赢得一个人的爱的时候，要得到他理解，信任，甚至他的保护，最终成为他生活的一部分。我要用这种方式对待蒙古民族，所以我说我在和蒙古民族恋爱。而我之所以说我在恋爱，我还没有被接受，还因为这个过程可能很漫长，还会有摩擦，还会有痛苦，还会有伤害，还不知道未来，没有痛苦的爱情不是真正的爱情，但我爱，这是不会变的。而且既然爱了，就不在乎我们是"世交"还是"世仇"，同时不会去改变对方，也会保留我自己，永远独立属于自己的。

　　用爱的方式和一个民族交往，这是我真实的想法，爱是宽宏的，深厚的，牢固的，它不是狂热，狂热的只是迷恋。

2002年

没有草籽的秋天

　　男孩离开西乌旗好几年了，他的汉语依然生涩，但那不是他的错，他是蒙古人，本没有义务学习另一种语言。在北京那间灯火昏暗的小酒吧里，我把在西乌珠穆沁拍的片子拿给他看，他一页一页地翻过去，没有赞许，没有点评，没有议论，看过之后，深深地吸了一口气，说，想家了，好久不想家了。他用生涩的汉语讲给我那个秋天的故事，那是他最后一年在家乡打草。

打草

　　夏季在一场接一场的雨水中悄然离去，草叶变黄的时候，羊群离开夏牧场回到自家房子附近红砖的羊圈里。

　　男孩早已把打草机锯齿形的刀片磨得很快，和兄弟们开着拖拉机去打草了。手扶拖拉机嘟嘟地在草地上蹦蹦跳跳，打草机拖在后面像一把张开的没有扇面的扇子，所过之处摇曳的细草就趴在地上。打草需要两个人，一个人开拖拉机，另一个人坐在拖拉机连接打草机的地方，牵着一根绳子，绳子后面拖着搂草机，搂草机贴着地面滑过，散落的草叶就被收集在一起，每滑上三五米，把绳子一拉，搂草机轻轻地抬起，地上就留下一个小小的草堆，很小很小，就像草原上的小黄鼠收集在洞口的草堆。草还绿着、潮着、没有黄透，这时草还软软的，不会太多磨损打草机的牙，若是等黄透了再打，再快的剪刀，也禁不住大片草原的磨蚀，很快变得钝钝的，缠在草里不动。

草地上拉着许多铁丝网，区分各家草场的位置，铁丝网纵横交错，将草原划成许多四方的格。两个少年在四方格里，一圈一圈地转过去，默默地消耗掉整个上午。四方格有一些离公路近，有一些稍远。他们原本不喜欢离公路太近的打草场，那里时常有游客路过，举着相机给他们拍照。好端端地干自己的活，就这样被照下来，多少有些令人不快，但时常看到几张陌生人的脸，有好看的，有不好看的，有和善的，有鄙俗，有些人脸上有不可救药的好奇，有些人脸上有莫名其妙的怜悯，看过了，又不见了，有时也是平静的生活中的一点佐料。他们纯净的心就在这一点、那一点的佐料中改变了味道。

草堆留在草原上晾干，就可以叉成一个草垛了，每一个草垛都有一头成年的牛那么大。很多的草垛再排成排，列成方阵，在草原上变黄，变成金黄，再变成褐色，就像一幅欧洲的油画。据说这种打草的养羊方式就是从那里学来的，不知道那里的草是不是也在打籽前被割下来？他们打草几百年了，蒙古人游牧上千年了。几百年前，他们住在大石头房子里，用黑锈的碗吃饭，没见过瓷器的时候就打草；几百年前，蒙古人驰骋世界无人匹敌的时候就游牧，但是有一天欧洲人发达了，先进了，于是连打草也跟着一起先进了，大家都要向他们学习，所以蒙古人就不游牧了，也打草，就这样进步了。

于是就没有了秋营盘，没有秋季的转场，有了像农民一样辛劳的秋天，收割整个草原的秋天。草垛被装上车，运回家，在红砖的羊圈旁边摆成高高的，比房子还高，比院子还大的草山，那是牧群一冬的食料。

燕雀

西乌珠穆沁原来是一个部落，整个西乌珠穆沁草原就是这个部落的牧场，在男孩的爷爷的时代，整个西乌珠穆沁草原分为春夏秋冬，四季牧场，人们按季节，也按当年的水草条件迁徙，迁徙的时候很热闹，很多的人家走在一起，很多孩子、很多狗，很多女人一起说说笑笑。那时草原不像现在这么寂寞，蒙古人也不像现在这么孤独。那时牧场上有星星一样多的牛羊，有善跳的羚羊，有奔跑的野狼，有黄鼠、獭子、狡猾的狐狸，比人还高的牧草，是所有生灵的港湾。

　　不过这些对男孩来说，也是传说了。西乌旗的草原如今已经承包给各户，有些家的地盘是原来的夏牧场，有些人家的是原来的冬牧场，每家分了一小片，用围栏一层一层地圈起来，在围栏里盖了房子。夏天把牲畜赶到离家远一点的地方放牧，冬天赶回家。水草好的年份一切都好，干旱的年份，疲惫的牧人照料着衰弱的羊群在疲惫的草场上无路可逃。

　　男孩抬起头看着天，天空很清亮，云淡淡的贴在天顶上。偶尔有一只小雀横过，猛烈地扇动一阵翅膀，又把它们紧紧地收起来，好像一个子弹头。它平平地从视线上方掠过，和草原高高的天空相比，它根本不算是上天了。

　　男孩还隐约记得在他还很小的时候，秋天会有成群的大雁"啊"、"啊"地叫着飞过天空，他喜欢仰着头一直看着，看到目眩，那大雁排成人字型的队伍，常常有雁从"人"字的一边脱离出来，拍打几下翅膀，滑到另一边，又展开双翼随着队伍缓缓滑翔。天很蓝，很清很透明，雁是灰色的，雁的叫声很远，在寂静的草原上很吵。

　　那时候，草原上还有天鹅，还有鹤，还有细长腿的鹭，还有隼，还有鹰。那时候，男孩还是个走路一拐一拐的小不点，穿着小皮靴，倔倔地走在坑坑洼洼的土地上。茂密的牧草一天天干了，金色的、发亮的草梢在他头顶摇曳，硬硬的草杆踩在他脚下，他倔倔地拨开一丛又一丛的草，扎进那无边的金黄，固执地寻找——一块彩色的石子，一棵几天前见过的特别的草，一只小虫，一种小动物……谁也不知道他要找什么，甚至包括他自己。草很深，他钻进去就不见了，但无论他在草丛里钻到什么地方，舅舅总是能找到他，把他抱到勒勒车上，许多勒勒车，排成长长的队，一个浩大的家族缓缓迁往秋营盘。

　　中午的时候，太阳很亮，白花花的，天气变得像夏天一样热，甚至草都像又绿了。男孩坐在地上，孤单地嚼着干肉和干粮。要是往日，该是女人们来送饭的时候了，热腾腾的饭拿到打草场，大家就兴奋起来。附近（说是附近，其实草原上远远地能看见，就叫做近，实际已经好几里的远了）忙活的几家人聚到一起，开朗的小伙子笑着、逗着，腼腆的憨憨咧一咧嘴，每个人都狼吞虎咽地大吃……那是小伙子们一天最快乐的时候。只是想着，男孩不禁笑了。今天没有人送饭，女人们都不在家。

对付完午饭，抽完一根烟，他抬起头，一只小小的雀，平平地从头顶掠过，离天很远。天空很清，很透明，他甚至不记得秋天的天空有过大雁了。天上缺少了什么不是他该想的问题，秋天是个很忙的季节，应该打草。站起来，稀疏的牧草顶端还没长饱的草籽，在他小腿肚边晃来晃去。早已没有能淹没他的茂密的草丛供他探索了，是他长高了，还是草变矮了，也不是他想的问题，对于正在成长的人来说，一切变化都是天经地义的。

他长大了，十几岁的少年身材高大，聪明又健壮，外来的人都会以为他是个20多岁的小伙子了，但乌珠穆沁草原上的少年都是如此。从莽莽的草原，到无数鼹鼠的小丘，再到一座草山，那是他一个秋天的任务。

雨季

秋天是多雨的季节，草原上下雨不像城市里，你知道今天有雨，明天没雨，或者坐在屋子里一会儿看到外面下雨了，一会儿又停了。西乌的草原上，有许多起伏的丘陵，大起大伏，就像蒙古人的长调，缓缓地抬高，走了很远，抬得很高，再缓缓地落下去，落到很远的地方，很低的谷地。站在高坡上举目四望，视野极为开阔。天上的云大片大片的，草原上就有大片的云影，也有大片的阳光照耀下鲜艳的色彩，那阴影下若有人，他就站在阴天里，阳光下的人就站在晴天里。有些地方云很低，好像和地连着，不是雾，雾是轻的，从地面向上升腾，那云很重，重得要掉下来，靠近地面的地方，变得迷迷蒙蒙的，那里就是在下雨。

眼看着雨，看着它在草原上飘，沉重的乌云，拖泥带水地随风移动，很有趣，感受着风向就知道它要去哪，远远地可以看到在它路上的人正在收机器，或翻上马背。忽然，发现风从迎面吹来，从雨的方向来，是雨要过来了！男孩和他的伙伴突然兴奋起来，本来慢吞吞的工作节奏突然加快了很多，忙着把干草叉到拖车上，忙着发动拖拉机，抢着再干一点活。雨浇下来了，他才和伙伴嘻嘻哈哈地跳上拖拉机，在草原上颠着、蹦着冲回家里去。

一进家门，兴奋劲就消失了，炉火没有生，锅冷着，没有人端上热茶，没有人张罗饭。学校开学了，女人们去城里送孩子们上学了。这些年草原地区也同大城市一样推行规模办学，苏木里的小学都裁撤了。孩子们必须去100多公里外旗里或者盟里上寄宿学校。那里的蒙语学校有语音室，有电脑机房，但是没有父母的热茶热饭、言传身教，也没有广阔的天地可以玩耍，没有莫测的野草供他们探索，没有风暴和苦难摧炼蒙古人那种特有的坚强倔强的个性。这些弟弟妹妹、侄子侄女们将来也会像游客一样好奇地看着他，说上两句生涩的蒙语就沾沾自喜；在偶尔回家的时候把他那件最漂亮的过年才穿的蒙古袍抢来，在跟来玩的外地同学面前炫耀，然后举起两个白皙的手指，"Hi!"的一声照一张相。他的伙伴也会像今天看到游客时那样憨憨地笑一笑，然后就不好意思再穿蒙古袍了，穿着牛仔裤和运动鞋去打草，弄得裤脚湿湿的沾满泥。男孩不喜欢那样的弟弟妹妹，那些长成豆芽菜身材的小屁孩不是他的弟弟妹妹，他会把一个烟头扔在地上，狠狠地踩灭了离去，他就要没有弟弟妹妹了。

不过上学是应该的，那些城里人，他们真的很厉害。有个谁也没有见过的城里人说：游牧是落后的，牧民们就都不游牧了，盖了房子；他们说：应该机械化，于是很多地男孩就开着拖拉机去打草。老人们说这样不行，房子周围的草原会退化，那些牧草在打籽前被打下来，一年看不出来，两年看不出来，可七、八年后不长新草了，草原就完了。可这没用，那些看不见、摸不着的城里人，在遥远的地方，有意无意地说一句话，草原就变了，人们的生活就变了，一代人的命运就决定下来。打完今年的草，我也进城了！男孩想，他已经考上高中了，打完草就去学校报到。

窗外的雨，变得无边无际，沙沙地响着，很齐，很安静，就像草原上无边的草，很广阔，又很细腻，广阔的近似，细腻的不同，近似之处无穷无尽，不同之处丝丝分明。草原需要人用心体会。

分羊

秋天在忙碌中向前推进,忽然有一天,干活的人抬起头,发现整个草原已经黄透了。朝阳升起的时候素淡苍凉,夕阳西下的时候,灿烂温暖,金子一样的大地。

男孩把羊群放在远离游客的山坡上,骑上马去打草场了,今天家里人手不够,这群羊由他代管。到了打草场,下了马,弯腰把马的两条前腿和一条后腿用缰绳松松地系上,让马颠着跳着在近处吃草。草原上的牧人骑的马都是年轻的小野马,并不是和主人生死与共的战马。他们也是草原的主人,有自己的家庭和自己的朋友,若不这样系上,一会儿的工夫就不知道跑到哪里去了,还要费力地拿套马杆套回来。开着拖拉机,男孩接着打草。转几圈,让他的合伙人休息一下,自己骑上马去看看羊。

羊是最让人操心的动物,早先草原上没有外人偷盗牲畜的时候,牛和马放出去几个月都不用人管,羊却不行,一会儿工夫都离不开人。和邻家的羊群本来放在两边的山坡上,它们自己慢慢地吃草慢慢游移,就掺和到一起了。分羊是个很麻烦的事情,各家的羊在耳朵上剪了口子作为凭证,分的时候要一只一只地拣出来,还要防止它们再混起来。几百只羊掺和起来,很麻烦。

男孩的调皮有地方用了,他想了个很方便的办法,他把自家的狗带上,狗和羊原本是天敌关系,但是在牧民家里,狗是羊群的卫士,也是依靠。刚生下的小羊羔跟不上队伍,自家的狗哥哥就负责照顾它,用前爪搂着它,舔舔它,不让别家的狗靠近,狗和羊混得很熟,有时甚至很亲密。不过别人家的羊就不一样了,狗冲过去一阵大叫,别家的羊就都吓跑了。男孩得意洋洋得赶着羊回家了。

回到家,发现少了,原来有几只羊被别家受惊的羊带着跑了,他又悻悻地跑去别人的羊圈,再把自家的羊挑出来。

离去

秋天的草料营养丰富,牲畜最肥,入了冬,就会渐渐瘦下来。所以秋天是卖牲畜的季节。河水涨了，外地的牲口贩子又困在水漫的桥面上了，桥面在夕阳下闪着金光，一个年轻的牧民正用拖拉机把他拉出来。一辆白色的别克捂在水里，车上的人已经卷着裤腿下了车，站在旁边的山坡上，看样子是几个盲目的游客，一个打扮得像小姑娘的中年女人，一脸的不满意，颐指气使地指着开拖拉机的小伙子，愤怒地叨唠，当地人都不理她。

男孩开着拖拉机，朝河这边过来，拖拉机上坐着的小伙子是牛贩子的小工。男孩上过学会讲汉语，所以也干帮牛贩子牵线搭桥赚外快的事。快到近前的时候，那个妇女大声嚷嚷着，问他多少钱能帮她拉车。男孩没有停下。"为啥不帮她，有钱呢！跟她多要点！"车上小伙子说。"不理她！看着烦！不挣她的钱！"男孩说着开足马力从桥上冲过去，巨大的含着沙但很清洁的水花泼到旁边帮人拖车的朋友身上，气得他一边笑一边骂。男孩也笑着回头骂了一句，开车跑了。

冬天第一场雪下来的时候，男孩已经离开草原。家里人开始屠宰牲畜了，在秋末趁着羊肥的时候宰杀，然后把羊肉放进勒勒车上铁皮的箱子里，冻在户外，冬天随吃随拿，一台节能环保的天然冰箱。母亲已经从城里回来，只留下表姐在那里照顾几家的孩子。她操持着一家人过冬的食品、衣物，不停手的忙碌，走到门口她总是抬起头向儿子离家的方向望一望，离放假还早，儿子是不会回来的，即使放了假，他也不一定回来。但她还是向那边望着，好像不知道哪次抬起头，他就会出现在地平线上……那个又调皮、又懂事、又懒惰、又能干、又四处惹事、又孝顺的男孩子。

尾声

又是秋天了，我不知道西乌珠穆沁的草原是不是还是那个样子，浩勒图高勒的河水是否依然能在秋天漫过桥面，男孩也不知道。

上完高中，又上大学，学财贸，学了也不会做生意，有几个做生意的是学校教出来的？幸好草原给了他一副好嗓子，幸好有许多离开草原的人会在深夜里想家，于是有了一个在城市立足的机会。不必回越来越让人心痛的故乡了，去面对一年一年干枯下去的河水。

现在他在那间灯火昏暗的酒吧里唱歌，唱歌唱家乡的歌，很认真地唱，很认真地工作。他并不总想家，就像打草的时候他不能总是想草原是不是退化了一样，唱歌的时候，不能总是想家。

他胖了，脸上浮着一层汗，经常熬夜的人的那种样子。老板的朋友带来一条狗，不是草原上那种和人、和羊群之间有着伟大友谊的牧羊犬，是一条娇纵的杂牌宠物狗。他正在台上动情地诉说歌声中的家乡，狗叫了。他停下来，等狗不叫了，他刚想继续，狗又叫了。下台以后，平日里嘻嘻哈哈的他，重重地把酒瓶磕在桌子上。后来他喝多了，有时候人需要喝多，喝多了很多事就不再往深处想。带狗的女士走了之后，来了一些朋友，那些想家的朋友，他晃悠着再次上台。

那天他唱得特别好，目光迷离，歌声很隆重："父亲总爱形容草原的清香，让他在天涯海角也从不曾相忘；母亲总爱描摹那大河浩荡，奔流在蒙古高原我遥远的家乡……"

2005年9月

京城的"蒙古音乐部落"

如果我说，蒙古人性格温和、含蓄而且敏感，甚至有一点腼腆，可能很多人都会觉得惊讶。事实上，关于蒙古人，人们心中的很多印象都和实际情况不一样。

内蒙古在人们的印象中，遥远而神奇，但至少对北京人来说本不应该是这样的。只要看一看北京市区到万里长城的距离，就可以想象这个地方离草原并不遥远，北京距离内蒙古草原的有些地方甚至比距离石家庄还要近。

很少有北京人知道，在北京熙熙攘攘的人群中大约有4万人是蒙古人。生活在都市的蒙古人以宽容随和的性情适应着都市的生活，又倔强地把灵魂留在另一个世界里。

夜色下的谋生之路

北京这些年，开了不少家蒙古风味的餐厅，一种是为非蒙古族人服务的，打着"蒙古风味"的旗号，实际上卖的主要是一些内蒙古地区的汉族食品，也有一些新疆风味食品，菜单上大约只有不足20%的食品是风味有所改变的蒙古食品；另一种是为在京生活的蒙古人服务的，卖真正的"蒙餐"。

北京蒙古人中最有名的一家蒙餐馆"图图蒙古食屋"的老板本人就是一位音乐人，曾经在苍狼乐队中与腾格尔合作过。他的餐馆里，虽然歌声不断，也常常有人拉琴，但大都是业余的，是来吃饭的人自娱自乐。专业琴手和歌手并不在这里演出。对来吃饭的蒙古人来说，餐桌边的音乐本不是拿来出售的；而对乐手们来说，演出是他们的工作，这里是休息场所，是一个纷乱社会中暂时的身心栖息地。

专业乐手的表演通常出现在第一种地方，在那里文化因为不同而有商业价值，但也因为不同并不真正被多数仅仅是怀有好奇心的食客们理解和喜爱。

曾经有一位蒙族网友在网上记述过一件事：有一次她和她的老板在这样一家餐馆吃饭。老板问她会不会唱蒙古歌。她刚好会一两首。在座的人于是起哄让她唱首歌。大家一起吃饭，席间唱首歌其实没什么，蒙古人在一起是应该的，在汉族人看来就跟唱卡拉OK是一个道理，也没有什么不可以。但是她老板一时兴起，非要叫一个马头琴手进来伴奏。进来的人是金山。马头琴手因为承载着蒙古族的传统文化，在北京的蒙古人当中很受尊重，而金山琴拉得好，很多在京蒙古人都认识他。那女孩于是说算了。可她老板兴致正高，嚷嚷着："干吗算了？不就二十块钱吗？"这件事在网上就记了这么长，我不知道后文，也从没问过金山。

那位网友在网上说，蒙古的音乐人不应该在餐厅贱卖民族音乐，她希望蒙古的民族音乐能够在维也纳的金色大厅里演出。我们当时还争了几句。无论他们多么有才华，对目前还没有成功的琴手和歌手来说，维也纳的金色大厅简直是天方夜谭。

在北京打工的专业马头琴手，大概有二十多人。北京虽然有很多文艺团体，却消受不了这么多马头琴手。金山和他的很多朋友一样，虽然参加过专业演出，曾经跟随艺术团体出国访问，但也在餐馆里拉过琴，因为那是一份能带来日常收入的工作。金山也不喜欢他在餐厅的工作。

相对于餐厅而言，酒吧做的音乐条件好很多，有正规的音响和灯光设备，也可以像模像样地编排节目，但最难得的还不是这个。在北京，蒙古酒吧的客人几乎都是生活在北京的蒙古人。因为共同的文化背景，音乐和人们心中的热情相互呼应，燃烧在空气中，这样的空气可以滋养这些年轻的音乐人。因为对自己民族音乐的熟悉，这里的客人们不是听新鲜而是听水平，音乐的好坏可以得到准确、迅速地反馈。而那种来自同胞兄弟们的真心的喜爱、真诚的尊重，还能带给乐手专心和自信。

蒙古族是一个有歌舞文化的民族，即使今天生活在都市里的蒙古人，依然保存着一些古老的习惯。大家都知道蒙古人喜欢喝酒，但酒的喝法和其他民族并不一样，没有那么多劝酒的花样，酒桌上大家不会相互吹吹拍拍，不会借着酒劲山南海北地胡侃，不允许举着酒杯叫板。总会有人唱起家乡的歌，大家或者感动，或者兴奋，歌至兴、酒至兴仍然按照传统的礼节相互敬酒，尤其是有长辈在场的时候更是这样。这种场面旅游点是伪造不出来的，也不像电影里那么夸张，一切都很自然。

歌手昭日特曾组建过一支乐队，在一间叫胡戈的蒙古风情酒吧演出，金山曾经是乐队的马头琴手。和餐厅不同，在酒吧里，歌手和乐手是从来不穿蒙古袍的。大家从都市的各个角落来到这个地方，热情的歌手常常是大多数客人的朋友，而乐手们虽然腼腆一些也被大家默默喜爱。他们的歌声和音乐是从自己心里迸发出来的，音乐里也有聚会上那种自然的热情、热爱、欢乐和动容，他们水平比较高就是了。酒吧本身虽然是舶来品，但蒙古风情酒吧却找到了一种蒙古文化的自然形态在都市的延伸方式。

理论上说4万人不是一个小的消费群体了，但在北京的蒙古人中，真正走出家门寻求文化回归的人却并不多。在北京，如果3家以上的蒙古酒吧同时开业，至少有一家会因客源问题而关门。所以酒吧也不可能为20几位优秀的马头琴手提供工作。这么说的话，金山很幸运，他先后在两家蒙古风情酒吧工作过。

我所听到过的金山最优秀的演出并不是在多么正规的剧场，而是在一个叫做"蓝云敖包蒙古风情酒吧"的地方。在敖包酒吧金色的灯光下，他的音乐像一只展开金色翅膀的鹰，飞旋在立柱和灯光的交汇之处，尖叫一声，倏而离去，留下金色的虚影久久不散。

我一直不习惯说金山在酒吧是在工作，我总觉得他是在享用自己的音乐。如果金山是个拿国家津贴的艺术家，能专心做音乐的话，可能会相当出色，但是他却要找一个地方每晚拉一遍《万马奔腾》。不过，如果少了生活中的苦乐悲喜，他的琴声是否还会如此动人呢？去年冬天，敖包酒吧终因经营不善而难以维持，他离开那里时，我意识到他失业了。

现在营业的蒙古风情酒吧叫做故乡，在那里唱歌的是黑骏马组合的三位歌手。有一次，金山需要拍几张拉琴的照片，但他自己已经没有合适的演出场地，只好借用故乡酒吧的舞台。在酒吧营业的黄金时间金山拉了两首曲子，并且受客人们的热烈欢迎。在外人看来，这属于欺场子的事情，但是黑骏马的三个小伙子却调音响、调灯光、报节目非常帮忙，而他们和金山之间并不是过密的朋友。这个场景很像在草原上经过一户牧民家，主人会立刻熬奶茶、切奶豆腐招待。有人说蒙古人好客是因为寂寞，有这方面原因，但也不全是，夏秋季牧场上，牧民的工作都很忙，人来人往有时候很打搅牧民，但他们都知道行路的人需要帮助。都市里的蒙古人并不寂寞，尤其酒吧里每天无数客人围着，而那天黑骏马的小伙子们知道金山需要帮助，这是性格。

门缝中传出来的蒙古音乐

一个民族的文化，被另外一个民族认识往往是从最典型的东西开始的。然后，另外一个民族往往就会把这种最典型的东西当作全部。马头琴因为独特的音色在汉族地区被广泛喜爱，于是很多人认为蒙古族的民族乐器就是马头琴。其实弹拨乐器"火不思"、三弦、蒙古筝、拉弦乐器四胡都是很典型的蒙古族民族乐器。

即便是马头琴，也有很多种，而且在不同演奏家手中演奏风格也不一样。有一次我和一些不了解蒙古文化的朋友聊音乐，聊到马头琴，其中一个朋友突然站起来大声说："我认为马头琴的声音概括起来就两个字——凄凉！"他说着十分肯定地猛力一挥手。我当时差点从凳子上掉下来。

我想这种印象很可能来自张全胜。苍凉、忧伤又非常洗练可以说是他的个人风格。产生这种印象并不是他的错，苍狼乐队对推广蒙古族的民族音乐功不可没，很多汉族人第一次听到的马头琴、长调、呼麦都是来自腾格尔的专辑《黑骏马》。但是前面说的那样的事情又发生了，很多人对蒙古音乐了解到《黑骏马》以及腾格尔的两三首代表作就停下来了。

昭日特来自鄂尔多斯，在艺校时是学四胡的，他曾经自己拉四胡和另一位同样来自鄂尔多斯马头琴手齐龙合作排过一段"民族器乐合奏"，那种音乐一点都不忧伤，完全是欢宴歌舞的气氛，鄂尔多斯式的欢乐。鄂尔多斯歌舞很出名，但那里的蒙古族人数实际上非常少，那里的许多民歌和民间舞蹈在其他地方的蒙古人当中是找不到的，包括著名的盅碗舞、筷子舞——大多数蒙古族地区禁止在餐桌上敲击碗筷。

在汉族世界里，人们对蒙古音乐的认识，很像一个人在黑夜里行路，路过一间大房子，房门开着一条缝，光从里面泄出来。行路人如果好奇，可能停下来向里面张望，也可能并不关心匆匆走过，无论怎样他绝不应该认为房子里的世界就是他从门外看到的那一点点光。

除了欢乐和忧伤，马头琴的演奏还可以很奔放或者很抒情。除此之外，它还可以是悠扬的，或者沉醉的，还可以是很多样子的。

路过的前辈们

总有人认为蒙古人的性格奔放豪爽，说实在的，我怎么都想不明白这个印象怎么来的？事实上，大多数蒙古人性格温和、含蓄而且敏感，待人随和真诚的同时骨子里面有一股桀骜不驯的力量。这种内心世界丰富而充实，外表柔软的特点使蒙古人的感情世界沉得很深很饱满，这是一种很适合产生艺术家的个性。绝对数量虽然不多，但是从人口比例上算，蒙古族是一个很出艺术家的民族。

我常常觉得做"少数民族"真好，好处之一就是很容易结识本民族的"大人物"，得到他们的帮助和指导。蒙古人的相互帮助之中，常常有那种令人感动的真诚，又有扶马背不朝前送的冷漠。当然这是我的看法，在蒙古人看来，人的才华和个性本来就应该被尊重，但路还得自己走。

金山当初来北京和张全胜有点关系。从兴安盟艺校毕业以后，金山曾经考过中央民族大学。张全胜是民族大学的马头琴老师。民族大学用汉语考文化课，这对金山来说通过考试几乎是不可能的。连续考了两年之后，金山已经心灰意冷。第三年，忽然接到张全胜的电话，让他赶快到北京来报名，那一年没有其他竞争对手。但是金山年龄过了，连名都没报上。那以后金山留在北京开始了打工生涯，并且和张全胜成了好朋友。

在庆祝神舟五号发射成功的一台晚会上，金山和腾格尔还有一名呼麦手合演过一个节目。腾格尔也喜欢去蒙古酒吧玩，和金山彼此见过。和大牌明星合作，金山不特别恭维；腾格尔也不以师长自居，两人彼此笑一笑，把节目做好。这是蒙古式的高傲和蒙古式的谦和。这个场面在蒙古人中很常见，大腕明星出现在酒吧，客人照样把注意力都放在台上的歌手那里。蒙餐厅里吃饭的客人中，有已得高官厚禄的，也有穷学生，大家聚在一起时，彼此就是平等的。

敖包酒吧的股东之一是作曲家三宝。虽然是蒙古族音乐人，三宝的大部分音乐作品和蒙古并没直接的关系。但是他音乐的气质却是蒙古文化养育出来的。三宝的音乐，在不了解蒙古文化的人看来就像个谜。大气、凄凉、唯美、严谨、叛逆……这些在一般人看来应归为不同的，甚至是相互对立的风格在他的音乐里浑然一体。

但如果你熟悉蒙古人的性格，你就明白这些东西原本就是统一的，而且有些只是用汉族的思维方式进行的概括，在蒙古人的内心深处本不是这个概念。如果我说，蒙古男人有山一样的温柔，蒙古女人像水一样的坚韧。你可能觉得我在写诗，用自相矛盾的话引起别人注意。但是在蒙古高原上，山真的是温柔的，山的曲线像舞动起来的巨大的丝绸，但又是凝固的，沉稳而博大；水真的是坚韧的，倔强、坚强、坚韧不拔，在那样平坦的容易渗透的土地上，百转千回，艰难前进，用少得可怜的乳汁滋润辽阔的土地，从小草、鲜花到牛羊野狼，从蝴蝶、蚱蜢到游隼、苍鹰莫不是她的子孙。这恰好是蒙古男人和女人的性格。三宝的音乐中充满着这样的"自相矛盾"，这让他在公众领域里显得与众不同，捉摸不定。

三宝开酒吧和别人的不同之处在于他重视音乐胜过生意。虽然有一段时间三宝每晚都去自己的酒吧坐一会儿，却很少对乐队做具体的指导。金山认为到目前为止，他自己最好的状态就出现在那间酒吧。我问过金山，他当时的状态跟三宝有什么关系？三宝究竟做了什么？他想想说："三宝不说什么的，主要是音响好，舒服。"

蒙古人话不多，大多数人都是这样的。和金山说话的时候，每说到重要的地方，都可以看到他的眼睛在动、脑子在动、心也在动，就是嘴没动。从话不多这个角度看，蒙古人是很含蓄的。但是蒙古人眼睛、眉宇、举手投足之间都可以表达自己的观点，这种表达又非常明确——好、恶、是、非，不拐弯抹角，也不正话反说。从这个角度说，蒙古人又是直率的。不管三宝有没有说过什么，我总是觉得，那段时间金山的音乐风格和追求受到三宝很强烈的影响。

在蓝云敖包工作期间，三宝为金山买了一把古典马头琴。和现在这种木质面板、尼龙丝弦的琴不一样，古典马头琴的面板是蟒蛇皮的，琴弦是两束马尾，高音弦和低音弦的位置也和现在的马头琴相反。马尾弦因为不能拉得太紧，所以音调低沉，泛音很重，音乐的风格也就更加古朴。

今天普通人听到高水平的古典马头琴演奏已经不是一件容易的事情。和其他音乐人一样，音乐人那日森平时的工作是作曲、编曲一类的，但他同时是一位马头琴手。不靠马头琴吃饭，让他在追求演奏风格和效果时从容很多。他在为三宝作曲的《天上草原》配器时，曾经使用古典马头琴演奏，那段琴声可以在三宝的个人专辑《直接影响2》里面听到。马头琴的声音有一种苍凉广阔的感觉，而古典马头琴的声音广阔之外又非常深厚。

古典马头琴的指法和现代的马头琴也不一样，不是手指按在琴杆上用指甲跟顶弦，而是在琴弦上压弦。金山曾向那日森问过一些古典马头琴的演奏方法，后来，金山在一次录音时认识了蒙古歌王拉苏荣，拉苏荣进一步把这种演奏方法传授给他，并且带他去电视台做节目。

说到做电视节目，这里面有段趣话。电视台那位主持人原来认识金山，并且向栏目组推荐他。但是栏目组的人都说没听说过，并且说拉苏荣会自己带一位马头琴手叫做：阿拉坦乌拉。其实金山的名字是蒙古语直译过来的，阿拉坦是金子，乌拉是一种山。很多蒙古人的名字现在都是这样，像张全胜也是，在腾格尔的专辑上他的名字是布仁特布斯，布仁是全，特布斯是胜利。一方面这是民族文化融合，另一方面，国内很多地方的计算机软件设计时名字的字段就没有留太长，领身份证时打不进去，我的一个朋友就是在领身份证时改用汉名的。据金山说只有拉苏荣老师一个人坚持叫他阿拉坦乌拉，如果他电话里自报姓名是金山，拉老师就不知道他是谁。

我总觉得这件事不全是这样，只要是蒙汉兼通的人，想想也能知道金山就是阿拉坦乌拉。拉苏荣除了是一位歌唱家，还是一位音乐学者，在今天很多蒙古族的青年和孩子已经不再学习蒙古文的情况下，拉苏荣却使用蒙古文著书，介绍民歌和音乐。在他看来应该有蒙古文字的图书记述这些事情，这比提高图书的影响力和发行量更重要。坚持叫学生蒙语名字大概也有这方面的用心。

困在围城里的未来

今年夏天，我在草原上做一次短期旅行。同行的人当中有一位马头琴手贺西格，他也是在北京的马头琴手中比较出色的一个。

在草原上，我们遇到一些当地旗县乌兰牧骑的马头琴手，其中一个人是贺西格的师兄，其他几个是那个人的同事，除此之外，他们还教着一大堆学生。我才发现草原上原来有这么多马头琴手。

他们每天可以面对碧蓝的天空，清新的空气，看到无边的草原，被自己的同胞环绕着，这一切都是养育蒙古音乐和其他蒙古文化艺术的源泉。他们的生活环境就是腾格尔歌唱的"天堂"，这让北京的蒙古人非常羡慕。天堂里的马头琴手们却又羡慕北京来的人，羡慕他们在大城市见多识广，却不能理解在北京的蒙古人面临的文化压力。

大家一起吃饭的时候，有歌手唱起歌，琴手们就拉起马头琴助兴。我发现贺西格是他们当中最好的，不仅仅因为技术好，他的音乐里有了丰富的时尚因素，同时对蒙古传统音乐元素、民间音乐元素也有更多发掘和运用。乌兰牧骑的琴手相对来说，音乐体系显得陈旧很多。这就是到北京的马头琴手离开家乡的原因，不甘心再平平淡淡地终老一生，却又要到远离蒙古文化的地方追求蒙古的音乐。

这几年飘在北京的马头琴手、蒙古族歌手陆续有人签了约、出了专辑，过几年应该有人会出名。年长几岁的贺西格说，如果他在北京再做几年没什么成绩，就回兴安盟歌舞团去，但他是不会甘心没成绩的，他现在正在忙着出专辑。黑骏马组合的小伙子们最近也和一家唱片公司签约了。但不知道离开酒吧以后，他们还有没有在完全属于自己的小舞台上把本民族的音乐做到无比隆重的自由。

离开敖包酒吧以后，金山的经济状况确实改善很多。他在晚会式的综合性演出里拉过琴，但观众鼓掌的地方竟然不是琴音动人之处，而是两个伴舞的舞蹈演员下腰的时候。这感觉就和老外看京剧喜欢看龙套演员舞旗子、踢枪差不多。他在录音棚为别人配器，音乐制作人提出就是要一段旋律或者要一段节奏感强的东西之类的要求。来自台湾的音乐制作人不可能像民族大学音乐系的老师那样讨论锡盟的长调应该用什么样的风格，科尔沁的短调应该怎样处理，他们甚至连锡林郭勒这个地方都没听说过。实际上，他们也没有打算发掘或推广蒙古传统音乐，只是觉得蒙古音乐独特、好听，而要在自己的音乐里加一些蒙古的元素。

那天我们离开金山家的时候，一直都不爱说话的金山突然和摄影师讨论起谁的工作更容易导致破产。现在他家里除了五把马头琴之外，还有两把吉他、一台电子琴。他就用这些东西在自己的电脑上做音乐，自己拉琴，自己编曲，自己弹伴奏，录一些内蒙古以外地区不大流传的古老民歌，也用马头琴拉一些流行歌曲和西洋音乐。但是非专业的设备录音效果不好。他想换个专业的麦克风，换一台专业的合成器。不过我看等都换完了，他一定还会想要一个自己的录音棚。

尾声

蒙古人从2000多年前的匈奴时代起就在中国历史舞台上扮演重要角色，生生不息至今，人口数量却很少。中国境内的蒙古族人口大约480万。而汉族人口是13亿，壮、苗、彝、土家、维吾尔等很多民族的人口数量也比这个多。蒙古族分布很广，从东北一直到新疆，广大北方地区和南方的四川、云南等省份都有分布。在各个省份包括内蒙古自治区，蒙古族都是和其他民族杂居在一起，而且人口比例很低。这使蒙古族的传统文化承传面临巨大困难。

抛开人口比例，单看数量。北京也算蒙古人聚居区了，在册的人口大概3万多人，加上在北京没有正式户籍的人，4万人怎么也有了。大家从事各种不同工作，在与其他民族融合的同时，与生俱来的个性又让他们或多或少的与众不同。音乐人因为对自己的个性和传统文化的依赖，是民族特征保存得比较好的人群。就像蒙古人随和的同时又很倔强一样，整个人群也在对都市的融入和拒绝中发生改变。

编辑花絮

我这个人写稿子从来不在乎编辑改，稿子交了《人文地理》，大斧子随便砍，发之前我都懒得再看一遍。这次的编辑也是这个习惯，改稿子下手很重。拿到第一个修改稿之前，我们都没有估计到，会有这么多问题。

花絮一

第一稿修改下来时，还留有一段专门写金山和他的马头琴的段落。我的原稿是："金山经常使用的一把琴"，编辑改为："金山经常把玩的宝贝琴"。这话一般看来可能编辑改得多一点修辞，但我看了很刺眼，我的蒙古朋友们都不会接受。因为对在北京艰难谋生的琴手来说琴绝不是拿来赏玩的，他们也不是八旗子弟，可以拿戏曲和音乐当个玩艺。那把经典的马头琴实际上被琴手精心爱护，并受到听者的尊重和崇敬。

花絮二

初稿上写到草原的马头琴手和北京的马头琴手之间的相互羡慕的问题，原文的语句有点不顺。编辑于是将它改成："草原上的马头琴手下一步的打算就是到北京发展"。事实上，向往也许还可以，打算是不可能的。乌兰牧骑的几位正式琴手早已在草原上扎了根，娶妻生子，不可能再背着琴去北京寻求发展，而学生们当中也许有一两个将来会离开草原，还不一定，大多数都不会。另外，仅仅在内蒙古的一个旗，我们几天之内见到的琴手就比在北京这几年见到得都多，这个城市怎么可能容下那么多马头琴手。

花絮三

在写到蒙餐馆里的歌声时，编辑无意中加了"临时客串"四个字，但在蒙餐馆里，"客串"其实谈不上。因为蒙古人在餐桌旁唱歌完全不具有表演性质，就和汉族人在酒桌边侃大山，欧洲人在聚会时跳交谊舞一样，是一种非常自然的文化形态。汉族社会里，也有很多自然的文化形态，只是大家平时不会注意，你不能说在迪厅里蹦迪的人是在客串，也不能说在街上扭秧歌的大妈是客串。

花絮四

虽然我只会用汉语写东西，但是我以前写的关于蒙古的东西基本上都是给我的蒙族朋友们看的，很多东西我都习惯了不做解释，因为蒙古人之间一说大家都会明白。我从来没想过我要向编辑解释为什么说："文化因为不同而有商业价值，又因为不同而不能被心存好奇的食客理解和喜爱"。编辑以为，大家还是很喜欢蒙古音乐的，如果他们不喜欢就不会听了。这还真不容易解释，如果不是食客们觉得新鲜好玩，歌手和琴手就吃不上餐厅演出这碗饭了，商业价值就是这个意思。和蒙古人相比，食客们确实谈不上理解，至于说喜爱，喜爱是来自内心深处的震撼，还是仅仅觉得好听也差得很远了。

花絮五

虽然有这么多的摩擦，我和《人文地理》的编辑之间的理解越来越多。当她读到音乐制作人"只是要在自己的音乐里加一些蒙古音乐的元素"时想了想，突然说："就跟我们现在干的事情一样。"其实我想说："你们好很多了。"起码《人文地理》的编辑对蒙古文化在谨慎的发现并努力理解，而非简单利用。

文化差异视而不见的时候，就可以不明显，追究起来就无处不在。我的蒙古族的朋友们在一起的时候，经常对新闻媒体上关于内蒙古、蒙古族、畜牧业报道的不实之处感到非常无奈。现在看起来记者编辑们确有难处，如果一个记者下去两三天就回来写报道，他很难不随随便便就说错了话，如果是在家查资料写的，更难免以讹传讹，如果观点先行，那就没法说了。

　　虽然和蒙古人相处很久了，虽然熟悉并且被大家接纳，但是我和蒙古人之间依然有很大的文化差异。因为金山不爱说话，前两次访问基本上无功而返，第三次我只好把问题拆得很细一个一个问他，一旦讨论细节，很快，他的每一句回答几乎都是这样开始的："不是，我们蒙古人不是这样的……"

2004年8月

听琴

一

我累了，又开始心烦，心烦的时候我就想一件事——听琴。

金山的琴是有魔力的，离愁别绪还是激情飞扬，疲惫的我就在那间酒吧里把情绪交给他的琴，随着他的音乐任意游走。

蓝云敖包，那间酒吧的名字，就在莱太花卉的后面，门很小，很不容易找到。

我第一次去蓝云敖包的时候已经喝高了，那天大名鼎鼎的三宝就坐在门口的第一桌和一些朋友聊天，他是这酒吧的主人。我一直闹着要跳舞，直到那些人离去。金山过来和骑士打了个招呼。卓拉告诉我，金山是排名第二的马头琴手。我想我从前在胡戈见过他，但没有引起我太多注意。

我第二次去蓝云敖包的时候，客人很少，女歌手纳仁其木格一直和我那个电视台的朋友聊天，聊得特别高兴。那时候我刚刚看过《天上草原》就聊起来，纳仁告诉我，片尾曲是她唱的，我那么喜欢那片子，崇拜那首歌，现在原唱人就坐在我面前，我开心极了。等别的客人都走了，我也跑到台上唱了一首歌，这在酒吧里本来不值得奇怪，而且纳仁一直在鼓励我，但我很快知道错了，我从来没学过音乐，更不知道跟乐队合作是怎么回事，以至于金山的琴响起来的时候，我根本不知道从哪个音往前走。金山的脸冷冰冰的，他把过门拉得很长很长，等我随便找个什么地方跟进去，但是他的冷漠加剧了我的紧张，我只能任他拉得更长。那可真是个大错误，这种感觉现在想起来，像个音乐考试不及格的学生，遇上懒得训斥的老师。就是那个时候我还没有意识到金山的琴有多么伟大。一直到我第一次听到《神秘园》。

二

像我这种老大不小还没有男朋友的人总还会有不稳定的追求者，于是一个问题就总是困扰我，既然蒙古之于我如生命一样重要，我总觉得我和那些好奇的追求者不是同一种人。等我在一张餐桌前吃累了，说够了，我就领他去蓝云敖包，测试一下他对蒙古文化的接受力，或者说吓唬吓唬他。

北京的蒙古酒吧我只去过胡戈和敖包两个，胡戈是天堂，就是腾格尔那首歌——《天堂》，他只属于蒙古人，外人是不必去的，而敖包是圣殿，异族人进来可以震撼折服。

从狭窄的门进去，台阶的上面有个圆形的石堆，是一个仿制的敖包。正门对面挂着巨幅挂毯是圣主成吉思汗的像，前面有香火。绕过影壁里面很宽敞，屋顶很高，白云状的吊顶装饰在靠近舞台的地方，后面是考究的舞台灯光，弧形的墙面上简单地陈设着古老的器具。红漆的有菱形花纹桌子，是那种最典型的蒙古餐桌，甚至让人想起手扒肉。如果有什么东西能够把华美和朴质，时尚和古典自然地溶在一起，那么这种东西就叫做文化。

关于那些无聊的测试基本上都看不到结果，因为金山的琴。优秀的音乐可以轻易超越民族界限，无论懂不懂蒙古，每个人都喜欢金山的琴，就像任何人都会喜欢腾格尔的歌。这事不提也罢。

三

第一次听到《神秘园》那天，已经过了午夜，我原本不想坐到那么晚的，但是那天纳仁感冒了，唱得没什么情绪，有点醉不成次。舞台亮着，酒吧黑着，红色的墙壁反着朦胧的光。金山坐在高高的吧凳上，马头琴夹在他两腿中间，他的手指掠过琴弦，音乐流淌出来，竟然是《神秘园》。

我不是个懂音乐的人，熟悉《神秘园》是因为杨丽萍用它伴奏过孔雀舞。而且我知道杨丽萍的那种感觉，当民族文化是一种精神而不是符号，她可以使用任何工具协助表达，甚至《神秘园》这样的世界名曲。金山也是这种感觉。

　　清朝的时候，普天下的汉族人都梳辫子、穿长袍马褂，但汉族人依然是汉族人，因为精神。长辫子和长袍马褂被推行到全国，满族的文化却悄然消逝了，因为符号。

　　文化符号用起来很容易，但把握精神很难，尤其作为"少数民族"的时候。

　　在内蒙的时候，看到度假村里一些汉族小姑娘穿着蒙古袍，用尖利地声音拿汉语唱蒙古歌，逼着客人喝酒。那样不负责人地使用文化符号，其实是对文化的肆意践踏。

　　此刻，《神秘园》颤动在金山的琴弦上，笼着古老的迷雾，带着苍凉的忧伤，仿佛它天生就是一首马头琴曲。

四

　　我戒酒了，我这种人居然也戒酒，连我自己听着都不信，但我是认真的。

　　我有蓝色的故乡，我需要经常回到我的天堂才行。

　　有一样东西对我像毒品一样，我依赖它，为它兴奋，为它疯狂，过足瘾之后，是疲乏的四肢和过度兴奋地大脑，那就是工作。那个时候我就像疯了一样，眼睛瞪得大大的，一百个创意在脑子里飞转。我不得不用酒精把它们驱走。我不断提醒自己，工作中的那些事情都是小事：业绩、金钱、同事恩怨……所有这些在我的生活中都不重要，手段、手段而已！真正重要的是北方的山巅上向远方延展的草原，是我心灵深处岩浆一样翻腾喷涌的热爱。

　　但，我好像那两只小老鼠，早就习惯了把靴子扛在肩膀上，不停地在迷宫里奔跑，不会信任任何一堆已经放在那里的奶酪，我对我的生存能力充满了自信，却丝毫没有安全感。

秋天的一个早晨，我醒来的时候，两只眼睛的焦点总是聚不到一起，我决定戒酒了。我喜欢喝酒，而且喝起来吓人。这是头一次酒精伤害了我，尽管并不太深，但我决定让它是最后一次。

也是那个早晨，我忽然对自己对蒙古故乡的追求产生了一点怀疑，我是否应该现实一点，毕竟我每天工作、应酬、很累、很晚回家和其他人没什么区别。这次晃动很轻微，就像火车启动的瞬间那样轻微几乎平稳。而对心灵故乡是求索还是放弃早已像山崩地裂一样在我的心中反复过多次，这次只是一个余震。但我也足够惭愧了——酒伤害了我的身体，还伤害了我的灵魂。

没有酒之后，幸好有金山的琴。我开始常常去蓝云敖包，不再为打发朋友，不为娱乐，而是为了听琴。我可以放心地把我的情绪交给他的琴，随着他的音乐激动或伤心，那是一周里真正自由的时刻。

五

蓝云敖包的工作人员都很随和，经理哈达、服务的姑娘满都拉、两位歌手和调音师二宝。我们很快都混得很熟，姑娘们会走过来亲热地拍拍我的背，小伙子们空闲的时候，也过来聊天，除了金山。演出间歇，他酷酷地从我们身边走过，除非很熟悉的朋友，否则很少和客人一起说笑。他就这样整晚上冷冰冰地，直到在琴的后面变得狂野。"琴手很傲慢啊！"我这样跟哈达说。我说这话的时候很欣赏，金山就应该那样骄傲，无论为音乐或为蒙古。

"蒙古人是天生高贵的"，那是世代相承的，天性的高傲。它和时下流行的"酷"或者"拽"完全是两回事。

金山不好在台上说话，除了那次错误地给我伴奏了一下，几乎不为客人伴奏，给人感觉最好的是他从来不为流行歌曲伴奏。每次莫日根开始唱流行歌曲，金山立即放下琴，下台去，一刻也不留连。

主唱歌手莫日根喜欢流行歌曲，而且每次唱起来都比唱蒙古歌还投入。

他那种感觉也很可爱，就像我大学时代那些离开家乡不久的同学——"带着点流浪的喜悦我就这样一去不回，没有谁暗示年少的我那想家的苦涩滋味"，对时尚的追求远远胜过对故乡的思念。但每到此时，我总是多少有点遗憾。我小声骂他："这小子唱蒙语歌我们还能听懂几个单词，唱汉语歌就啥也听不懂了！"不过我就这样骂着听着他的汉语水平突飞猛进地提高了。随着他汉语水平的提高，在台上也越来越贫。

莫日根条件很好，嗓子好，帅气，性情也蛮有亲和力，身材高大，呼啦啦地走过来真像座山一样。但是他的风头还被金山抢了，一个瘦削的难得一笑的琴手。他的歌声中间给琴留出的表现空间越来越大，一晚上下来歌的时间没有琴长，甚至他们合作的时候，他的声音要配合琴，而琴是不大管他的，更大的问题是客人们的掌声、口哨声、尖叫声也多半是给金山的。一个主唱歌手混到这份上，怎么着也惨了点。可谁让他遇到金山了？虽然不停地开玩笑，但那张帅脸还是掩不住心里的不平静。

有一次演出间歇的时候我们一起聊天，我问他："你是不是刚到北京不久？"他敏感抬了一下头，似乎想否认，但是又没有。我们没有继续聊，不过我想他可能奇怪我是怎么看出来的，他一直努力地表现得老练。其实我就是从这看出来的——他还不想家。有时候我觉得他应该到一个完全没有蒙古人的环境里呆上几年，那时候他再唱"我的家，我的天堂"的感觉或许会好过《无所谓》。

六

我最早听到马头琴是科尔沁草原上的旅游点，但第一次震撼的旋律来自腾格尔的苍狼乐队——著名的布仁特布斯，磁带是《黑骏马》。快要十年了。我没学过音乐，但还喜欢看书，我知道欧洲人是如何在他们的文学作品中盛赞小提琴的，我一直都认为，如果马头琴在国际上有小提琴那样地位布仁特布斯就该是世界顶级的演奏家。再也没有人能把忧伤压抑到扁平，然后用音乐送到无边无际，最后落到人心上，共振一样的颤抖。无论是乐器还是演奏家这种效果无以替代。

很多年以后，听过前辈大师齐·宝力高的演奏会，那是在中山音乐堂。我为此另外写过一篇文章。那一次花了80块钱买了门票，还坐在后排。那一次我知道了一些关于马头琴的历史，欧洲的弦乐在很久以前确实受到马头琴的影响。就像辽阔的西域是弹拨乐的故乡，无边的草原是弓弦乐的根。

和张全胜不一样，齐·宝力高的乐队是在音乐厅演奏的，那种音色很不是那样煽情，处于乐而不淫，哀而不伤的状态，这应当是音乐修养中更高的品级。

我还不能形容金山，我知道金山和谁都不一样。包括他拉的每一首曲子，他的《万马奔腾》。

七

齐·宝力高当初创作《万马奔腾》的时候已然遭到很多批评，据说保守的蒙古族音乐界的人士认为蒙古的音乐就应该是慢慢的，忧伤的，而不是《万马奔腾》那样快节奏，热情奔放。他们说齐·宝力高简直在耍杂技。但《万马奔腾》终究成了最经典的一首马头琴单曲。

所有经典的东西都有他的权威性，但金山居然把它改了，而且听十次，十次不一样。一段悠长的起事之后，马群才打破宁静冲过来，马蹄杂踏，套马杆在风中颤动，小公马直接在音乐里嘶鸣。那个时候，整个酒吧都被音乐带起来，凝滞的空气变成了狂风，墙壁和立柱、每一张桌子都有了生命，在他的音乐中窒息，然后疯狂。

我曾经非常认真地想过如果我完全不做汉族人，那么我有什么放不下。我知道那些民族主义者会痛恨我这个比较，但我真的比过。想来想去，那些共有的不必放不下，那些不同的，我都是更加喜欢蒙古的，只剩下一样放不下，那就是——汉语，那些宝藏一样的丰富的诗词歌赋，那些精妙绝伦的语句。但是此刻我却想不出合适的词句，满脑子跑的都是白居易的句子："弦弦掩抑声声思"，"大珠小珠落玉盘"，"银瓶乍破水浆迸，铁骑突出刀枪鸣"……每一句都有那样贴切的瞬间，但每一句都不够。或者等我的蒙古语学得好一点能够找到真正适合的词句。

那天听过《万马奔腾》，我跑到二宝的工作间和他聊天，我提到了齐·宝力高的演奏会，二宝笑笑说："我可以把他的声音调的再好一点，不过这是酒吧……"酒吧？什么意思呢？娱乐场所？我好像忘了，酒吧的演出多少要讨好观众，但金山不是。

很多年以前，我在学校里听音乐讲座，那时著名的指挥家郑小瑛，讲到交响乐队的穿着，他们往往只有黑白两色，那是因为真正的音乐不需要取悦观众。金山就是那样，灯光打着的地方是他自己的舞台。

算起来挺值的，几个朋友去一次酒吧只够我一个人的音乐会票钱。

那之后我好长时间不敢再去蓝云敖包，我担心他下一次表现不好会打破这样美好的印象，或者次数多了消磨掉那样强烈的感觉。

八

二宝没有食言，再次去的时候，酒吧的声音真像音乐厅的一样完美，以至绕梁三日。哼着曲子晕晕地过了两三天之后，我开始拉我各种各样的朋友去蓝云敖包，一起加班的同事、请我吃饭的客户，不管他是谁，只要能陪我去就行。我的同事惊讶于我在蓝云敖包的感觉——就像到了家一样。我也惊讶，我在这里这样平静自然、真诚随和，一点也不像在工作中那样严厉、刻板、精神亢奋、强人所难，一副偏执狂的样子，连我自己都觉得自己变可爱了。

上周，二宝回呼和浩特了，金山坐在高脚凳上，挑剔地试着音，哈达客串的业余DJ怎么也不能让他满意。好几次，他自己跑去调音台，不过他也业余，鼓捣来鼓捣去，连交流电声都出来了。歌手们恭敬地看着这位老大，茫然地听他对话筒提意见。我和我的朋友都在笑，苛求，那是艺术家的状态。黑翅姐说："我觉得金山会红，像腾格尔一样红。"

"是啊，他是排名第二的马头琴手啊！"卓拉又冒出这句话。她的意思，苍浪乐队的布仁特布斯也就是张全胜排名第一。我一直不大接受她这个说法，因为他们不是一回事。

"谁比他拉得更好？"黑翅姐反对。

卓拉也愣住了。布仁特布斯的风格更加写意，色彩浅淡，笔调简明却把情绪推到极至，而金山的琴是一幅长卷，或精雕细刻或挥毫泼墨，一步一景，美不胜收。

"他就是最好的！"黑翅姐说，但她说得不对，金山是独一无二的。

"金山有一天会成为一个伟大的琴手。"这话是我说的，但是我也说错了，他现在就是。人不是成了名才伟大，也不一定成了名还伟大。就他现在这个状态，凭他对音乐和蒙古的感觉，足矣。

九

我几乎没和金山说过话，但是他一定知我喜欢他的音乐，等舞台上的灯亮起来，他的手指中了魔法一样变得纤长，在琴弦上飞速变幻，划出神奇的声音，我的目光就被锁在弓弦交会的地方，醉在他的音乐里，那就是我们最好的交流方式。

每一次到蓝云敖包门口，我都会问："乐队在不在？"我真的担心有一天，走进去再也见不到金山。然后在音像店的一个角落里找到一张光盘，那上边有一个响亮的蒙古名字：阿拉坦乌拉

在我这篇文章写完大约两周以后，金山和乐队的伙伴们离开了蓝云敖包。

这篇文章结尾没有点标点，因为我觉得点什么都不合适。这个结尾并不是结局，后面的故事还很长，但现在谁也不知道它是什么。后面的故事只有金山自己才能写，也只能靠他自己写了。

2003年11月

谢幕

一

黑骏马组合在故乡酒吧谢幕，唱完最后一晚后在朋友们的掌声中离去了。

我第一次听说他们要离开是六月初，刚从外面出差回来不久。出差之前公司里有些不愉快的事情，那时候我就常常去故乡酒吧，以排解烦恼应对压力。因为从前去胡戈的次数不多，我是在那个时候才喜欢上黑骏马的。很快，我习惯了他们的歌声时常萦绕于耳际的感觉。在澳洲的40多天里，总是不自觉的一段旋律在我耳边响起，然后就不记得后面是什么了，而那时我周围没有一个人能接上这段旋律，这感觉特别难受。一回北京，不等朋友们给我接风我就先跑到故乡去了。

第一场开始的时候，酒吧里还没有什么客人。三个人认认真真地在高脚凳上坐成一排，对着话筒，表情庄重地歌唱。一路上紧绷着的心，在听到他们第一个和声的时候，就放下来了，静静地稳稳地落在我的胸膛里。我听着《钟声》那种庄严的气氛在音乐里升腾，听他们轻轻地吟唱《阿爸是牧马人》，没有雕饰，没有特别的情绪，郑重其事，每个音符都相当严谨。可能是由于情绪没有外扬，越发显得深情而隆重。震撼来自音乐，也来自那个发现——士别三日当刮相看，他们又长进了不少。那天我第一次听他们唱《父亲的草原，母亲的河》，歌声响起的时候我知道他们不再是酒吧歌手了，那么他们离开的日子就不远了。

　　故乡酒吧是个很养人的地方。小伙子们的音乐和客人们心中的热情相互呼应，在这种氛围里，歌手们用不着想太多，他们的音乐被自然而然的养熟了，养厚了，有了丰富情绪和充实的文化内涵。

　　我暗自感伤的时候，客人已经济济一堂，第二场开始了。布日古特把椅子全部挪开，乌日格希勒图一个大步跨上台。音乐忽然就响起来，柔和的黄色灯光变成闪烁的白光，乌日格勒图一手按住话筒，另一只手把支架提起来，开始对着话筒大吼。布日古特和宝乐上去把牧仁的键盘举了起来。刚才还典雅沉静的酒吧骤然间变得激情四射。

　　曾经有一次，腾格尔和很多朋友来故乡酒吧玩，其中有一个人喝醉了，用葡萄酒杯倒了满满一杯白酒给布日古特。乌日格希勒图出面制止，解释说："我们三个人都不喝酒了"。腾格尔也让他的人别胡闹，那杯酒就没有喝。我记得在胡戈的时候，还没有宝乐，他们两个人总是很激情，自从到了故乡就变得认真，即使是激情也显得很职业，没有了在胡戈那种疯劲。这表现是不是真的跟戒酒有关系，我一直不太清楚，但我想他们开始有理想了。

　　虽说完全不喝酒是不大可能的，但看来是有所控制了。不过，乌日格希勒图每天到第三场的时候，就和喝醉了没什么区别，开始在台上说胡话，歌声也变得晕晕的，飘忽不定，有时候干脆坐在台上，把腿长长地伸到舞台外面。布日古特和宝乐的状态也完全放松下来，在音乐里轻轻地晃着，我说他们"唱醉了"，醉在自己的歌声里。这时候的歌声是最好听的，没有第一场那么隆重，所有的技巧都被他们忘了，也没有第二场那么激动，好像懒得用那么大力气。就是这个时候，他们三个人的声音都变得非常自然，感情无需再酝酿加工，就随着音乐溢出来，有返朴归真的魅力。

　　最后，他们三个人搂在一起在《蒙古人》的歌声中结束了那晚的演出。整晚的节目编排层次分明，张弛有序，是一个很隆重的专场演唱会。我干渴的心被浸润了，浸透了。

　　那天我就想为他们写点什么，他们给我的太多了。但当初写了《听琴》

之后，金山他们就走了，所以有点不敢写。失去金山的琴声几乎是我一个人的事，失去黑骏马的歌声我会犯众怒的。我只能默默想着要留点纪念了。

二

几天以后，我邀请我们公司的摄影师来故乡酒吧。他对黑骏马组合的表演感到非常震惊，大呼："这才是真正的艺术！"甚至说应该跪着听。我请他别做那种夸张的行为，蒙古人永远不会那样夸张。他拿出照相机要给他们拍照，我事先并没跟他说过拍照的事情，但这是我想达到的效果，我相信会有几张非常经典的照片产生。但乌日格希勒图告诉我，不能给他们拍照，他们签约了，公司有这方面规定。那天他要了我的电话，说走之前会叫大家来聚一下。

这是一个让我哭笑不得的消息，我知道应该祝贺他们，但我却怎么也说不出一句好听的话来。如果加上在故乡，我就在三个酒吧看过三个乐队的告别演出了，我打赌没有第二个人跟我有同样的经历，因为我知道那两次有谁在场。

敖包酒吧，乐队谢幕的前一天，有个朋友碰巧去，听说乐队要走了，就呼朋引伴，请大家第二天晚上来敖包一聚。一向生意清淡的敖包里一下子来了许多导演、编剧、制片人什么的，乐队自然很卖力地演了一把。那时候谁也没意识到这是敖包的最后一场演出了。那天我还在跟那仁说，让她把朋友们都叫来玩一次，毕竟那些导演不是朋友。那仁看着舞台，叹了口气说："算了吧，算了吧，酒吧办成这样，我们又要走了，对老板不合适。"以后的几天里酒吧整晚空着，乐队的人也懒得上班，就这样结束了。

虽然这样的离开是早已注定的，他们在这个排练场一样的酒吧里自娱自乐也实在太久了，但我一直为他们遗憾。就好像那些森林里的山参，本可以"七两为参，八两为宝"，却在长到七两八钱的时候离开了土地流到市场上。

胡戈酒吧，我有好长一段时间没去。有一天，我在科尔沁吃完饭，本来准备回家，但正好没什么大事就独自一个人在民族大学附近溜达。忽然听见有人叫我，一看是刚才一起吃饭的朋友，大家就开玩笑说"又碰到了，看来不到分开的时候"，这才说起去胡戈。天晓得，那是马昭在那里的最后一天。

　　那时马昭的新专辑刚刚出来，海报贴在胡戈的墙上。他走过来和我们说话，把专辑送给我们一人一张，写一句话，签上名，然后告诉我们说，他明天就不在这里唱了，签约了。大家一愣，我们来得还真巧！然后就祝贺他。这对他实在是个好消息。马昭也真是够不容易的，他第一次在胡戈工作的时候表现曾经非常优秀，再回来的时候却没能把乐队带回来，说实在的，也没把他自己带回来。他那时三天换一个马头琴手，五天换一个马头琴手，一直换到齐龙才踏实下来，然后就三天换一个键盘手，五天换一个键盘手。胡戈酒吧提供不了太好的音效，也养不起优秀的乐队，马昭的音乐和他的热情就在这个过程中渐渐消退。一个朋友开玩笑说他："成功的从一个摇滚歌手唱成了卡拉OK歌手。"我们都觉得他该走了，真心的希望他签约以后能有更好的发展。

　　敖包的谢幕演出很辉煌，那辉煌中隐藏着对酒吧失败的无限遗憾，那天晚上，那仁、金山、莫日根、乌兰，那些寂寞已久的乐手，在素不相识的"贵客"们面前，每个人都发挥得淋漓尽致。马昭的谢幕很平静，平静得有些惨淡，客人不多，歌不好，幸好出了一张专辑，来了一些朋友。现在是黑骏马了。

　　三

　　和前两次不一样，黑骏马离开故乡消息已经酝酿得太久了，以至于真的听说的时候很多人都不信了。这个谢幕不是一次演出，因为所有到场的人都是朋友，但也不是一次平常的娱乐，因为他们那样想给大家好好唱一次。布日古特照例站在中间负责大部分旋律，乌日格希勒图坐在侧面，举着话筒，抬着头，发稍搭在他那双漂亮的眼睛上，宝乐披着长发，目光炯炯，一切都准备就绪。但就像乌日格希勒图自己说的："唱得比哪天都差。"

　　谁也不知道他们怎么了，他们自己也搞不清楚，从第一首他们一张嘴就是木的、涩的，虽然说水平还在，但直到最后一首，没有一首感觉唱足了。但是好坏不重要，从昨天晚上一直到今天凌晨，好坏都不重要。重要的是他们是黑骏马，他们的歌声和热情最后一次在故乡酒吧整晚燃烧，而我们和他们最后一次这样在一起了，就像以往无数个精彩沉醉的夜晚。

时间过得很慢，以往我们说着笑着，不觉就过了午夜，但是今天大家的精力都集中在那个小小的舞台上，时钟也好像特地走慢，让我们再多相聚一时。唱歌的间歇，他们请酒吧的老板上来说话，再次向大家介绍乐队的每一个人，和酒吧的小键盘手牧仁拥抱告别，最后，请我们大家上台合影。他们签约了，也许日后会飞黄腾达，那么今天我们这些人就是他们最早的支持者，是他们的"贫贱之交"。这个告别是这样有情有义。

乌日格希勒图一直在台上留大家，说今天不仅有第三场，还有第四场、第五场、第六场，发誓要耽误大家第二天的工作，但是合影之后大家却纷纷告别了。毕竟这不是周末，而且可能他们今晚唱得真的不好。

我想是我们太熟悉了。观众太熟悉乐队，每一首歌在我们的记忆中都曾经在某一天里被他们演绎出非凡的精彩，而我们无法要求他们在一个晚上逐一再现散落在过去无数时段的那些精彩瞬间。乐队也太熟悉观众了，无论他们再费多大力气都不会在这么熟悉的朋友面前有任何超越或新意了。也许这也是他们该走的理由，黑骏马组合在故乡酒吧这个环境里能发展到的高度已是极至了。

四

在乐队谢幕之后，敖包和胡戈两家酒吧先后谢幕了，这是两个多么不吉祥的先例啊！听到黑骏马要走的消息，朋友们的第一个反应是："我们怎么办呀？"但也许故乡不会，因为它没有竞争对手了。乌日格希勒图一直在台上请大家继续支持故乡酒吧，并且向大家推荐两位新歌手，帮着他们唱歌，但是怎么帮差距还是挺明显的。不过想想也是，我们听歌和小猫吃食一样，总是有这么好的歌手这么唱着，我们就给喂馋了。

曾经有个朋友问我，你说"胡戈是天堂，敖包圣殿，那么故乡是什么？"我想，故乡是什么呢？故乡就是故乡，是蒙古人在城市里的家。当昨晚两个呼麦手助阵的时候，布日古特在后面哼长调。那个声音特别地道，就像从一个传说里来的——无边的草原上一个穿着长袍的古代的歌手。但那是布日古特，穿着时髦，唱流行或摇滚的布日古特。故乡酒吧里的蒙古人都是城里人，故乡酒吧不能像胡戈那样把大家暂时带离这个城市，它就在城市里，就是城市的氛围，同时也就是蒙古人的地方。

虽然我去故乡的次数可能比胡戈和敖包加起来都多，但始终没有和黑骏马乐队混熟。可能喜欢他们的人太多了，而随和之外小伙子们又都有他们腼腆和骄傲的一面。对在城市里找家的蒙古人来说，胡戈几乎是一个时代，一个激情洋溢的时代，敖包是一段传奇，一段太多人听说、很少人亲历的传奇，而故乡是个有故事的地方。

在一个下雨的夜晚，因为听说他们要走，我们好多的女孩子一起去看他们。可他们却把酒吧变成了电冰箱，空调开得特别大，我们给冻得肚子都疼了。我们找他们提意见，他们却很实在地跟我们解释说，他们有十几箱冻肉冰箱里没地方了，就放在空调下面。我们气呼呼地离开了，说以后再也不支持他们了。第二天却又不约而同又出现在那里，为了弥补一天之内散发出去的负面新闻，我们还向其他朋友转告他们歌唱得多么好的消息。

布日古特原来不喜欢我，我一和汉族人一起去就特别明显，而乌日格希勒图却宽容得多。有一天我强烈地感觉到那种不友好，就请和我一起去的人出钱点了《父亲的草原，母亲的河》，我不能自己出钱，那样太不礼貌了。布日古特接到点歌单立刻站起来，说了很多我听不懂的话，郑重地为我们唱了那首歌。后来有一次，乌日格希勒图说要献一首歌给我，可那天我也没有蒙族朋友在场，我不知道他说什么，也不知道他们唱什么，挺尴尬的。我刚好有一条哈达，本来想给乌日格希勒图的，布日古特坐在中间，就给了布日古特。那天布日古特用孩子一样的微笑回报我。在胡戈，马昭一直跟我讲蒙语，到现在都改不了；在敖包，他们都知道我不是蒙古人；但是在故乡我是有两个样子的，只有歌手们知道，朋友们都不知道。

我们是什么样的人，我们有什么样的朋友，我们朋友们之间的聚散离合，都在黑骏马的小伙子们眼睛里。那些故事到此就要停下来了，新歌手是不会知道的。

五

黑骏马的未来会怎样，我们都不知道。唱蒙古歌，他们的天分真是太好了。但在国内发展，不靠唱汉语歌是很难的。汉语水平好坏倒也无所谓，唱唱歌其实用不着太多的汉语。但是每次他们唱起汉语歌的时候，声音的色彩就会损失很多，汉语有汉语吐字的方法，拖音还是吃音包含汉语处理感情的技巧，这些他们掌握起来没那么容易，也没什么必要。

等他们进了娱乐圈，那个乱哄哄的地方有不少毛病，不知道他们会不会糊里糊涂地学了去？那些弱智的晚会组织者、电视台导演，肯定有事没事都要修理他们，他们的音乐还有那么自由，那么有个性吗？乌日格希勒图请呼麦手上来的时候说："这是蒙古人都很喜欢的，但是外人很少知道，不是在蒙古当中很少听到的……"反正是这样一些话。他心里很清楚，不再给蒙古人歌唱后，很多东西将不用再唱了，也很难有机会唱了。

可他们就是不走也已经在变了。有一天，我把在草原上拍的照片拿到故乡给他们看，现在瘦瘦的乌日格希勒图指着一个肌肉结实的摔跤手说："以前我也这么壮。"昨天，故乡酒吧的老板沙沙上台不知道讲些什么好，就唱了几句《诺恩吉雅》，布日古特开始和，然后三个人和成了一首歌。忽然发现，他们近来一直在唱蒙古语的流行歌曲和蒙古国现代歌曲很久没有唱过民歌了。我想起第一次见到乌日格希勒图时他的样子。那是在胡戈酒吧，一个白衣少年坐在舞台中心大声唱着那首著名的鄂尔多斯民歌——《送亲歌》。他的声音很有穿透力，没有太多技巧，下面的人还不是他的fans，并没有都在听。现在他的脸很白净，那个时候脸还皱皱的，红红的。

这么比喻小伙子可能不太合适，但就是这种感觉。我参加过哈萨克人的婚礼，他们的婚礼分娘家婚礼和婆家婚礼，不在同一天举行，气氛也不一样。我不知道同样居住分散的蒙古族是否也有这个传统。对娘家人来说，看着女孩子从一个小姑娘一天天长大，一天比一天漂亮，家长、亲戚、朋友都很骄傲。但等她长到如花似玉的时候，就是离开爱她的亲人们，远嫁他乡的时候。今后吃苦还是享福这一步总是要走的，娘家人有一千个舍不得也不能留。昨天的故乡酒吧就好像是黑骏马组合的娘家婚礼。这是一个值得祝福的起点，伴随着一个让人牵挂的未来。

我们这些送亲的人终于先走了，没有等到曲终人散，告别的时候，乌日格希勒图显得不太高兴。虽然是最后一天了，他们自己也没有把气氛搞得像生离死别；而我们总是不觉得他们这就是走了，日后可能就见不到了。

2004年9月23日

吉祥的一家

上篇 吉祥草原

第一次近距离接触乌日那一家是在"自然之友"的一个年会上。那时夫妇俩还是带着他们的女儿诺尔曼唱歌，唱那首经典的《回家》。能够演绎动人乐曲的蒙古人都是热爱家乡的，也只有热爱家乡的人才能把本民族的音乐演绎得荡气回肠。在那几年，这首歌有一种文化的召唤作用，那时原生态文化还不像现在炒得这么热，还处于没有太多人问津的态度。再早的时候，蒙古人对故乡的态度，用腾格尔的一首歌表达更为贴近："也许雄鹰给了你虎胆，也许骏马催着你上路，你爱这里的天和地，却还要到他乡流浪……"但是到了《回家》那首歌出来的时候，人们的反思情绪正好从谷底微微地拱出一个包来，这首歌反映的就是那样的景。"回家吧，回家吧！家乡有座蒙古包；回家吧，回家吧！家乡有座美丽的蒙古包。"

那时候，他们一家不像今天有这么多人认识，只有几个来自内蒙古的朋友，不断地要求跟他们合影，我还觉得怪有意思的。

后来，乌日娜老师和老知青陈继群老师合作，创建了自己的环保组织"塔林汗"，旨在保护草原原生态牧民的利益，我们的交往多起来。乌日娜老师是个非常热心的人，她不断地疾呼：一定要保护草原，没有草原我们还唱什么长调呢？哪里还会有长调呢？即使这样简单的话还是有很多人不理解，我们把长调录下来，存在录音带里以后就不就有长调了吗？很多人还不能理解长调作为一种艺术，是在不断的创新中活着的，不是死在"歌书"里的一种形式。布仁和乌日娜唱的长调都是鲜活的，并不一定是流传下来的民歌原唱，这种变化正是长调生长着的力量。而这变化的原动力就在遥远的呼伦贝尔草原上。

乌日娜的妹妹和弟弟都是草原上的牧民。现在草原上由于利益的驱动，乱占牧民的草场用于开垦农业、养过多的畜群导致草原被破坏已经是一个普遍现象。乌日娜的一个妹妹家也遇到这样的事情，他们迁往夏草场放牧，冬季的打草场就被侵占了，乌日娜走了许多后门，才允许她妹妹继续打草，养育家里的牲畜，也是一家人的口粮。

草原上的许多事，乌日娜说起来都非常自然，她说她要带女儿回草原上接羔子，让她感受生命的诞生，让她对生命有感觉，听起来那么重大的一件事，在她只是生活中必做的一件事罢了。她相信做这样的事情对女儿有很多好处。

和乌日娜不太一样，布仁喜欢推销蒙古族的文化。有一次去他家聊天，他告诉我很多草原上的事情。他说他的家乡曾经有两个湖，不大的两个小湖，湖水很清澈，就在他家门附近，湖里有一种很小的白色的鱼，他们从小就经常见到这种鱼，也没拿它当什么，后来他看一部贝加尔湖的纪录片，说科学家在贝加尔湖里发现了一种小鱼，这种小鱼净化水的作用非常强，正是因为有了这种小鱼，贝加尔湖的水才那样清澈。他说他从电视上看着那就是家乡的那种小鱼，你看科学家们研究了半天的小鱼就在我家门口的湖里，不该好好保护吗？

布仁讲起大草原像在数家里的珍宝，他告诉我，他们那里湖边的苇子以前长得比人还高，野鸭呀，大雁呀，天鹅呀，就在那里面。那时候牧民都不采苇子，后来外来的人口年年采苇子卖了挣钱，一开始是用大镰刀割，那时还好，苇子不会全部被割倒，后来有人发明了采苇子机，像割草机那样的东西，齐着苇子根齐齐的剪下去，这一下来年就长不起来了，几年后苇子就没有了，只剩下光秃秃的池塘。

对于保护环境，他们夫妻俩是那种特别积极的人尤其是乌日娜。现在因为草原环境的大规模破坏，很多蒙古人都陷入到无力回天的消极情绪中，或者哀怨叹息，但他们却能做一点小事情都积极地忙碌，受了打击，也会流泪，但是平日里他们的情绪始终那样饱满，感染着周围做事的人，他们的音乐里也始终洋溢着快乐的情绪，听上去那样无忧无虑。

那一天，在他们家，他们请我喝了很多奶茶，那种油油的布里亚特风味的奶茶，真香啊！还有夹着都市果酱的布里亚特小点心。

下篇 吉祥的一家

我第一次见到英格玛是在大草原上。那天乌日娜和布仁策划了一场演出，专门演给草原上的牧民的，那是不赚一分干赔钱的免费演出，但是布仁理想中的演出。呼伦贝尔有牧业四旗，这些旗大部分地区还保存大草原的原始风光。布仁策划的演出是他们骑着马走四个旗，为牧民演出。第一天他们真的骑着马穿越大森林，但是他们的很多年轻学生虽然也是蒙古族人，可已经不会骑马了，受不了马匹的一路颠簸，在马背上叫着，闹着，抱怨着。第二天起，骑马变得，像一场做秀，只骑牧民点到演出点很短的一段路。不过布仁也算是过了马瘾，他每次演出的时候都会骑着马唱那首《阿尔斯楞的眼睛》："要说飞快的骏马，属那草原的马群，要说勤劳的小伙子，属那放马的阿尔斯楞。"布仁唱这首歌时就难免露出点自鸣得意的样子，仿佛他就是阿尔斯楞。

乌日娜念叨了英格玛好几天，那时《吉祥三宝》刚刚出来，我还没有听过，也不知道英格玛是谁。只是隐约的知道那是他们一家三口唱的歌。我还有点担心，因为那年在"自然之友"年会上，我明明听出诺尔曼要变声了，一旦变了声，她还能不能和爸爸妈妈一起唱歌呢？于是有人告诉我，这次不是他们女儿，是个侄女。

我们在陈巴尔虎旗鄂温克苏木停下来，准备在大草原上演出。这里需要顺便说一下，乌日娜是呼伦贝尔的鄂温克族人，不过鄂温克和蒙古族之间曾有千丝万缕的联系，要是讲那个故事，又是另一个故事了，很长的故事。我的周围都是牧民，各式各样的人，我拿着照相机选择有意思、有气质的人拍照。这时一个小姑娘从我面前跑过去，小小的，很精神，很阳光，脸上长着许多小雀斑，一副墨镜戴在头顶上，"哈哈"我抓住她，"照一张相"，她停下来看着我，我就给她照下来了，照的时候我心里还在说："哪来的小明星？"过了一会儿，我才知道，她真的是小明星，她就是小小的英格玛。

英格玛在大草原上非常自信，也很乖巧，和我后来在城市里的舞台上见到的不同。那一次，布仁领着英格玛上台，很多人给英格玛鼓掌，孩子有点怔怔地看着下面的观众，不过一开始唱歌，孩子进入了状态，又自如起来。

布仁和乌日娜都是很爱孩子的人，他们家里常常有很多孩子跑来跑去。除了诺尔曼，还有他们的侄女、外甥女。像在大草原上一样，他们喜欢敞开家门迎接客人。布仁和乌日那对孩子的爱和汉族人的望子成龙不一样。他们对孩子爱得很自然，并且对孩子有很多体谅。就像布仁创作的歌曲《孩子的烦恼》："……不得不依靠他们，小孩子真不容易，一不懂二不能，我也着急，孩子的世界总有难题……"呵呵，想必许多听到这首歌的人都会笑起来，"小孩子真不容易"这是希望父母了解孩子的烦恼和困惑，就算我们提倡新的教育理念已经很多年，这样思考问题的父母还是很少的。

众所周知的《吉祥三宝》其实早已经创作出来了，那时候他们的孩子还小，他们夫妻两个也还没有什么名气，这样的创作毫无功利心，只是在自娱自乐。只是因为小孩子喜欢问东问那，爸爸就给她写了首歌，用一个简单的答案回答她那些问不完的问题。

后来布仁去乌兰巴托留学，她的女儿又因为思念他而创作了《乌兰巴托的爸爸》。那个故事很动人，诺尔曼用自己稚嫩的声音演唱了这首歌，然后把录音带给爸爸寄去。同样思念女儿的布仁特地备了点酒，叫上几个当了爹的同学，一起听这首歌，在异乡喝酒。听乌日娜谈他们教育诺尔曼的经历，他们好像从不刻意把女儿培养成音乐家，没有逼着女儿练琴啦，练歌啦这样的故事。诺尔曼从小生活在音乐的氛围里，她喜欢音乐，哼唱着就在作曲，成功了，就录下来给爸爸妈妈听，这些曲子什么时候出成专辑并没在他们的计划里，不过到今天，女儿已经创作了很多歌曲，连爸爸作曲也要问问女儿的意见。

布仁近来为英格玛做了一首新歌：
宝贝宝贝，啊我的好宝贝，
快快乐乐的小宝贝。
无与伦比的小完美呀，
你的哭声都让人好开心！
宝贝宝贝。
你在我的心坎里，
就像个蝴蝶在寻蜜；
此刻的妈妈像爱的花园，
希望你宝贝享用它。
你在我的肩背上，
就像个小鸟要飞翔；
此刻的爸爸像备好的骏马，
希望你宝贝拥有它。
宝贝宝贝。

这首歌的歌词虽然是蒙古国的桑岱扎布写的，但是选择这首歌也反映出布仁夫妇对孩子的感情。"你的哭声都让人好开心！"孩子像蝴蝶在寻蜜，妈妈就是花园，孩子像小鸟要飞翔，爸爸就是备好的骏马，那种父母爱孩子，愿为孩子付出一切的感觉表达得淋漓尽致。

布仁也好，乌日娜也好，都为保护环境，保护和推广草原生态文化不遗余力地奔忙着，他们甚至在歌曲中加入布里亚特蒙古部的土语，但是一个朋友最近告诉我，因为小英格玛在北京生活的时间太长了，她和她的爸爸妈妈在一起都不愿意讲蒙古语了。看来这吉祥、快乐的一家也有许多烦恼，就像生活每天都有新的烦恼一样。

2007年3月

真爱无限——写给蒙古民歌

　　有一天，我去一位朋友家里作客，他是个福建人，那种瘦小，白皙，精明的闽南商人。我们坐在客厅里聊天，保姆抱着他4个月大的小女儿在客厅里轻轻踱步，哼唱着眠歌，这个旋律很熟悉，我情不自禁跟着哼唱，忽然间，我发现我在哼唱《美丽的草原我的家》。然后我抬起头，才意识到保姆正在用这首歌哄着孩子入眠。

　　我很惊讶，这是首著名的蒙古民歌，虽然是创作歌曲，但是根据民族音乐创作的。其实努力区分民歌和创作歌曲这件事除了一些版权问题，对音乐本身并没有什么必要。我听过这首歌无数次了，在那些大型的晚会上，灯光雪亮，扩音器音量都推到极致，穿得花花绿绿的人在旁边跳舞，我怎么听都没有什么感觉，直到有一次，我忽然间被感动了。

　　那天，我和几个朋友坐车去西乌珠穆沁参加那达慕，车出了赤峰向北，农田越来越少，细密的青草顺着柔和的山势铺展开来，暮色下大地的肌肤变得越来越完整和细腻。同车的小伙子望着窗外，用蒙古语轻声哼唱《美丽的草原我的家》。我当时甚至没有意识到这是那首晚会上唱滥了的歌，而有一种"如听仙乐耳暂明"的感觉。这就是蒙古民歌，不需要装点打扮，不用伴奏，不用伴舞，不用灯光，不用音响，只要有爱——暮色下一个小伙子对家乡的爱，辽远的大地给予她的子孙的无限温暖、宽容、安宁和热爱。

　　蒙古民歌中有大量歌颂母亲的歌曲。曾经有一天，我和一位蒙古族母亲在一起，她听到阎维文演唱的那首《母亲》，听着听着突然大笑起来。她说："这首歌怎么这样唱啊？又是拿书包，又是打伞的，讲这些干什么？难道让孩子还债吗？"应该说，那也是一首很动人的歌，但是那位母亲的笑声反映出两个民族微妙而剧烈的文化差异。

蒙古民歌歌唱母亲，通常只是唱母亲的身影，母亲的笑容和母亲的目光，感谢母亲带给我们生命。这种对母亲的感情不是孝敬而是爱。蒙古族母亲的嘴里经常会唠叨："可怜的，可怜的"，看到一只羊羔也可怜，看到一只牛犊也可怜，看到小鹰折断了翅膀也可怜，看到小狼失去了母亲也可怜，看到摔倒的孩子可怜，看到忧郁的青年可怜，看到顶天立地的男人沉默不语可怜，看到孩子哭了可怜，看到孩子笑了也可怜，但是很少可怜自己艰辛的一生。

对蒙古人来说，热爱是一种性格，也是一种能力。从孩提时代起，蒙古族小孩就被浓烈的情感包围着，与此同时，长辈还要将爱的能力传授给他，教给他尊敬和真诚，并放手让他做他真心想做的事情。

我经常会觉得蒙古族小伙子的眼睛里有很动人的目光，那种目光就是爱，那爱会在目光中闪烁，也会在歌唱时随着音乐随着歌声向外流淌。生活对蒙古人来说是艰难而动荡的，任何短暂的幸福都值得珍惜和拥有。

都知道蒙古民族是战神，但是你根本不会听到蒙古民歌中有进行曲。电视连续剧《成吉思汗》播放的时候，每次打起仗来，《大决战》一样的进行曲一响，我的心就咣当的一下。其实，蒙古人表达战争的音乐永远是低沉而深情的，理解血腥和杀戮的人懂得用宏伟博大的悲剧气氛表达战争。真正的战神都是热爱和平的，正因为懂得战争的残酷，才不会用进行曲鼓励人们打仗。懂得战争的人在战争面前从不畏惧，但是，懂得战争的人更懂得热爱——热爱每一天升起的太阳，热爱每一晚皎洁的月光，热爱静谧的大地，热爱蔚蓝的天空。这位战神绝大多数时候会静静地微笑着，看着飞鸟飞过头顶，看着羊羔跳过小河，看着快乐的孩子从眼前跑过，看着年迈的母亲步履蹒跚。苍天和大地都值得爱，生灵万物都值得爱，苍鹰值得爱，小鼠也值得爱，野狼值得爱，羔羊也值得爱，一朵花值得爱，一棵草也值得爱。因为有爱，才有宽容、理解、尊重和尊严。每一个会歌唱的蒙古人心中都有饱涨的热爱。就这样热爱着，一代一代的英雄可以不在乎建功立业，宁愿悄然老去。

蒙古民歌真正的魅力不在于它是长调还是短调，是呼麦还是说唱，也不在于是用马头琴伴奏，还是用小提琴伴奏，真正的魅力在于一首《美丽的草原我的家》可以让七尺男儿热泪盈眶，也可以让褯褓中的婴孩安然入眠。

我的那一家朋友和蒙古族、蒙古文化没有任何关系，甚至可以说是一无所知。但是他告诉我，因为他丈母娘喜欢一张德德玛的盘，放过几次，结果小孩子每次听到人唱《美丽的草原我的家》就不闹了，就会安静下来，所以家里人就哼这首歌哄她。我看着那小姑娘，她倦倦地睁着还没有完全张开的眼睛，清纯的目光看着我们这世界样子有点不屑，胖嘟嘟的手放在嘴边，好可怜啊！

2006年3月20日

800年之梦

　　成吉思汗统一蒙古至今800年了，八百年的蒙古像做了一场大梦。那曾经震撼世界的辉煌，像一面褪色的旗帜，仍在21世纪的蒙古国淡淡的无边无际的天空上飘扬。

寻访哈拉和林

　　哈拉和林是成吉思汗统一蒙古之后，他的第三子窝阔台建立的新都城。这个地方曾经是蒙古帝国繁荣的中心，但今天却那样遥远。

　　在蒙古国的地图上，有一些国家级和省级的公路，但是真正开起车来，只是在无尽无休的草原上颠簸。乌兰巴托到哈拉和林只有300多公里，我晕车、呕吐、一路昏睡，好像跑了整整一辈子。

　　我的旅伴多是国内的蒙古族人，他们不像我一样畏惧道路，反而在车上打开啤酒，边喝边唱起那些蒙古国的流行歌曲。蒙古国的流行歌曲和民歌是不分的，他们那些流行歌曲毫不客气地采用最时尚的风格，但是曲调中总包含着掩不住的民族元素。我们到达旅馆的时候，他们已经有点高了，旅馆的人犹豫了好久才决定接待我们。在许多人好酒的蒙古，人们也最畏惧酒鬼。

　　我们住的旅馆是个地道的蒙古包度假村，三四排蒙古包整齐地扎过去，就是我们的"标准间"。在蒙古包旅店的尽头，有一座超大的蒙古包，那里是餐厅。去往哈拉和林之前，我们担心那里没有给养，就从超市里买了面包、列巴、红肠、干肉、矿泉水和啤酒。可是到了这里我们才发现，这里竟然出售精致的份餐，有牛扒饭、羊排饭，还有奶茶和面条。

第二天清晨，太阳还没有升起，我独自爬山去了。旅店的后面有一条河，河水清澈，哗哗地流淌。过了河就是一座山，山顶上有个敖包，巨大的兀鹰在敖包上盘旋，增加了敖包的神圣感。爬到山顶，山的另一边还是河，河水洒脱地不辨河道地四处漫溢着，滋润出大片的湿地。哈拉和林周围完全没有农业，既不需要修渠，也不需要筑坝，河水有权自由地保持原生态。

再远的山顶上是一座更大型的敖包，那是哈拉和林的地标，一座蒙古帝国辉煌历史的纪念碑。在一个高台上，是高大的石头堆，上面插着苏鲁德军旗，敖包的周围有三堵圆形的石墙环绕着。石墙上分别雕刻着匈奴、突厥、大蒙古三个时代的版图。蒙古人认为他们是匈奴人的后代，在草原上建国的历史可以追溯到2 000多年前的匈奴时代。而1206年成吉思汗统一蒙古是今天的蒙古国建国的时间，从那时起虽然中间有臣服清朝的一段时间，但蒙古政权世代相传，从未间断过，直至民主革命建立今天的蒙古国。蒙古国建立八百周年之际，联合国大会以全票承认了这个建国时间。

哈拉和林是一片山峦起伏的大草原，这里今天是一个苏木，木栅栏圈起一个个四方形的院子，洁白的蒙古包立在当中，青色的炊烟在蒙古包上空飘扬。同行的一个来自内蒙古的蒙古族姑娘瞭望这片土地时轻声感叹说："要是我们八百年前来到这里，该是什么样子。"这句感叹令我非常震撼。蒙古国的国家博物馆里有八百年前哈拉和林的复原图，那时这里有一座气势宏伟的都城。哈拉和林应该是壮丽的，同时也是原始的。蒙古人崇尚大地的原始风貌，有不动土、不动水的传统，所以八百年来虽然都城消失了，但这片土地却没有太大的变化，依然广袤、温和、无尽无休。

哈拉和林城在元末明初之际，被明成祖的军队焚毁，但是明朝并没有在蒙古地区站住脚，战乱平息以后，哈拉和林一度废弃，后来喇嘛教传入蒙古地区，人们用哈拉和林旧城的城砖和建筑材料建成了一座寺院，就是额尔德尼召。

额尔德尼召离市中心不远，108个洁白的佛塔组成巨大的院墙是这个大庙出名的地方。大召的内部建筑物并不是一个整体，而是一簇一簇地簇拥在一起，其他地方都是空旷的草地。中间有一组庙宇有大屋顶，但并不是汉式建筑，他的风格明显的已被草原改造过了，非常洒脱奔放。侧面有一组白色的佛塔，一座大白塔，周围拥着几座小塔。再往侧面，又是一组藏式建筑，周围还围着一圈转经筒，许多虔诚的当地人和本国游客都一一走去转经。天很蓝，游客很少。

草原之夜

离开哈拉和林，我们前往蒙古国著名的大瀑布景观，一路上看见壮丽的悬崖下，河水像宝石一样碧蓝；山坡上是茂盛的、但还没有迎来春色的森林；裸露的成片的黑色岩石兀然耸起在大草原上；远处的山张开巨大的手臂，平平地握在天边，似乎并不高大，却有白雪的山头；一条河从那个方向奔腾而来，一对白色的天鹅自然地游弋，对它们来说这壮丽的风光只是它们平常生活的一部分，这外人看来悠闲的美好的生活是它们最正常的日复一日。

我们在大瀑布附近的断崖下停下车，很遗憾，瀑布没有水，只有巨大的黑色的山崖。大山崖开裂成巨大的深沟，形成金色草原上黑色的伤疤。原来这个瀑布只有到夏天冰雪消融时才能形成奔涌的巨流，那时水花飞溅、涛声震天。我们沿着瀑布旁边一条有水的河道向上游走。下午的暖阳照得周围金灿灿的，一路上看到马、看到羊、看到牦牛。两只牦牛穿过冰凉的溪水过河，一个衣衫褴褛的牧马人微笑着从我们身边走过。

天色将晚，我们在一间蒙古包投宿。主人为我们熬了几暖壶奶茶，煮了喷香的羊肉面。

晚餐后，没有电，蜡烛点起来，大家开始喝酒，一边喝，一边唱蒙古国经典的流行歌曲。我们的歌声感染了为我们开车的司机，他也喝得热热的，和我们一起歌唱。

这时发生了一件后来一直让我感到遗憾的事情。一个路人循着声音冒冒失失地闯进了我们的蒙古包。我的同伴都知道草原上的习俗，当一个路人被欢乐吸引，走进一个蒙古包时，应该热情地接待。于是敬了他一杯酒，但我们还是很不习惯，随后便不知所措了。司机于是站起来干涉，想撵那个路人出去。他们俩撕扯起来。司机解释说，他这是在接待外国游客，那个人气愤地说："难道你不是蒙古人？"我们在慌乱中散了席，各回主人安排好的包里睡觉去了。我们同行的人中间，有一个沉默寡言的小伙子是来自内蒙古牧区的，他对我们那天的处理一直耿耿于怀。我们不觉中破坏了当地的民风，想起来一直很后悔。

我去往另一个蒙古包的路上，看见满天的星斗像钻石一样垂着，银亮银亮的，主人家那只酷似藏獒但很温顺的大狗正在朗声吠叫。远处有牲口轻声打扭，草原上静悄悄的。

乌兰巴托之夜

乌兰巴托是蒙古国的首都，而《乌兰巴托之夜》是一首著名的蒙古国歌曲，我在北京的蒙古餐厅和酒吧经常听到。那些唱歌的年轻的蒙古族小伙子都对乌兰巴托充满了向往，并把这首歌演绎得激情四射。但是真正感受过乌兰巴托就会知道这种演绎并不恰当，乌兰巴托其实有一份轻松感，这座城市更像一首天高云淡的小夜曲。而《乌兰巴托之夜》也恰是这样的旋律。

苏赫巴特广场是蒙古国的政治中心，它为纪念领导蒙古民主革命的苏赫巴特将军而命名。广场中心是苏赫巴特骑马的雕像，向南远望一直可以看到城外的成吉思汗山。那山上有巨幅的成吉思汗画像，占据整个山的一个侧面，在山下看时无比壮观，即使在市中心也看得一清二楚。广场的正面是议会大厦，议会大厦的前面有一座新盖的建筑，建筑物的中心座落着巨大的成吉思汗像，苏联解体以后，成吉思汗文化迅速在蒙古国复活，两侧两个骑马的勇士大约是木华黎、哲别或者其他什么人，者勒蔑、博尔术？我也不太清楚。雕塑的形象生动，栩栩如生。据说蒙古民主化以后，经常有示威者向议会大厦砍酒瓶子，于是当局想出这个办法，把老祖宗抬出来坐镇，果然就没有人再砍酒瓶了。

我们到达乌兰巴托那天，反对党正在举行一个集会，宣传他们的执政纲领，为下一年的大选拉选票。集会在成吉思汗像前的台阶上举行。政要们讲完话，参加集会的各个团体就逐一走下台阶在广场上跳舞。跳舞的青年有些来自传统的艺术团体，跳传统的蒙古民族的舞蹈；有的来自中学，跳国标舞；有的来自军队，跳军旅舞蹈。还有一支舞蹈队是一支商业舞蹈队，他们是市场经济改革后才成立的。他们的服装明显更加古朴，舞蹈也更为大气、勇猛，体现民族精神的同时，也很时尚。把现代的流行时尚和蒙古族最古朴的元素向相结合，让传统在新世纪仍然魅力四射是这些艺术家们的追求。

乌兰巴托的艺术非常发达，歌手们唱很流行的歌曲，表演和台风也非常西化，只不过演员大都长着健硕的身材，保持着食肉类的骨感——一种并不属于肥胖的丰满。他们的歌曲，大都不像内蒙的歌曲那样是传统的长调、短调民歌，但是听起来却是内气饱满的蒙古人的东西，没有任何模仿和造作。我们在乌兰巴托时，体育馆正为一个歌手举办演唱会。体育馆外面，工人挂起巨幅的海报，载着宣传海报的汽车也在公路上开来开去。因为不了解这名歌手，我们放弃了去看演唱会。

乌兰巴托的夜生活，有令人瞠目的一面。这个最为西化的城市里，有几间脱衣舞酒吧。酒吧里那些美丽的女子伴着音乐脱去身上的衣物，只留下一条很小的内裤，甚至一丝不挂。这种酒吧里，跳舞的女子风情万种，客人们却都正襟危坐，时而付给靠近他们的女子一些小费。酒吧的秩序井然，并有警卫持枪保卫。至于好酒的人，往往不出现在这样的酒吧，而是出现在一些专门卖酒的酒吧里。那里只放一些轻音乐，供人们喝酒、聊天。

森林浪漫曲

乌兰巴托的附近有一处森林公园，去森林公园前一天，我们经过一家牧场，买了一只羊。放牧的小伙子熟练地把羊从牧群里拽出来，在羊肚子上割开一个小口，伸手进去挑了羊的动脉，羊一会儿就死了，一滴血也没有看到。这是蒙古国传统的杀羊方法，像狼一样撕破羊的肚皮，而不是割断它的咽喉。有了这只羊，我们就可以在森林里野炊。虽然森林公园是旅游区，依然可以自己动手，丰衣足食。

我们用这只羊作了卵石烤肉。这是一种从蒙古古代的战乱时期流传下来了食品。先去河里捡石头——大小适中的鹅卵石，然后把石头放在柴火里烧得滚热。再把石头和羊肉一层一层码放在一个桶形的锅里撒上盐，最后在上面封上土豆、胡萝卜和洋葱，加一点水。再把整个锅坐在火上烤。用慢火慢慢把它焖熟。在古代卵石烤肉是可以不用锅的，先在地上挖一个浅坑，点上柴火，在里面烤石头，石头烤热以后坑也烤热了，把木柴清理出来，把整羊放进去，再把石头放进羊肚子，放上水。把羊在这个热坑里焖起来，熟了以后非常好吃，而且不会糊。

在遥远的成吉思汗时代，有一次成吉思汗遭到王汗突然袭击，败退到蒙古国东北边境，几乎陷入绝境的时候，哈撒尔抓到了一匹野马。就用这种方法烤了分给大家吃，并且感谢长生天的恩赐。有了这匹野马，他们活了下来，并且重新收集自己的力量，在后来与王汗的战斗中取得了胜利。我们也感谢长生天，降下这样的美食给我们。石头烤肉的味道并不像烧烤，更像水煮的手把肉，但味道更香、更浓。我们就在投宿的家庭旅游点的蒙古包里做这些工作。

我们的司机是个非常勤快的人，不仅帮我们做烤肉，还帮蒙古包的主人劈柴，做饭，一分钟也不闲着。开始，我们以为他和那些蒙古包的主人认识，后来才明白这也是蒙古人古老的传统——到了别人家，要像在自己家一样，主动干活，这样才会受到主人的欢迎，如果坐在那里等人伺候，会留下不太好的印象。

最有意思的是，司机一路上一直不停地擦车，只要有空闲，我们去吃饭、方便或者停车欣赏一下美景，他就打上一桶水擦车，哪怕是我们涉水通过一条小河后，他也要把车停下来检修一下，然后擦车。所以我们虽然一路走尘土飞扬的草原路，但汽车一直闪闪发亮。

这里有件事还是值得一提，蒙古国人很在乎水，从不把污物倒在河里，不仅如此，我们在河里洗手、洗脸都不能用洗面奶，因为蒙古人不喜欢这些化学物质进入河水。司机擦车，也从不在河里洗抹布，而是打一桶水，最后把脏水泼在远离河道的岸上。这些细微的讲究，也是这片土地能长久保持山河壮美的原因之一。蒙古国人对饮水工程很不感冒，他们注重保护天然的河流，保护这些河，就是在保护他们的饮水工程。

　　森林里有许多空地，牧民在那里放牧牛和马，狗在嬉戏，偶尔有狼在丛林中跑过。夕阳西下，树影拉得长长的，我四处去拍照。小伙子们都试着劈柴，但手艺太差，不仅劈不开木头，反而把主人家的柴堆弄得乱七八糟；有人去试一试马，那里的马明显更听主人的话，主人骑上去，它就四蹄如飞，我们骑上去，它就是不走。卵石烤肉的香味渐渐弥散出来，我们聚在一起，品尝这独具特色的美食，并且放声歌唱。

2007年12月

当"蒙古往事"流传到草原以外

　　给《蒙古往事》写一篇评论对我来说是一件挺复杂的事情，我对这本书的感觉本来很清楚，但是我听到各种各样的反应以后感觉就混乱起来。

　　刚开始读的时候，我觉得作者并不知道自己在说什么，他描写铁木真随父亲前往孛儿贴家求亲的那一段。路上经过一片草原，草原上有两个湖，阔连海子和捕鱼海子，两个海子的中间是乌尔什温河，河水从捕鱼海子流向阔连海子。他们从西向东跨过乌尔什温河，渐渐地山峦起伏，树木多起来，林间，他们遇到一只花斑大母鹿。行文迤逦而有点魔幻，就好像玩战略性电脑游戏，地图上大部分地方都笼罩在阴影里，车辆和士兵走到哪，哪里才鲜亮起来。鲜亮的地方就是《蒙古秘史》中记述过的地方。

　　其实作者写的那个地方很多人都去过——那个地方就是呼伦贝尔。阔连海子就是呼伦湖，捕鱼海子就是贝尔湖。海子就是湖，译成汉语时加上的，阔连就是呼伦，和汉语一样蒙古语也存在复杂的方言，"k"和"h"的发音在有些方言中是混淆的。比如现在大家都熟悉的"可可西里"，实际上用现在的东部口音念就是"呼和锡勒"，意思是绿色的山岗。这个"呼和"和呼和浩特的"呼和"完全是一个词，但是在汉语里就好像没有关系一样。无论译成阔连海子还是呼伦湖，它的蒙古语地名从来没有改变过。"贝尔"的蒙古语念出来再写成汉语完全可以写成"捕鱼尔"，现在它们中间的那条河地图上叫做"乌尔逊河"。从今天的新巴尔虎西旗向东跨过乌尔逊河，再一路向东，走到丘陵起伏有林木的地方就到了鄂温克族聚居地方，大兴安岭的西部边缘，那里的鄂温克人今天还有很多人姓"弘吉剌特"就是孛尔贴夫人的娘家姓。那只花斑鹿应该就是大兴安岭中的梅花鹿。

很遗憾大片阴影在作者的笔端没能展开，这使美丽的呼伦贝尔没能以它苍凉、辽远、博大、优美的面貌展现在读者面前。

我这样挑毛病有点吹毛求疵了，因为对于绝大多数汉语读者来说，这种文字与土地间位移并不重要。在作品研讨会上，我和作者冉平聊了几句，提到电视剧《成吉思汗》，他冒出一句："我不看，没法看！汉族人写的东西。"我忽然很惭愧，我第一次读他的书的时候心里也是这样说的。他在内蒙古生活了40年，我和蒙古人交往也有十年了，其实我们可能有同一个毛病，包括电视剧的创作人员也是：我们都是汉族人，而且都自信自己很了解蒙古人，但是其实我们都只了解蒙古人的某一个侧面。汉族人写蒙古人，始终会像一群盲人面对一头大象。

后来我专门和冉平交换过意见，算是一次采访，他谈起对蒙古人的感受和认知，其实非常强烈，也很深刻。他知道蒙古历史发展的秘密，所以他的故事情节或许更接近当时的情况。

在雪地里和一只野狼默默较量的冬天，是整篇小说最有创作性的情节。长生天赐给蒙古人的冬季永远漫长而严酷，夏季则美丽而短暂，而且也许要十年才能碰到一个水草丰美的夏天，熬过严冬是蒙古人最大的本事。在漫长的冬季里，忍受、沉静、生存才是第一位的，一直熬到狼在帐外冻硬了，铁木真赢了，赢了才有后来的成吉思汗，而这之前他们并没用利器和白牙较量。因为历史演义难免受制于历史，但演义就必须想象，如果不熟悉塞北冬天的风暴和严寒，如何写出这样的情节。

但是我仍然觉得它缺少点什么，又多了点什么。我们聊起塞夫和麦丽丝的电影，《东归英雄传》、《悲情布鲁克》以及冉平编剧的《一代天骄成吉思汗》。冉平说，在他编剧的原本中，并没有成吉思汗囚禁孛儿贴不认儿子的情节，那些是导演加的。

铁木真的长子虽然最终封地遥远结局凄惨，但是长子系始终在家族中保持着很高的地位，远远胜过成吉思汗那些偏妃们生的血统明确的儿子。在这件事上很多人很难理解铁木真，包括蒙古族导演塞夫，但是冉平理解。蒙古男人并不是不在乎妻子的贞操，不过女人被别人用暴力抢走是男人的失职，男人要容得下这样的女人，这样才能容得下天下。以前的蒙古人写东西这事根本提都不提，谁提谁就会像察合台一样被人唾骂。有意思的是，现在的蒙古族导演塞夫却觉得这件事很难容忍很难在心中磨平了。

其实塞夫的很多电影在故事情节上都和史实相去甚远，甚至有点无厘头，而冉平的东西更加贴近史实，情节合理。但是正是塞夫的电影里有冉平的《蒙古往事》里所没有的东西，就是蒙古人的内气，内在的情感，心灵深处的痛苦与欢乐。读《蒙古往事》能感觉出它不是蒙古人写的，就像看电视剧《成吉思汗》，可以看出来木华黎不和蒙古人演的一样，因为他没有蒙古人的眼神，不会像蒙古人那样庄严，也不会像蒙古人那样笑。

对于真正的蒙古人来说，冉平的很多情节中解释得有点多了，比如成吉思汗为什么会在大事上听妻子的意见。多半汉族人认为后宫干政是坏事，但是蒙古人从来就不这么认为，这些在草原上风驰电掣的男人，在女人面前就像孩子一样，女人是他们的主心骨。后来的元朝皇帝忽必烈每每遇到大事都派人问问皇后是怎么说。今天草原上仍然这样，牧民小伙子大都很倔强，但是再倔强的小伙子也要听老婆劝，要是连老婆的劝告都不听，这小伙子也就没人能劝了。所以那些成大事的蒙古男子都有好妻子，或者好母亲，而铁木真的优势就在于他两样都占了。这种事对蒙古人来说是不用解释的，不过反过来想想，这本小说毕竟是汉语创作，给汉族人看的，不解释，读者能懂吗？

《狼图腾》的成功就在于它解释得特别充分，故事并不复杂，但是每一个细节的来龙去脉都从源头论证起。而藏族作家阿来的《尘埃落定》和《空山》都是采用的另一种态度，关于自己民族的文化他什么都不解释，让懂得人自己感受，不懂的人感受到什么算什么，于是成了魔幻现实主义。

我不知道多少人能读懂《蒙古往事》，不过即使每个人读到的都不同，也很正常。在那次研讨会上的评论家中也有仁者和智者，书的价值就在大家的阅读中闪放光彩。

我很喜欢李敬泽的那个评价：现在写成吉思汗的作品很多，但是我们看到，包括电视剧的《成吉思汗》，基本上把成吉思汗写成刘邦、朱元璋之类的人物，完全把他写成了传统历史事件中开国皇帝的形象，这是对成吉思汗极大的歪曲。当我们这样想象成吉思汗的时候，实际上我们根本就想象错了。从这种错误的想象中，我们除了得到一点自我安慰之外，我们得不到真正的知识和教育。这就是《蒙古往事》中成吉思汗形象的重要价值，凭这一点，它已经高得不可估量了。

当冉平写孛儿贴提着裙子从占有了她数月的男人身上迈过去，在礼花一样漫天飞舞的箭中间迎接铁木真的到来；当他写铁木真让他的弟弟自己去解决和通天巫之间的纠纷，结果不可一世的通天巫转眼被扭断了脖子，铁木真看看天，长生天并没有朝他发怒，一切就这样解决了，这群人的生命和力量就在他的笔端爆发着。

有位评论家说，这本书贯穿始终的是成吉思汗关于男人的快乐的那番阐述："追击敌人，把他们铲除干净，夺取他们所有的一切，看他们的妻子号哭、流泪，骑他们后背平滑的骏马，穿他们美貌的妃子做的睡衣，注视她们的脸颊并吮吸她们乳头色甜蜜的嘴唇，这才是男人的快乐。"他认为这就是我们缺乏的民族精神，征服和霸气。

我听到他这番话的震惊和他读到这句话时感觉到的震撼是一样的。为什么他读不到铁木真的博大、深沉和爱，对妻子、对兄弟、对亲人和竞争对手的浓烈而且宽弘的爱？为什么他读不到铁木真和扎木合安达敌对状态下的生死之交？为什么他读不到铁木真的智慧——处事决断、简单，从不错过时机？为什么他读不到整个人群爆裂张扬的性格和自由的精神？为什么读不到铁木真高超的领导能力？有蒙古血统的评论家冯秋子说："成吉思汗的所有部下都最大限度发挥了每个人的聪明才智。"这是多么了不起的领导才能啊？可为什么那一位读不到呢？为什么他只读到了那句残暴的话，并把它作为整书的精神呢？如果仁者见仁，智者见智，那么也许他是真正的独裁者吧？

你看，即使解释了，每个人的眼睛里看到的成吉思汗还是不一样的。但这对沉睡在高原之下的伟大可汗来说并不重要，对草原上的挥舞着套马杆的子孙来说也不重要。那些流传在草原上的忽近忽远的故事本身并不需要流传到草原之外，就像深山里美丽的姑娘并不需要到城市里成为歌舞演员才能证明她的价值，进了城也可能沦落风尘呢。

蒙古人至今仍然有口承历史的习惯和能力，历史就在人们的交流中不断被印证，越来越接近它的本来的面目，而不会在流传中夸张变形。任何异族作家的作品和史学家的研究其实都没有草原上的传说靠谱。就像呼伦贝尔，不管汉族人管它叫什么，千年来它的名字和面貌从不曾改变，苍天之下，游牧人默默地在这片土地上迁徙繁衍，将祖先的秘史无声无息地传递给子孙。

冉平在内蒙古生活40年了，不过一个在内蒙古生活了40年的汉族人对蒙古民族的理解还是远不如入关40年的满清贵族对汉族文化的理解。但是和很多阅读本书的人相比，他的功底已经相当深厚了。一直以来，汉族人对"异邦蛮夷"们的看法始终摆脱不了阿Q式的精神胜利法，因而了解、理解和包容另一个民族的文化对汉民族是有好处的事情，它可以使这个民族走出狭隘和盲目倨傲，变得丰富和强大，这就是人们需要《蒙古往事》的原因。

2006年1月

再回首《狼图腾》的魅力与减色

　　我去年拿到《狼图腾》的时候，这本书还没火，当时看了很激动，有长出一口恶气的感觉。个人以为《狼图腾》的价值并不在于后来媒体上津津乐道的"狼性"，其实他写了两件很重要的事情，一是狼在自然界的价值如此重要，没有了狼也没有水草丰美的草原，实际上他见证了草原赶走狼群到变成沙漠的过程。二是古典的蒙古游牧文化不仅是蒙古人坚强性格和伟大创造力的源泉，也是历经千年的考验最能和草原和谐相处最环保的文化，今天如果想保护环境就应当保护这种文化。至于说狼性渲染，其实很可能是副产品，我想作者可能为了说服读者特意做的这件事。至于最近冒出来的，那个说狼文化是市侩文化的文章，当然没必要理睬，毕竟《狼图腾》宣扬的观点就是来修理这种人的，人家一口气接受不了也属正常。而跟风书一般都属瞎掰。

　　不过一年以后我再翻这本书，忽然感觉没那么有魅力了，应该说减色得非常快，和今天再翻《尘埃落定》的感觉完全不一样，我想就是他太多刻意的说服读者闹的。同样是写少数民族的文字，《尘埃落定》的主人公不是个探索异族文化的知青，而是出生在土司家的傻子。他对待自己的古典文化有一种从容——我就是藏族人，我们就生活在这样遥远而美丽的土地上，我们就是这样的人，我们就这样生活，你可以认为我傻，可以看不惯，或者有其他各种偏见，但我们活得很好，我们自己也有好有可坏，有纷争麻烦、仇杀、贫富之分、宗教对抗、家族矛盾如此种种，但在我们的土地被有颜色的汉人染上颜色之前，我们世世代代如此。从作者化身为主人公并把自己定义为一个傻子开始，他就将自己置身世外，你可以嘲笑我不理解这个世界，但我这样的傻子也举世无双！我们的文化消失之后，世界也少了一种美丽。

这就是《狼图腾》没有的，《狼图腾》作者有点声嘶力竭，大喊着，蒙古文化好啊，真的好，我告诉你们是真的，和以前你们想得不一样。这对一个时代是有用的，但是对文学就打折扣了。

所以当《尘埃落定》的结尾，作者说：愿来世还生在这片土地上，我爱这个美丽的地方……那种感动是任何语言不能表达的。但是《狼图腾》的结尾可以不看的，即使在我最喜欢这本书的时候。

2005年4月

留住游牧民族

我不记得哪个网友说过那样的话，但我清楚地记得那话的内容。有一天有人给我留了言，我就顺着她的名字去看了她的博客，从她的文章上，我想她是个女孩子。我很清楚地记得，那一年西乌珠穆沁举行了赛马会，电视上，许多孩子，乘着马匹在无边的绿野上奔跑。那个网友写了一篇博客，她说："看着电视，我哭了，这个世界上竟然有人那样生活……"看着这句话，我也几乎哭了，我们这些困在都市丛林里的人，看到无数马匹在绿野上奔跑的画面是如此感动，我们如此艳羡他们的生活。都市生活有很多好处，但是都市的困扰也相当真实，我们这些生活在大都市里的人并不热爱我们的生活。

有另一种生活值得热爱，在无限广阔的空间中自由驰骋。

几天前，草原的老知青陈继群老师招待几个朋友一起坐一坐，聊聊最近听到的各种情况。他说：东乌旗的牧民参加了一个旗里举办的培训班，培训班上的人讲，中国过去都是农牧业养着工业，现在要倒过来了，这本没有什么奇怪的，这是个经济规律，但是那人接下去讲，这种反哺的目标就是再经过三代，草原上就没有牧民了。牧民哗然。

我想如果我在这个课堂上，我可能无法控制自己的情绪和这个讲课的人干一架。我知道为什么有人如此热衷于改变别人的生活。这里面，有些人是恶意的，有些人甚至是善意的。他不仅不认为自己在做坏事，而且会认为这是一件好事，是善举。让那些牧民成为城市边缘的农民工会是善举吗？纵然他们真的能成为城市里普通的一员，甚或成为城市的上层，就一定是好事情吗？我们这些忙碌于城市里的人真的生活得很好吗？

我记得另一个网友，曾在网上留下一句话："蒙古人，离开了草原，还能走多远？"我们眼看着生活在城里蒙古人无可救药的汉化，不仅是说汉语，汉族的价值观念的深入、习俗的变迁、思维方式的改变……尽管大家那么不愿意汉化，但是却无可救药地看着自己和自己的下一代越来越像汉族人。

作为一个汉族人，我一点也不认为这是一件好事情，是所谓值得汉族人骄傲的文化同化能力。这是种族灭绝，是一种严重的犯罪。一个伟大的民族要在三代人以后消失，绝不是什么好事情。不仅一道美丽的风景随之消失，那质朴的灵魂，以及那灵魂能够带给长期生活在阴谋和权术中的汉族人的心灵的洗礼也将随之消失。这种洗礼曾经在历史上多次使汉族人重获力量，重获生机。每一次，汉文化，走进一条死胡同，就像东晋、南宋、晚明，都是游牧民族站出来，把正直、热情、生命力以及强大的国家重新带给汉族人。正是游牧民族的存在和改造作用才使汉文化穿越千年流传至今，不然，今天的汉族可能真的只是客家人那么小的一个民族了。我们每一个汉族人的身上都可能有游牧人的血，这来自祖先的伟大力量是汉族人现在就需要的豪情，也是留给汉族人未来的机会。

留住游牧民族！留给今天一份美好，留给未来一个希望。

2008年2月

61

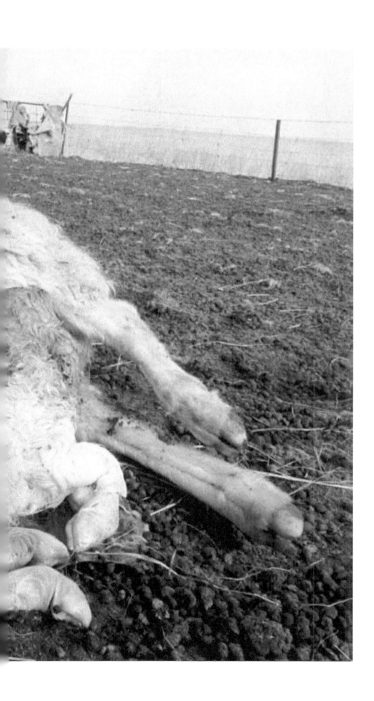

相 知

艰辛中的幸福

　　《图雅的婚事》虽然演的是一个发生在内蒙古西部蒙古族地区的故事，但是它其实不是一部蒙古族电影，它讲述一个女人为在艰苦的生活中活下去，决然选择带着残疾的前夫改嫁的故事。这个故事无论发生在什么地方，它都是一个好故事，也许导演把故事选在西部内蒙古一个好处是：适合表达严酷的自然环境中人的生命那种喷薄而出的原动力。

　　影片一开始，穿着不讲究的新娘装的图雅拼命地拽开两个打架的少年，晃动的、家庭DV一样的镜头中，一个半汉化的、农村化的蒙古族牧民点冲进观众的视线。这样的环境就注定了主人公的生活是艰苦、缺水、贫穷、寂寞的，生活在这个地方的女主人公就注定能干、倔强、坚强，生活就像不停的冲锋陷阵一样，而图雅就是这样的女人。她骑着骆驼去放牧是在冲锋陷阵；她带着大大小小的拾荒者的家当一样的水容器去取水是在冲锋陷阵；她救起她的邻居森格是在冲锋陷阵；她把森格酬谢她的羊扔送回去也是在冲锋陷阵。

　　在这个片子里，除了女主演余男几乎所有的演员都是用自己的原名作为角色的名字，表演也同样本色而且简练，简练到几乎就不叫表演，几乎就是一部纪录片。贫嘴的森格被压在干草车下面这是本片最滑稽的一个镜头。森格不是个大男人，从某种角度说，他是个小男人，他的身量不高，面色白皙，说话声音尖利，但就是这样一个小男人，在这样极端艰苦的条件下，就像一只不死鸟。他在片子的一开始，森格一出场，就倒在地上，摩托车摔在一旁，图雅救了他，他就这样撞进了观众的视线。后来，他帮图雅拉干草，因为斗嘴，图雅离开了他，自己骑马，结果森格被压在了整整一车干草下。后来森格打井，被炸得不省人事，抬着他的人大喊："死不了，死不了！"这个小男人的生命就这样在荒原上坚韧着。

图雅的丈夫巴特尔曾经是个摔跤手，无比强悍的草原男人，但是因为打井，炸伤了腰瘫痪了。他的戏几乎都是静止的，但是每次出现都无以言述地恰到好处。图雅和巴特尔离了婚，家里来了许多求婚者，到晚上，图雅照着镜子问巴特尔，"我老不老？"巴特尔笑眯眯地说："不老。"图雅又问，有一个64岁的老头，退休教师，在城里有三居室的房子，可以教两个孩子上学等等……"嫁不嫁给他？"巴特尔说："不嫁。"那时巴特尔的微笑是那样动人。

刚看到王全安导演的新片《图雅的婚事》觉得它很像张艺谋某个时期的东西，女主角穿着前襟撅起来的棉袄，让人联想起"秋菊"里巩俐的造型，打井工地又有点像《老井》的样子，连图雅和巴特离婚的地方也像李公安办公室。我知道这么说是不是有点不公平，但是如果没有这一点像，这片子也许会更好看。细想起来，那一点像可能是因为中国中西部贫困、倔强地相似吧？

这部片子的独到之处是非常明显的，人们虽然生活在那样艰苦贫困的地区，但是幸福的来临往往是反物质的。森格买了卡车，说他不想当牧民了，图雅的孩子加雅跳到卡车上大声欢呼，森格和图雅坐在驾驶楼，对着夕阳，有无限的惆怅，也有一点点友谊和浪漫。卡车给森格带来什么呢？他一心一意挣钱，为了把老婆留住，森格说买一辆卡车老婆就会跟他过，他就真的买一辆，但是他要把喜讯告诉图雅，并且告诉图雅以后给她家拉东西免去所有的运输费，请图雅记住他这个朋友——他对牧民的生活和图雅的质朴坚强的留恋是显而易见的。但这个对比并不很明显，影片对森格的选择保持着沉默，没有批判也没有鼓励，因为这就是生活。

另一个关于物质和幸福的对比更为明显。石油大王宝力尔的奔驰车载着图雅一家向城市走去，这时候，幸福的远走还只是一种担忧，但是当一家人又坐着大卡车返回牧场的时候，那种幸福回归的喜悦感染着每一个人。

幸福是什么呢？一个人类永恒的命题，《图雅的婚事》并没有正面讨论这个命题，没有批判谁或推崇谁，但是这个问题却无处不在。虽然生活艰苦，但是图雅的婚事始终给人很多温暖的感觉。森格是个拿老婆当菩萨供着的男人，他追求图雅的方式就是为她做一件最实际的事情——打井，当最终森格和图雅结婚的时候，虽然两家的孩子在外面打，两个男人在屋里也动起手来，但是图雅终于有个拿老婆当菩萨的男人做丈夫了，而且这个丈夫不会抛弃巴特尔，这一点温暖还是回荡在观众的心里。

2007年2月

呼伦贝尔：草原重现生机的天功与人功

今年对呼伦贝尔草原生态来说，依然是个喜忧参半的年头。丰沛的雨水让广阔的草原草木丛生，但是短暂的天恩也掩盖了草原生态背后深刻的矛盾。

但就在水草丰美的草原背后，2005年内蒙古自治区荒漠化监测结果表明，呼伦贝尔沙地、沙丘活化，植被盖度降低，风蚀坑大量出现，流动沙地增加，五年间沙化土地面积增加1.84万亩，流动和半固定沙地增加了27.3万亩，呼伦贝尔草原的土地生产力仍呈下降趋势。

游牧的夏营地

这几年一说到草原生态就和畜牧业过不去——围封转移、围栏圈养都是冲着畜牧业的。用一句流行的话说："你用脚指头想一想也该知道这里面有问题。"内蒙古草原放牧数千年了，而且在人类放牧之前，草原上就有数以百万的食草动物，但是内蒙古草原的大面积严重退化不过是近几十年的事情，甚至很多地方是改革开放以后的事情，草原上到底发生了什么？

去往呼伦贝尔之前曾经听一位朋友说过超载过牧的说法，这对很多当地的蒙古族牧民来说是很难信服的。以前蒙古人的羊多得论山沟数，马论群数，现在以草定畜之后，牲畜少得可怜，但是牧场还是不断退化。虽然去过草原很多次，去了很多地方，但是他说那样的景象却从来没有见过。在科尔沁，曾经见过无边的玉米地，中间不大的空地上，草色黯淡，几只刚从羊圈里放出来的脏兮兮的羊蹒跚地走着；在锡林郭勒开车走很远才能见到一户人家，才有羊群。但是这次在呼伦贝尔，终于有机会得见这样牛满山沟羊满坡的景象。

到了陈巴尔虎旗，车子离开主公路，前往莫日格勒河谷中的鄂温克苏木，两边的风景立刻不同，青色的山岗连绵起伏，一群接一群的牲畜走在的河边谷地，河水蜿蜒曲折，蒙古包星罗棋布，游牧的夏营地牛羊肥壮、百草丰茂。因为是鄂温克民族乡，自治区里的自治地方，这里没有大规模推行定居和分草场。

近年来关于游牧落后的说法十分盛行，但无论从生态学角度或经济学角度都是缺乏根据的。草原上生长的天然牧草品种很多，牛羊吃草是有所选择的，有些吃叶尖，有些吃茎，有些吃灌木的枝条，它们行走可以传播种子，粪便可以滋养草场，这些都是生态循环的一部分。

半年以前在锡林郭勒草原上向一户定居的牧民了解过情况，他说，羊圈起来打草以后，牧民的工作量增加了，几乎是原来的三倍，但是产出并没有增加，而且他们那里的羊本来是在草地上自由地走来走去的，体质都非常好，品种也很好，很耐寒，但是圈养以后，品种逐年退化，越来越不好伺候。所以这样的改变导致劳动生产率降低了，落后了，还是发展了？在这家的房子周围，几百亩草场因为常年得不到休息已经退化，他哥哥家在后面的山坡上，邻居们散落在前面的洼地里，这样的距离正是他们以前建蒙古包的距离，但现在几家房子周围草场的退化已经连成了一大片。

在工业时代以前，如果一定要分各种文化的先进和落后，渔猎文化可能相对生产率较低，收入较缺乏保障，但是在自然资源保护极好的地方，情况也不尽然。而游牧和农耕则是完全平等的文明，如果从劳动生产率上分先进和落后，游牧文化的劳动生产率明显要高得多。一户牧民可以养数千牲畜，这样的劳动生产率是农业生产望尘莫及的。

在呼伦贝尔草原一位苏木干部告诉我，他们那里草场围起来以后草的品种很快单一化，草场退化严重。这是因为牛羊的啃食可以控制一些生长速度极快的草，保持草原上草种平衡，如果停止让牛羊啃草，长得快的草种会取代其他牧草，短时间里草长高了不少，但生态系统的健康已经受损，由于草种单一化，草原抗水、抗旱、排盐碱、抗病虫害的能力都下降了，一旦遇到灾害就大面积退化。

草原上很多自然灾害都是周期性的，相隔一定的年份必定会发生，旱灾、火灾、雪灾、蝗灾、鼠灾都是如此。如果草原生态系统健康，这些自然灾害造成的损失就不会太大，程度也不会太深，甚至雪、旱、蝗、鼠也是自然生态调节的手段，雪灾可以降低草原上食草动物的数量达到草畜平衡，在一定的范围内有利于生态系统的健康。实际上内蒙古地区打着"告别落后的游牧时代"大规模推行定居和围栏草场的时候，就有专家预言过，八到十年后草原会大面积退化，2000年之后，到了专家预言的预言期，果不其然，内蒙古真的因为草原退化引起了广泛的关注。

近来以一首《吉祥三宝》人气飙升的蒙古族歌唱家布仁巴耶尔给我讲过一个关于火和雪的故事，他有一年去俄罗斯演出，从满洲里出境以后看到草原在着火。那是冬天，草原上下过雪，但是因为草太高了，雪根本看不见，火就在雪上面着着，慢慢地烧，来年会有一个牧草旺盛的春天。布仁巴耶尔说，记得他小的时候，呼伦贝尔草原就是这个样子的，现在很多年没有见过这种景象了。由于草长不高，冬天一下雪就被严严地盖住了，牛羊吃不到草就形成了白灾。而现在草原上一着火，林业部门、草原管理部门就拼命组织人力扑救，结果一些本该被大火清理掉的蔓延速度快、不适合牛羊食用的草大量蔓延，抢占营养和水分，草越发长不高，而外来的专家们研究来研究去，也无法研究出草原退化的原因。

百草丰茂这个词形容鄂温克的夏牧场很是恰当，看上去差不多的绿油油的草，实际上品种非常丰富，几步之内就能有五种、十种不同的草，而从湿地到山坡，草种层级变化，表面丰茂是由一个繁荣的系统在后面支持的。

鄂温克苏木的一位干部向大家讲话，表决心要带领牧民脱贫。像这样的地方如果牧民还没有脱贫，感觉有点不大可信，如果真是那样，只能是商业经营的问题，绝不是生产方式问题。现在草原上的绿色食品卖不出价钱，很多地方就拼命推行牲畜改良，围栏圈养用饲料催肥，结果产量是上去了，但是羊肉卖不掉了。但是在大城市的超市里，绿色鸡蛋已经是农贸市场上鸡蛋价格的4~5倍，在一些发达国家这个价位可以差到十几倍。绿色食品需要从生产过程开始追踪，那些饲料催肥的牛羊肉就算是来自内蒙古草原也不能算做绿色食品。

汽车行驶在呼伦贝尔草原上，布仁巴耶尔指着草原上不见人烟的空地，对随同采访的记者们说：你们不要看这里是没有人的地方，这都是牧场，这就是游牧生产方式，牧场利用过之后，人搬走了，跟从来没有人来过一样，这是对大自然最好的方法。

今年仰赖天恩是个雨水丰沛的年头，呼伦贝尔以一种惊艳的美丽呈现给少见多怪的世人。但是，它要恢复到布仁巴耶尔所讲述的童年草原的样子，还差得很远。而它有没有机会恢复，还在于现在的人们以什么样的态度对待它。

水系，草原生命之源

"父亲曾经形容草原的清香，让他在天涯海角也从不能相忘，母亲总爱描摹那大河浩荡，奔流在蒙古高原我遥远的家乡……"这是旅居台湾的蒙古族诗人席慕容写下的。现在内蒙古草原较靠南的地方，看到大河浩荡的情形已经很难了。一般稍大一点的河流上都有无数的水库，水被引向城市、灌区、工厂，而下游的湖泊干涸、湿地退化，草原化为荒漠。如果读者以后看到某个地方因为干旱严重，沙子把当地人的房子都埋了，就有必要提高警惕，这样的干旱，是不是都是由老天造成的？

呼伦贝尔草原的名字来源于草原西面的两个大湖，呼伦湖和贝尔湖，中间有一条乌而逊河相连，水从贝尔湖流入呼伦湖，这是草原上常见的两湖伴生的生态系统。在新巴尔虎右旗干旱的草原上，呼伦贝尔无疑是两颗明珠，也是草原万物的生命之源。

呼伦湖在当地叫做达赖湖，是大海的意思。我们到达呼伦湖边，发现那里已经有了一大排旅游景点，游客们在戏水，4匹无人看管的马，穿过诱人的营地走下湖来，有个女游客尖叫："啊！马怎么也下来，多脏啊！"这就是游客，正当当地人为了和马一起戏水感到兴奋的时候，游客却尖叫起来。他们不懂，草原是最干净的地方，在生态系统健康的地方，牛羊、马匹、鼠类、蚊虫都是干净的，数量不大，包括不可降解物质的生活垃圾和人畜粪便都会被生物清洁工们不声不响地处理掉。

我们从岸边走到湖水处，司机指着空出来的一大块湖滩说，这水前几年到那，现在落下去4米了。沙滩上有大片冲上岸边的淡水珍珠蚌的蚌壳，我下到浅水处去摸了几个，发现也都是死的，风从湖面吹来，夹杂着一点农药的味道。湖水仍然可以游泳，只是藻类很盛，已有富营养化的趋势，用望远镜向远方望去，湖岸的远处有高耸的烟囱，看来有一些小型工厂，工厂在这样的地方，不知道是不是有人管理排污的问题。

贝尔湖附近发现了一个小小的油田，大庆石油公司在那里开采，开采石油需要注水回灌，也就大约两年的时间，呼伦湖和贝尔湖的湖水，水位都大幅度下降，即使在今年这样的丰水年也不见上涨的趋势。

贝尔湖的上游水源是哈拉哈河，哈拉哈河从锡林郭勒盟的草原上流出来，流入蒙古国，再注入贝尔湖。有消息说，锡林郭勒正准备截断这条河，把水引向锡林浩特市，那时呼伦湖和贝尔湖的命运将如何呢？呼伦贝尔草原的命运又将如何？

原著民权利与草原保护

在陈巴尔虎旗北面，道路两边已经出现大面积农垦，先是金黄的油菜花，接着是翻开的黑土地，呼伦贝尔草原东部靠近兴安岭的地区有黑土层，可以种东西，但是土层很薄，而且气候寒冷收成微薄。因为头一年垦荒不能种东西，于是先把草翻到土层下沤起来，大面积表土在毫无植被保护的情况下在风中晾着，在太阳下晒着，要这样经过整整一年。农垦不仅是表土暴露在外，而且使得草原上作物品种单一，生态系统的天然循环被破坏，生态调整能力下降，现在很多发达国家都在说服农场主放弃农耕，改为经营畜牧业。车子飞驰在陈巴尔虎旗草原的公路上，黑色的农垦带就在车窗外无穷无尽地延伸。据当地环保协会的人介绍，这里有一个国营畜牧场，人员都是从外地迁来的，他们不会放牧，为了生计只能农垦，垦少了不行，因为土地瘠薄只能广种薄收。而他们占据的这片土地本来是当地牧民的夏季牧场，失去了夏牧场之后，牧民只能在冬场里打转，进而又导致冬牧场退化。

清朝末年，放垦蒙地之前，内蒙古地区大约60万人口，基本都是蒙古族牧民，生活条件普遍优于国内其他地区。现在自治区有2 000多万人口，蒙古族人口不足20%，牧民只剩20~30万，外来移民要吃、要喝，工业、农业要地要水，使得草原承受了巨大压力。尤其是改革开放以后，实现了工业化，人们改造自然的能力明显增强，破坏力也大幅度提高，加上拼抢式的经济发展，导致草原生态环境迅速恶化。

在这样的退化过程中，牧民实际上是受害者，开垦土地、开矿山的人赚了钱，而牧民的土地缩小了，草场载畜量降低了，经济收入直接蒙受损失。近年来推行的"治理"方法是把牧民围封转移出来，这样他们失掉了基本的生存保障——牧场。而这些治理措施往往又是在草原破坏过程中起了重要作用的地方政府和当地企业联合推行的，在牧民围封转移以后，他们可以在草原上开矿，或开发沙草业，而不必向牧民支付土地使用费。然后再通过招工方式把失去土地的牧民子弟招收到企业工作，牧民从家资殷实的牧场主变成了朝不保夕的农民工，国家的扶贫任务永远完成不了，但地方政府却可以由此获得大笔的扶贫款。

牧民如此，草原上移民村的生活怎样？在新巴尔虎右旗郊外，我们见到一个移民村，这个移民村主要不是为了转移牧民，是为了转移林场的工人，起初听说感到很奇怪，广阔的巴尔虎草原上，一棵树苗都见不到，哪里来的林场？后来听说，当初这个林场用柴油机抽水，种了几百亩树林，现在柴油机不再工作了，草原上只剩下零星的几棵树和枯干的树枝。这些林场工人由于没了生计，当地政府建了移民村，安排他们种大棚菜，但是这根本养活不了他们。另有一个移民村是用来转移呼伦湖的渔民，呼伦湖的渔业资源正日益萎缩，但是渔民搬到远离岸边的地方就更加没有了生计。据当地人介绍，这些移民还要面对水、电各种费用，是穷上加穷。移民村有十几排、十几列的房子，但是大都空着，洞开没有玻璃的窗户像一张张张着的大嘴。国家花了钱，地方干部有了政绩，老百姓却没了生计。

按照现代环境科学理念，在保护环境的同时应当保护原著民的生产、生活和原著民传统文化。因为原著民传统文化是经过长期与自然环境的磨合，已经和环境融为一体。比如日本的商业捕鲸一直遭到绿色和平组织的抗议，但是在印尼，有一个岛居民是靠捕鲸作为基本食物来源，他们在大海中与鲸鱼搏斗，将拖上岸的鲸鱼切开大家分享。绿色和平组织调查了几个月，最终认定，这样的捕鲸，是为了满足生存的基本需求，这时人只是生态链中的一个环节，不会对生态构成危害。

在呼伦湖，我们看到却是相反的情况，呼伦湖本来渔业资源丰富，当地人过去用小甩网就可以捞到鱼，这样的捕捞方式，基本上可以保持湖中鱼类资源平衡。后来外来的捕鱼人越来越多，当地人可以捕到的鱼就少了。渔业公司进来以后，两条渔船拖着网捕鱼，呼伦湖的鱼层厚度迅速从4米下降到不足1米。当地的传统渔民被要求迁走，而拖网渔船仍可以在湖中作业。

著名环保人士、画家陈继群老师正在草原上宣传《中华人民共和国土地法》，按照土地法的规定农村土地应当由村一级集体所有，在草原上就是嘎查一级所有。如果将土地转承包应当有村民委员会2/3以上多数表决通过，如果占用草原建矿山、工厂，村民应当持土地所有权入股。如果严格按照国家法律行事，就不会发生草场越来越少，牧民越来越穷的情况，很多牧民看过以后恍然大悟，原来他们的苏木（乡）长、旗（县）长没有权利把他们的夏牧场卖掉，而个别牧民不和其他人商量私自转包自己的牧场，破坏牧场生态系统完整性的做法也是不正确的。

今年的呼伦贝尔草原异常美丽，很多几年前已经成了沙漠的地方，又长出了茂盛的草。一位当地老干部说，十年都没有见过这样的景象了。这次植被的恢复主要还是仰赖天恩，今年草原雨水丰沛，很多矛盾暂时看不见了，草原上的资源和美景又令很多利益集团垂涎欲滴了，但是干旱还会来的，下一次干旱的时候，草原的命运将如何？牧民的命运又将如何？

2005年9月

没有园林局的草原

今天，看到一条新闻，北京市园林局称北京去年冬天的化雪剂导致大量树木被烧死，绿化带受损，经济损失达520万元。在读者看来这是条环保新闻，但是前年冬天，融雪剂刚刚引进的时候，北京的媒体曾经大力鼓吹它保护环境、无污染等等。那也是一条环保新闻。

现在的新闻大多是想做宣传的机构在后面运作的，任何一条新闻都有各方的利益潜藏在背后，这一条新闻就涉及三个部门的利益。吵吵融雪剂不环保已经是第二年了，第一年大家都恍然大悟，第二年交通部门再洒融雪剂就闷声不吭了。园林部门也知道北京交通脆弱，洒融雪剂的事情是管不了的，但他们受了520万元的经济损失，也不可能白白受气。所以今年这条新闻还特地提醒环卫部门不要把洒了融雪剂的雪堆到绿化带里。

这就是一条新闻背后复杂微妙的中国人际关系。至于融化的雪水随排水系统流走，污染远方的农田和更大规模的生态系统，那也不是园林局的事了。无论如何大家还是明白了融雪剂是不环保的。

草原上没有园林局，草原上太多打着环保旗号的谬误宣传，公众是无法知道真相了。今年三月，内蒙古一位盟委书记，尊敬的人大代表，在人代会上发言时，给大家"掰着手指头算了笔账"："锡盟总面积20.3万平方公里，牧民21万，简单算每个牧民平均占有1平方公里草原。建设一个环保达标的4×60万千瓦燃煤电厂和与之配套的年产1100万吨原煤的露天矿，占地约5平方公里，仅相当于锡盟一个牧业大户草场面积的1／4；但每年可实现工业增加值20亿元左右，相当于2003年锡盟畜牧业增加值的总和！"

稍有环保常识的人就能看得出，露天煤矿是什么？是把草地翻起来，彻底翻起来，让飞砂走石随风飞扬。不仅自身破坏了，附近没挖开的草场也难逃一劫。就算只破坏5平方公里，5平方公里是小数吗？

投产能源还要有化工，化工是重污染企业，会污染水源和空气，污染空气形成酸雨，雨落下的地方草会枯萎，还会因含有有害化学物质影响当地动物的健康。水体污染后，流经的草原、湿地就完了。南方地区河水臭了，河边仍然长草，是因为有雨水和其他水源，草原不像南方，降雨量小，蒸发量大，草原上的水源完全依靠河流和地下水的滋养。沙质土地河水很容易渗漏形成地下水和湿地，也因此河水污染很容易污染地下水。草原上已经发生了这样的事情，被污染的河流流域内的土地寸草不生。

此外这些工业还要用水，这水可不是草原上喂饱牲畜那么点需要量，截断河流、开采地下水是家常便饭。有了工业还要有移民，经常出去旅游的人都知道，游客多的地方，自然环境都大不如从前，别说这么多人住下来，吃住、排泄、扔垃圾，忽忽，这样的环境到底为了那20个亿，还是为了草原？而且那20个亿还是期望值，工业经营投入巨大，到产出形成效益，还有方方面面问题，还要受市场的影响，内蒙古有几个企业是盈利的？

一篇明明是以牺牲环境为代价发展工业的发言公然在人代会上，当着那么多人，而这样一条新闻就登在那么大的报纸上，还是环保话题，写稿子的记者用词还十分激昂。整个过程中谁也不觉得这件事有问题，在一个绝大部分人依靠新闻获取信息的时代，左右视听原来这么容易。

回头再看一看那个发言里谈到的牧民的情况：一个牧民占一平方公里草场，这是一个多么环保的数字呀，对草原哪有什么压力？草原从长草那天就养食草动物，有草、有食草动物、有一定数量的食肉动物包括人，这是一个良好的生态系统。它的破坏并不是游牧引起的。

这些年因为沙尘暴的问题，北京人才对草原环境恶化急了眼，而锡林郭勒草原在北京正北方，沙化直接危及津京。可是北京人后来知道了什么？为了环保，牧民都要离开草原"围封转移"。越来越多的牧民被强行迁出世代居住的家园，沙化却从半荒漠地区发展到半干旱草原，然后发展到水草丰美的典型草原，发展到自然条件优越的湿地。牧民在草原上放牧，对草原环境变化最敏感，他们本是草原生态环境恶化最直接的受害者，可是他们却成了媒体上的替罪羊。

很可惜，草原上没有园林局站出来说话，没有人告诉我们工业和采矿业对草原造成的无情破坏。工业企业赚了钱，地方政府有了利税，而草原化为荒漠、牧民流离失所的经济损失谁来计算呢？

2005年5月

游牧人归来

　　天空很透明，有一点微云，阳光雪白雪白的，无遮无盖地晒在枯黄的大地上。浩毕斯嘎拉图皱着眉头眺望远方：四周土地平旷，一条省级公路从他的牧场中间切过去，那些飞驰而过的车辆对他今天的处境没有任何帮助。他要迁场了——在羊群吃光地上的枯草之前，他要离开这个地方。向西150公里以外，他已经借好了一块牧场，那里不像他的家乡一样久旱无雨。20多年前，迁场只是一次普通的"走敖特尔"——"敖特尔"是蒙语的译音，意为"移场放牧"，俗称"走敖特尔"或"走场"。但是现在，土地为不同的家庭经营，迁场变得困难而罕见。

　　浩毕斯嘎拉图这次迁场要路过很多人家的牧场，那些牧场的牧民正坐在自家的井上等他，等着收过路钱。他们的草场也同样干旱，但他们不准备迁场，因为他们没有钱付过路费。大片的牧场正在这些定居的牧民脚下退化。

　　"蒙古人游牧就到1985年，1985年草场一分就不行了。"巴拉沁老人在他锡林郭勒盟东乌珠穆沁旗满都保力格苏木（乡）上的家里凝望着窗外不太规整的街道说。2008年夏，我从赤峰到锡林郭勒，在草原上跑了几千公里，穿过了大面积的农垦地区，路过了围栏纵横的定居牧业地区，一直跑到东乌珠穆沁旗接近边境的地方，传说这里还有游牧存在。听说我要了解游牧的情况，苏木书记把巴拉沁老人介绍给我，说他什么都懂。可是他却住在苏木上的房子里，远离牧场。

巴拉沁老人做过嘎查（村）的书记，他所在的嘎查叫巴音布日图，巴音是丰富的意思，布日图是湖水的名字，那里曾经是一个天鹅湖，每到天鹅飞来的季节，湖面上会落着一片白茫茫的天鹅。1985年分草场时，巴拉沁老人正在任上，那时草场上没有房子，没有网围栏，也没有牲口棚圈，而且还有二三十四一群的狼在草原上活动。那时，上面要求他的嘎查建十三个牲口棚，两个网围栏，牲口棚用于牲口过冬，网围栏用来围住种牛和种羊。巴拉沁老人认为巴音布日图的草原足够广阔，不需要用网围栏给动物分群，为此他和旗长发生了争执。经过争论，旗长最终接受了巴拉沁的意见，但是要求他一定建好牲口棚，并且来年要下来检查。就这样，巴音布日图有了最早的固定建筑，十三个牲口棚圈。以后草原上的变化开始变得不可逆转。陆陆续续，每家都有了牲口棚、网围栏，还盖了房子。巴拉沁老人也承认有了房子以后居住更方便，冬天更暖和。尽管房子和棚圈周围的草场大面积退化，房子，还是不可避免地越来越多。

巴拉沁老人拿来一本挂历，挂历上有一张照片，一队牛拉着勒勒车在缓缓地迁徙。巴拉沁激动地指着勒勒车说："我来给你讲游牧的事情，这是很重要的。"以前牧户迁移用五至七辆勒勒车，非常灵活，也很讲究。套上牛拉车，第一辆车坐老人和孩子，第二辆车放上最重要的家具——柜子，第三辆车放生活必需品，第四辆车放其他家具，最后一辆车放拆下来的蒙古包。一队车迁移到了地方，手快的人家一个小时就可以把蒙古包架起来，并且让家具归位，一个新的季节的生活就此开始了。那时候没有能源消耗，也没有汽油造成的环境污染。"那时候有了马，汽车、摩托车、手机都代替了。有事骑上马去告诉一趟就都有了。"巴拉沁老人手中的那张照片很美，无边的天空下一队牛拉着勒勒车，披着金色的霞光。

"游牧从形成到现在，已经存在了几千年。"内蒙古大学蒙古学研究中心主任吉木德道尔基教授对我说。农牧地理性分界带的形成，有人认为根据'夏家店上层文化'来看应是在西周到春秋战国时期。"夏家店上层文化"覆盖了内蒙古赤峰、辽宁、河北北部及京津地区，这里出土了大量车马具、兽骨，再加上其房屋遗址的特点，可说明当时生活在夏家店附近的是游牧民族，同时说明游牧在那个时期逐渐取代农耕成为当地的主要文化形态。

"到了清代，草原上建立了盟旗制度，游牧的范围被划定了界限；到现在，牧民基本游牧不起来了。"吉木德道尔基教授说。

我决定去巴拉沁老人的牧场上看看。车出苏木，草原上静悄悄的，一个多小时的路程几乎看不到任何牲畜，也没有野生动物。开车的大哥叫哈斯巴特，他现在是巴音布日图嘎查的嘎查长。"这里是冬季牧场，我们嘎查的牲畜现在都在夏牧场，在乃林高勒那边。"哈斯巴特大哥说，"游牧这个东西最科学，到了季节你不走，牲畜都要走。这边夏季蚊虫多，牛待着不舒服，到换季的时候，它们自己就往那边走了。"虽然每家都只分到一小块牧场，但是巴音布日图嘎查的牧场比较宽阔，牧民可以在冬牧场分一块，在夏牧场分一块。

在去往布日图湖的路上，哈斯巴特不断地停车，将地上的草、路边的柳树丛指给我看，告诉我哪一种草可以解渴，哪一种草可以治病。他还将一颗根很浅、茎秆很粗的草掰下来，剥开茎秆的皮，让我尝它的芯子，那是一种水分含量很高的草，酸酸的，味道有一点怪。这是块湿地，水分丰富，生长着含水量丰富的草种，牛羊马吃了这种地方的草可以补充水分，就像在喝水；有些地方，气候干燥，甚至有盐碱，牛羊吃那里的草就像在吃咸菜。水草和碱草要搭配起来吃，而它们的分布区可能相距几十上百公里远。草场分到各户后，有人分到的草场只有水草，有人分到的草场只有碱草。这种区别，外来的人是不会轻易看出来的。

短短几十年时间里，内蒙古草原发生变化的何止是草场，大量野生物种悄悄灭绝，许多地方的牧草变成了庄稼，连家畜也发生了巨大的变化。蒙古族传统上驯养"五畜"，即马、骆驼、牛、绵羊、山羊。其中，马和骆驼的活动范围很大，养一群马至少需要上万亩草场。但并不是说这上万亩草场只能养马，马可以和小畜分享草场。马喜欢吃最顶梢的青草，它们跑过去吃过后，羊可以跟在后面吃。但是草场划分以后，供养马和养骆驼的整片草场变得很少，牧民们便渐渐放弃驯养大型牲畜，不仅马和骆驼，连牛也减少了。"牲畜品种单一化很不好。"哈斯巴特说。当我不解地问他这是为什么时，他嗫着牙发愁地看着我，似乎我在问他1加1为什么等于2——这个问题还真不好回答。"哎！骆驼吃那些比较硬的草，现在没有东西吃，这样不好……"牲畜的单一化，使草的品种也变得单一化，虽然看上去都是绿油油的草原，但是不一样了，只有本地的牧民能看出来，草原不健康了。

我们路过哈斯巴特家的牧场时，他把车停下来，让我看他牧场上的一只小狍子。在沾满露水、白雾缭绕的草原上，远远的一只孤伶伶的似鹿非鹿、似羊非羊的小动物静静地站着。"它一直在这里，已经3年了。"哈斯巴特说。"几年前，这边的山坡上还有15到20只的一群，现在就剩这1只了。"

打猎是不合法的，但却是这个地方无法祛除的顽疾。在过去的三十到50年时间里，各种野生动物群落都消失了。20世纪60年代，这里的牧场上有50多匹一群的大狼群活动，那时巴拉沁老人也参加过打猎，他是一名优秀的猎手。他的前辈反对打狼，年轻时候的他还不理解。后来发现，狼可以防止牲口中疫病的流行——有病的牲畜很快被狼吃掉，病源就不会继续扩散。比起现在用西药防治疫病，狼的作用更加绿色和健康。但是，狼的数量迅速减少了，到1998年，巴拉沁老人还见过10多匹成群的狼，到去年只听人说在一个地方发现了4匹狼，实际上狼已经绝迹了。草原上曾经有数不尽的黄羊，现在也没了踪影。今年雨水好，有一些黄羊跳过边境线，从蒙古国来到满都宝力格地区，但是很快被打光了。除此之外还有旱獭，它是蒙古人传统生活中除五畜之外最重要的动物——皮可以用，肉可以吃，油也可以用。以前蒙古人曾依靠草原上大量的旱獭度过灾年。现在，只是偶尔的，一户牧民上万亩的草场上还会出现三四只獭子，牧民都拿它们当宝贝保护，生怕外人知道。

"有枪的人打的。"哈斯巴特说。"谁是有枪的人？"我问。"反正不是牧民。"他笑着说，笑得有点神秘，仿佛在说一个尽人皆知的秘密。传统上蒙古族牧民也打猎，但是打了3 000年，草原上仍然有狼群、狍子群、黄羊群和獭子山。丰富的野生动物资源受蒙古古典法律保护。在过去的50年里，牧民手上的枪陆续以防止打猎的名义被收缴，但是野生动物也灭绝性地消失了。

另一种威胁在草原上也日渐突出。草原地广人稀，如果要在草原上开一处矿山，需要搬迁的牧民很少，土地占用费相当低，一亩地常常只要几十元钱，最便宜的时候甚至只要2元钱。众多的采矿者蜂拥而入，因为他们能给旗里、盟里带来可观的财政收入，牧民在保护草场反对开矿的问题上总是处于劣势。我们路过一个铁矿山的时候，哈斯巴特把车子开上一个高坡，山顶已经被削平，寸草不生，远远地可以望见一个占地数百亩的污水池。这个铁矿一共打了11口井用于洗矿，有了这11口井，山那边的布日图湖就日渐干涸了。

　　布日图湖曾经湖岸清晰，湖盆里长着草和芦苇。现在的布日图湖蚊虫很多，没有天鹅，也没有其他水鸟，湖干了以后，鱼类都死光了。今年雨水大，干涸的湖底新形成了两片不相连的水洼，但依然养育不了水鸟。意外地，我们在湖岸另一侧的湿地上，远远地看见了两只蓑羽鹤，这是一种小型的鹤类，却是这里难得一见的大型鸟类。风吹着长长的草，遮住它们的半个身子。我们举着照相机，深一脚、浅一脚，踏着满地的水试图靠近它们，离着还有数百米的距离时，它们就展翅飞走了。这片湿地也是牧场，蒙古人一直乐意与各种野生动物分享他们的牧场。

　　"有了网围栏以后，去哪儿都要绕着走，马走起来太辛苦，很多人都心疼马，就改骑摩托车，我们的传统就这样丢掉了。"当初浩斯嘎拉图说这话的时候，我并没有太理解，不骑马很重要吗？除了蒙古人心心念念的马，还有什么传统流失了呢？

　　2009年初，我在呼伦贝尔草原曾采访过一位名叫吉德木德的老人。他出现的时候，我正在一个奶茶馆里。老人穿着灰色的蒙古袍，外罩一件狼皮短外套，腰里别着刀。同来的蒙古族干部感叹说："你看老人多么重视你。穿这样的衣服来见你。"我深感惭愧，我并没有做什么，我记录下来的跟老人一生的经历相比不过是九牛一毛。老人消瘦而硬朗，带着一副眼镜，很健谈。他年轻的时候是个出色的马倌，那曾经是草原上最受尊敬的职业。后来，他又被委任了一种重要的职务"努图克沁"。努图克沁是专门管理草原的人。一个优秀的努图克沁可以认识三四百种草，可以根据云彩的变化判断天气，根据野生动物的迁徙判断当年的年景，预测雪灾、洪水、旱灾和风灾。过去，牧民迁场前都要由努图克沁先去勘查草原，看哪里的草长得好适合度过下一个季节。但是现在老人的经验已经没用了，草场分到各家各户后，牧民无法搬出自家的草场，也不需要人勘察草原了。

"现在三四十岁的牧民放牧真是乱放，七八十岁的老爷子还真有两下子，但是又没人听他们的。现在当家的牧民都是六七十年代长大的，他们受的都是批判父辈的教育，老一辈很多放牧的技术都没继承下来。"年轻的牧民宝音说。宝音就是这么个不太会放牧的牧民，他很少参加家里的劳动，经常去外面学习，在本地区调查，走访牧户，还弄来电脑和网线，建了草原信息站。

宝音的家在东乌旗西边的额吉淖尔，过去的额吉淖尔苏木就在盐湖边，现在撤掉了，并到40公里以外的哈日高毕。苏木的南边有一所学校。学校已经被撤销了，空荡荡的校舍划给宝音做信息站。宝音只需要其中的两间小教室，其他整整三排房子都空着。洁白的少先队员吹号的雕像还立在操场的旗杆旁，这里已经没有学生做操了。

宝音见到我后就缠着我给他写宣传单，让牧民重视孩子的教育问题。他说现在实行九年制义务教育，孩子们从小有将近十年的时间在城里上学，每天坐在教室里不参加劳动，长大了什么活都不会干，也不能在城里就业，希望牧民们重视这个问题，至少让孩子们利用假期多多参加劳动。

3年前，内蒙古开始撤并学校。苏木、嘎查的中小学校全部撤销了，有些原来甚至是自治区的重点学校。学校撤销后，孩子都必须去旗里、盟里上学，有些孩子的家距旗里有四五百公里远。家长则不得不放弃牧场上的劳动到城里去陪孩子，由此要缴纳房子租金、花几百公里来往路费，使本不富裕的牧民的经济雪上加霜，父母两地分居还造成更多的问题。过去男孩子长到十几岁就骑上马去放牧，长辈们通过他们的表现，挑选未来的马倌，现在有些十几岁的孩子竟然还没有见过马，以为马是图片上那些不动的东西。

教育，是当代牧民面临的最重要的问题之一。很多牧民家里有广阔的牧场，上千的牲畜，完全有条件传给下一代，却面临无人可传的境地。孩子们都在城里上学，从小远离牧场，毕业后尽管能留在城里，能选择的职业却只有开蒙餐馆、唱歌跳舞和当保镖这三种，很少有人从事对改善牧民生活有价值的行业。现代教育对草原未来的作用如此苍白。

在满都宝力格苏木时，巴拉沁老人曾这样告诉我："教育首先是本民族的东西：文字、文化、父母教的做人的道理，然后才是别的东西。"他希望孩子能在家庭和草原的文化氛围中成长，通过家庭教育，将众多的知识从上一代传到下一代。

从巴音布日图嘎查的冬牧场到夏牧场乃林高勒，大约有80公里的距离。一进入乃林高勒，气氛明显不一样了。山头上到处是羊群，像绣了满地的白花，几乎每过一个山坡，就有一个蒙古包。我们在一个蒙古包中歇脚、吃饭，这个包的主人叫那木吉勒道尔吉，是这里的羊倌。"如果草场不分，这里可以养育更多牲畜。"那木吉勒道尔吉用他那种蒙古人特有的忧郁目光透过蒙古包矮小的门注视着牧场。牧场青绿青绿的，远处是山，晨雾中有点苍翠，近处是一片巨大的向下倾斜的洼地。1700多只羊生活在从那边山头到这边山后的广阔土地上。今年丰富的雨水给了土地丰富的绿。

那木吉勒道尔吉不是本地人，他来自锡林郭勒盟南部的正镶白旗，那里的自然条件本来要比东乌珠穆沁旗好，年均降水量大一些，但是由于离汉族地区较近，大量移民涌入，很多土地被开垦为农耕地，人均草场面积很小，只有三五百亩，大约相当于东乌旗人均草场面积的1/10，已经完全不可能四季搬迁，草场退化现象也非常严重。六年前，那木吉勒道尔吉为了孩子们的学费随熟人北上，来到了牧场宽广的东乌珠穆沁。在这里，那木吉勒道尔吉找到了他童年的草原。不能说那木吉勒道尔吉是自觉回归游牧，但至少是自愿的。

那木吉勒道尔吉住着自家的蒙古包，赶着牲畜四季搬迁，这里距离秋营盘35公里，距离冬营盘80公里，虽然迁场的路上要路过很多别人家的土地，但这里民风还好，没有人收过路费。

浩毕斯嘎拉图也挺幸运。他那一次迁场，本来应该交一笔巨额过路费的，可是他面子大、有名气，并没有花买路钱。浩毕斯嘎拉图选育的种公羊在种羊大赛中得了第一，成了牧民中远近闻名的人物。他是哈日高毕嘎查的嘎查长，为恢复游牧作了革命性尝试，说起来也是巧合，"浩毕斯嘎拉图"在蒙语里的意思就是革命。

1999年~2001年，哈日高毕嘎查遇到了连续三年的旱灾，到了2003年又遇到了一次小型旱灾，全嘎查一下子有40多户变成了贫困户。嘎查里比较有头脑的牧民觉得不能再单干下去了。在浩毕斯嘎拉图的带领下，牧民们开始筹建合作社，最早的合作社只有8户牧民。现在已经发展到五六十户。合作社最先开始做的并不是拆除网围栏，合并使用草场，而是建成了一个200亩的青饲料基地，这是当时政府支持并提倡的项目，在当时为旱年牧民草料不足解了燃眉之急。但是青饲料基地是在干旱草原上种植草料，耗费了比内地多得多的水，而这里是最缺水的地方，无疑给草原生态造成了新一轮的破坏。建青饲料基地只是没办法的办法。

接着，浩毕斯嘎拉图做了一件"单打独斗"绝无法实现的事情，就是选育种畜。乌珠穆沁羊名声在外，但是单户人家繁育的种羊三四年就不能再用了，因为近亲繁殖会造成退化。于是浩毕斯嘎拉图把大家组织起来，形成各家种畜交流机制，如此羊的品质可得到改善，牧民收入也增加了。一只肉羔的价格约三百元，而种羔要卖四五百元。浩毕斯嘎拉图希望以后他们嘎查只卖种羊，不卖肉羊，这样就可以减少放牧，减轻草场压力。

除了牧民间的互助合作、临时性的分工协作，浩毕斯嘎拉图还倡导成立哈日高毕牧业协会，为牧民统一购买药品、草料，节约生产成本。协会还准备把劳动力集约使用，有专业的牛倌、马倌、羊倌。其实，不单是浩毕斯嘎拉图所带领的嘎查，21世纪初很多牧业草场的牧民都组成了各种形式的牧合组织，这是牧民们在市场经济条件下对游牧文化传统的回归。

浩毕斯嘎拉图带领的协会里的牧民一致认为，恢复游牧是保护草原生态环境最有效的办法，虽不指望还能像过去那样一百公里、上千公里的游牧，但是大家觉得在嘎查范围内拆掉一些网围栏，按季节合理使用草场可以在经济、生态等方面起到积极作用。

"围在网围栏里，羊就是不吃，走来走去也踩啊！"浩毕斯嘎拉图说，

"现在都盖房子了，人是搬不动了，但是牲畜可以动。"但是现在想恢复这样的游牧也很艰难，因为不是所有牧民都参加协会；协会成员间的牧场还不相连，无法拆除网围栏；牧民的牲畜数量也不同，草场的面积和质量也不同，怎么折算是个很复杂的问题。虽然道路还很遥远，但是协会已经成功帮助牧民减少了投资成本，增加了收入，增加了抗风险能力，恢复游牧的努力仍然在继续。

2008年10月

再访奶牛村

还记得海热吗？我前面讲到过的那个小姑娘。生活在锡林浩特边的奶牛村里，那里是政府建立的定居点，把牧民从草原上搬出来的定居点，也就是我们常听说的"围封转移"。从东乌旗调研完毕以后出来，我再次去了奶牛村，去看我惦念的朋友。

我之前已经到奶牛村去过两次了，一次是奶牛村刚建的时候，时间是2005年春节，一次是一年后，我正好利用过年时间去采访西乌旗的牧马人。那时候我的朋友萨日娜告诉我她的表妹家围封转移了。我在萨日娜的家里第一次见到乌云花和她的丈夫哈斯，他们是一对俊男靓女。他们有个小女儿海热，也是个很漂亮的小姑娘。因为过年，一家人穿着考究的蒙古袍，金光闪闪的。我从西乌旗回来后，跟着萨日娜的姐姐姐夫在锡林浩特的近郊转了转，晚上去了奶牛村。奶牛村就在锡林浩特市北边的敖包山后面。他们家在最后一排院子里。当时还没有盖房，把牧场上的两个蒙古包搬过来，住在蒙古包里。包里的火烧得很热，我们连毛衣都穿不住。乌云花给我盛上热腾腾的羊肉面条，感觉非常温暖。他们家原来有500多头各种牲畜，已经卖了，买了3头奶牛，奶牛很贵，500多头牲畜的钱都不够买3头奶牛的还贷了款。那时奶牛放在牧场上了，她妈妈的牧场还可以放牧，所以没有把牛放在村子里。当时围封转移还是个新词，我们大家对它充满争议，但直觉上觉得它破坏了蒙古民族的传统文化，可它是不是会带来经济上或生态上的好处，我们也不知道。

第二次访问奶牛村是在第二年秋天。让我非常惊讶的是，美丽的乌云花竟然变得像个小老太太一样，海热也变成了土土的农村女孩。他们家的院子里有堆积如山的草料，两头蔫头耷脑的奶牛卧在院子里。很多年轻人聚在一起讨论今年草料的价格，他们说黄旗受灾了，今年的草料特别贵，他们那样讨论大概是想把草料往那里卖。萨日娜的父亲告诉我，现在养奶牛不合算，奶牛比本地的牲畜能吃，他指着窗外的草料捆给我算账，1头牛1天吃掉多少草料，一捆草料多少钱，最后算出1头牛1个夏天的草料开销就是2 000块。现在乌云花家的奶牛都是2岁口的小母牛，还没有下小牛犊，所以没有奶，只能白养。乌云花家还算好的，草场上让打草，所以有草料，还有3头牛放在妈妈的牧场上代养，省去很多草料费。他们家把牧场上放牧时的积蓄拿出来盖了房，牛的贷款没有还，还要再白养1年。现在他们留在奶牛村的唯一动力是海热，因为政府说，离开草原的牧民的孩子都可以免费上学。不过他们不知道这个政策能持续多久，可是海热还小。回北京以后听说，锡盟的奶牛户现在都成了贫困户。从那时起我一直很挂念乌云花一家。

现在乌云花他们这样的人有一个新的称谓了，他们不再是牧民，而是"奶农"，养奶牛的农民，他们住在村庄里，用农民养牲畜的方法饲养奶牛，用农业的经营方式经营牛奶。我们从东乌旗坐车将到锡林浩特的时候，发现锡林浩特市北边开挖了巨大的露天矿。虽然蒙古族有句古老的谚语："北边一挖土，幸福就带跑"，但是这两个巨大的矿坑就在敖包山的北面挖开了。以前，从北面进入锡林浩特时，远远看见敖包山就能感觉到一阵温暖，现在敖包山和巨大的矿坑相比已经渺小得不能再渺小了。我们经过矿坑附近时，看见了很多奶牛，当地的奶农把牛从家里赶出来，吃矿坑附近残存的一点青草。他们一定是草料不够了。奶牛拖着沉重的乳房，在尘土飞扬的矿坑边吃落满灰尘的并不是牧草的一些硬硬的草。

我在萨日娜家吃过晚饭，萨日娜的父亲开车，我们又路过矿区，到了奶牛村。村子里土路依然。乌云花家的情况似乎比几年前好些，窗明几净，有一台很扎眼的大彩电。他们的牛产奶了，还下了小母牛，贷款免掉了一些，他们说等够了10头牛就可以进入正常的循环了，现在还不行。哈斯说，养奶牛的还是汉族人赚钱，他们这些围封转移的牧民都不行，因为这么养奶牛得上规模，最好养几十上百头，有自己的奶站才可以。现在他们这样养赚不到钱，只能勉强求得收支平衡。乌云花家的情况其实有一点出乎我们意料，他们的生活还过得去，而且经过调整比前几年还要好一些。很多奶牛村的牧民都已经跑了，跑回草原了，或跑出去打工了，乌云花一家却在奶牛村住下来，还有很漂亮的大彩电。海热长大了，长得很漂亮，还参加了自治区的歌舞比赛，获了奖，说不定这孩子会进城，走牧民常走的那条路——做一个演员。海热还多了个小妹妹，乌云花照顾着小孩子，他们还在努力地把生活经营好。

　　一户牧民的生活因为一个政策完全改变了，他们经过调整，适应着这种变化，虽然还亏钱，但是他们还是很顽强地适应着。这种适应并没有把他们带入一个良性循环，仍然是年年亏损，牧民亏，国家也亏，只有当初卖牛给他们的人和包走他们草场的人才有机会赚钱。草场已经回不去了，作为普通的牧户，除了适应和逃跑还有别的选择吗？

2009年2月

杭盖

满山野果随你采，只求不要改变我的杭盖……

星星塔拉度假村

内蒙古师范大学的海山老师告诉我，克什克腾旗有一个嘎查没有分草场，那里的牧民还在游牧。我不太确定这个消息是否准确，我几年前去过克旗，那里的夏天虽然有人带着蒙古包走，但是冬天都是集中住在"营子"里，那里大约曾经驻扎过很多军队，所以有把村庄叫做"营子"的习惯。但是我决定去看看，我到现在还没有找到比较完整的游牧文化保留地。而那个传说中无限美好的东乌旗已经是那个样子了，不知道其他地方还有什么希望？

克什克腾旗和锡盟不一样，锡盟土地平旷，山峦大起大伏，几乎没有树，草色微白，更显得大地辽阔苍茫。克旗草色油绿，山峦秀丽，有松林、湖泊、河流、草原、沙地，时而有小山隆起，时而有河谷宽阔，时而草原开阔，时而是树木稀疏的沙地。有了这样的自然景观，克旗极适合旅游业发展。进入克旗境内不久，路边就出现一个接一个的度假村，有的是蒙古包群落，有的干脆在草原上直接盖起一座楼。我并不清楚我们要找的还在游牧的嘎查在哪里，不过我们直奔白音敖包风景区去了。

到了风景区，我们被带到星星塔拉度假村。在那里，我们见到那个嘎查的书记，宝音贺西格。星星塔拉度假村我以前来过，那时只有一排砖房和十几个蒙古包。有一个很大的蒙古包给我印象很深，大概15个哈那。度假村的前面有一个小湖，后面的山包上磊着个敖包。我们晚上在度假村吃饭时，几个汉族小姑娘穿着蒙古袍，一边唱歌一边逼着客人喝酒。

几年过去了，这个度假村已然鸟枪换炮，那个大蒙古包不见了，取而代之的是一个砖砌的圆形房子，是现在的厨房。厨房旁边，有了一个巨大的宴会厅也是圆形的，一楼是大厅，二楼是许多小包间。一楼大厅有巨大的窗户，从一侧绵延至另一侧，透过那窗户看到草原和小湖，比任何壁画都要漂亮上百倍，这是这个度假村里我唯一觉得可取之处。两旁的空地上，立着几十个"蒙古包"。那些蒙古包都是砖砌的，刷得很白，绘着蒙古包的图案，正面是个大玻璃窗，远看像个张开的大嘴，里面是个标间，有两张床和一个卫生间。很搞的是，这些砖砌的蒙古包没有天窗，天窗的位置插着苏鲁锭，远远看去是非常古怪的一排建筑。蒙古包最重要的功能是可以搬迁，但游客不需要搬迁，度假村也不需要，蒙古包需要天窗，游客不需要，蒙古包没有张着大嘴的窗户，但是游客需要采光、需要观赏风景。这就是旅游业，有人说旅游业能保护传统文化，其实是扯淡。游客需要的是猎奇，旅游业经营者做的就是把文化符号化堆砌。堆砌的同时在这种文化的本乡本土把它践踏了。

宝音书记请我们在那个巨大的圆形建筑的包间里吃饭，有酒有肉一大桌，一路上一直吃住在牧民家，几乎没有喝酒，夏天里牧民也很少吃肉，吃肉也是用带油的干肉做点菜吃。现在面对这么一大桌，每个人都倒上了啤酒，好几大捆啤酒被放在旁边，大有推杯换盏的意思，我担心主人弄错了，我们不是北京来的官员啊！酒桌上很多客套话，度假村的经理也来敬酒，原来度假村用的是这个嘎查的土地。

酒后，度假村为我们在宾馆里开了两个标间，宝书记来房间跟我们谈他们嘎查的情况。他们嘎查原有100万亩草场，其中一部分是红衫林，20世纪50年代，建了林场，林场占了80万亩，这样牧民挤在剩下的20万亩上，因为牧场太少了，所以一直没有分。尽管这样，他们也对外声称分了，因为国家的规定在那，谁不分草场就是不跟中央保持一致。

下午，我们去度假村后面的敖包山上看了看，那敖包是假的，歪着堆在山顶，和如今规模宏大的度假村相比，也显得很渺小，很不正规。

我决定留下，明天去看看本地的牧场，看看没有分牧场的牧民怎样生活。牧场上有个叫宝音达来的人，他的亲戚——北京的蒙古学教授贺希格陶克陶老师也在牧场上。我有点担心，宝书记名叫宝音贺希格，牧民叫宝音达来，教授叫贺希格陶克陶，如果我将来写文章给没有蒙古文化背景的人看，他们会不会晕了。

我和周维暂时被安排在度假村的宾馆里，一天四百多元的房费，让我们俩都担心经费问题。

贺西格教授

贡格尔塔拉名声在外，因为旅游业。从贡格尔塔拉走出来的贺希格陶克陶教授很少有人知道，虽然他是世界著名的蒙古学家。他曾经获得蒙古国颁发的大奖，获得那个奖项的蒙古学家全世界只有十人，中国只有贺希格陶克陶教授一人。

第二天早上，宝音的弟弟一大早开着车来接我们。穿过宝音敖包下的云杉林区，在林子的边缘，开阔的草原地区，我们见到三个蒙古包，宝音的家就在中间的那一个里面，宝音的弟弟住右边那一个，那么第三个呢？我们在宝音的蒙古包里小坐，了解本地游牧的情况。宝音忽然问我们，你们不想见见贺希格老师吗？他在哪？我们有点惊讶。他就在旁边那个包里。宝音回答。这种感觉真是很意外，我们虽然知道贺希格老师在牧场上，一直有一种云深不知处的感觉，现在忽然知道他就在近前。我们从宝音的蒙古包出来，进了贺希格教授的蒙古包。他笑着欢迎我们的到来，我们问他是不是也是来草原考察的？他说不是，这就是他的家，宝音是他的侄子，这个蒙古包就是他的家！一个世界上重要的学者竟然还在草原上有一个住蒙古包的家！这才是真正的蒙古人！蒙古人原本的生活就应该是这样的。

跟贺希格教授一起喝上茶，他开始给我们讲宝音家附近的草原，讲白音敖包山。白音敖包山透过贺希格教授家的门就可以看到。"你们看着这敖包山有什么感觉？"他问。我摇摇头说不知道。"你没有那种很神圣，被感动的感觉吗？"我有点不好意思，我第一次接触白音敖包是作为一个旅游项目接触的，所以没什么感觉，我后面遇到很多敖包山，心里也会有神圣和被感动的感觉，但是对白音敖包却没有。他轻轻地摇摇头说："这敖包山就是给人那样的感觉。我从小就在这山下，我就是这嘎查的小学里毕业的。这地方多好啊！这么看着有多好！"

喝了一会儿茶，贺希格教授带我们去附近走一走。话题离不开蒙古人那些糟心的事情：白音敖包山上原来有密密层层的森林，蒙古人世代居住在这里，世代守护着森林。过去大家夏天在草原上放牧，冬天就到林子里面。20世纪50年代一支外面来的"护林队"来到这里，把大片的森林划归了他们，牧民不能再进去放牧，他们护林队一人拿着一把斧子，上山砍树，现在这山上的树已经很少了。这里的树是一种很珍贵的红杉树，现在越来越少了，说是要保护，可是现在因为这种树树形漂亮，又把小树整棵的挖起，卖到城里去。现在的白音敖包山已经光秃秃的了，也就是山下还有一点树。现在政府又出了公益林项目，把牧民们剩下的20万亩草原也划成了公益林，说是以后就不让牧民放牧了，现在大家都不清楚这个嘎查的牧民的未来将会怎样？这20万亩草原原本不是林场的，而且自古不生长树木。现在国家拨发的公益林补偿款，牧民也没有得到一分，都让林场拿走了。

我们朝另一个方向走，走到一条小河边。这小河弯弯曲曲的，这就是著名的贡格尔河。河水清澈，河底有点发红，这是因为上游有个铁矿，一直在向这条河排污。

感叹一番后，我们又走到一个红砖的圆圈边上，教授告诉我们这是宝音家的冬营盘，这些红砖其实砌成一个火炕，热气可以在下面游走，冬天的蒙古包也是暖和的。贺希格老师又说："这地方多好啊！"贺希格老师去哪都走得很快，我们一路照相，一会儿就被他落下。他带我们看了宝音家的羊圈，羊圈地面黑黑的，不长草，老师说这块地挖出来都是好燃料，羊粪砖挖走以后过几年才会长草。羊圈边，有一个半地下的窝棚，里面有不少工具，那是过去宝音家羊倌冬天住的。

我不确定我是否找到了游牧文化比较完整的存在，只是在这片危机四伏的土地上又听见贺希格老师感叹说："这地方多好啊！"

白音敖包

白音敖包是个很有名的敖包山，关于它有不少故事。最近的一个发生在20多年以前。白音敖包原来是个重要的敖包山，但是解放以后，这个敖包山一度被认为是封建迷信，被拆除了。在敖包原来的位置上，林场盖了个望火楼。就这样年复一年，过了很多年，似乎人们已经把敖包山遗忘了。

文革结束以后，有人提出要恢复敖包山，但是上面不同意，还是有人说敖包是封建迷信。一个夏天的夜里，牧民们突然上山把望火楼拆除了，把敖包重新磊起来。这一天正好是7月1号。这一下事情闹起来，有人说这是跟党过不去，派了工作队下来调查。工作组驻进嘎查里调查。嘎查里8岁的孩子到80岁的老人都说自己是领头的。大家都知道这事关系重大，领头人一旦被抓出来肯定重判。工作组查了半年，还是查不出来，但是牧民也没有办法过踏实的日子。大家辗转上访，把官司打到乌兰夫那里。乌兰夫听说以后，立即批示：这是人民内部矛盾，不能抓人，抓了人要赶紧放，工作组立刻撤出。就这样这个风波结束了。直到今天人们仍然不知道领头的人是谁。我问宝音贺希格书记领头人究竟是谁？他眯起眼向我笑着，我意识到问错了——实际上大家仍然心有余悸，不敢说出来。只有白音敖包静静地立在山顶，保佑着这片美丽的草原风调雨顺，水草丰美。

杭盖

北方茂密的大森林，洋溢着富足和安详，
露水升空造云彩，生机勃勃的杭盖。
蔚蓝色的杭盖，多么圣洁的地方，
满山野果随你采，只求不要改变我的杭盖。

布仁巴雅尔这首《迷人的杭盖》赞美森林和草原的边缘，蒙古族人传统上美好的生存环境。今天的中国境内，可以称之为"杭盖"的地方已经很少了，白音敖包嘎查算是其中一个地方。这里有山，山上有森林，山下是草原，草原上有条弯曲的河。符合构成杭盖的一切特征。在过去上千年的时光里，蒙古人守护着这片土地，"只求不要改变我的杭盖"是游牧人对这片土地的态度。在过去，冬天草原上风大。牧民在草原上度过夏天，冬天把牲畜赶到温暖的森林中。夏天森林中虫子太多，牲畜会不舒服，这是这个地方游牧的规律。我听说，在蒙古国，有些地方的情况相反，因为那里的草原上没有河流，没有水源，所以夏天，牲畜在有溪水的森林边，冬天牲畜赶到下过雪的草场上。这样的生活经历了很多年，很多年过去了，草原依然青翠，森林依然郁郁葱葱。这种生活对于白音敖包现在两三代的牧民来说，已经生疏了。但年长一点的牧民都还记得很清楚。

　　在宝音家吃过饭，我们坐上车子，到林区里面转一转，林区的另一头，有个铁矿，在贡格尔河的源头，据说铁矿一直在向贡格尔河排污，我们决定去看一下。

　　进入林区，空气立刻变得润泽起来。周围开着各种各样的野花。紫色的，一大串一大串，白色的铺满没有树的山坡，风一吹在青草间摆动，像无数眼睛在眨。有花的地方有一种巨大的昆虫在飞，起初我们以为是蜜蜂，后来发现是牛虻。这些昆虫都长得苍蝇的形状。有三个普通苍蝇大，落在人身上，隔着衣服就能咬。我们在路边发现巨大的土坑，是整棵的红杉树被刨走以后留下来的。现在人们发现红杉树的树形很漂亮，适合城市绿化，甚至适合做圣诞树，于是出了这个新买卖。

　　白音敖包林场是大兴安岭的余脉。狭长的一条，走着走着，我们忽然出了林区，走到一条公路上，昨晚住过的度假村又出现在公路侧面，顶上戳着苏鲁锭的古怪的"蒙古包"排成阵型立在巨大的圆形建筑两侧，招揽着路过的游客，近处，一片清清的湖水。"这个地方原来就是宝音家的牧场，这片湖水原来是一口井，有一天井里冒水形成了这个湖。这在我们蒙古人是非常吉祥的事情。但是度假村看上了这片地方，硬要宝音家搬迁了。"贺希格老师说。

车子越过公路，进入公路的另一边，先是草原区，然后是林区。贡格尔河在这里水蚀出河谷，虽然河水很小，但是河谷很深很宽，河谷的侧面坡地上有一块一块的斑秃，露出很多黄沙。那里原来也是宝音家的草场，后来让林场占了，不让牧民放牧，但是防火队搞三产，在这里放牧，20年的时间就把草场放成这样。"我们牧民是不会做这种事的。我们放了好几百年也没这样，他们占了倒好好经营啊，二三十年就这样了！"

车子再次进入林区，林区里没有路，不过伐木的车辆早已压出两条车辙，我们就沿着这个车辙往前开。开了很久只看到满眼绿色，满地鲜花，周围是深而茂密的草丛，我们虽然感叹各种破坏，我们这些外来人还是觉得这里的风景足够美丽。直到我们听见贺希格老师一声感叹："哎呀！都没有了！原来这里面有一群一群的鹿，现在都没有了。"我们的司机，宝音的弟弟听到后也说："是啊！二三十只一群的我还见过呢，都打光了！林场的人有枪。"忽然，他停下车，"就是这个！"他说。我们很奇怪，不知道他发现了什么，下了车去看，成群的牛虻围着我们。原来路边的山坡上有4个大洞，很大很深，进去一个人站在里面毫无问题。洞的周围已经长满了草，不太容易发现。不过当地人的眼尖，一眼就看出来。这是以前猎鹿挖的陷阱，现在已经废弃了，所以上面没有铺东西。

继续走下去，林场的美景不再能吸引我的注意力，一捆一捆的白桦树堆积在路边，这些是新采的。采伐下来的白桦树间出现两个窝棚，我们很好奇，下去一探究竟。两个工人走出来，警惕地看着我们，他们都不是本地人。他们做的工作就是切碎木头，把白桦树粉碎成小片。我们问他们是做什么用的？他们说，小的拿去种蘑菇，另外那些是卖给正蓝旗的造纸厂的。

正蓝旗的造纸厂真是草原上的噩梦。它当年在保定，因为严重污染被关停，就迁到了东乌旗。在东乌旗干旱的草原上，把宝贵的水资源变成了污水。污水渗到地下，污染了地下水，大面积草原寸草不生。当地的牧民达木林扎布和造纸厂打了很多年官司，终于把造纸厂请走。但是污水湖至今还留在东乌旗的草原上。这个造纸厂从东乌旗搬走后，就迁到正蓝旗。继续污染着正蓝旗最好的草场，也污染着北京的水源地。但是它的各种环保指标检测都通过了。周维在到东乌旗之前，去正蓝旗了解了造纸厂的情况。造纸厂说他们的原料全部是城里收来的废旧报纸、纸箱、纸盒。但是现在，我们却找到了他们的原料——浑善达克地区森林里的白桦树。这个造纸厂在东乌旗几年让一个曾经水草丰美的湖里的芦苇荡然无存，现在他们正在蚕食白音敖包的白桦树。

我们在林区里转，不觉从白音敖包林场进入黄岗梁林场。走着走着，前面有座很高的山，绕上去，后面是一片开阔的水域——一个水库。水库边围着网围栏。里面有养鱼插的标记。想不到贡格尔河那样细小的河竟然能支撑起这么大一个水库。这个水库使贡格尔河下游的达里湖的水面缩小了，湖岸边出现许多沙地。中国人这么热衷于修"水利"怎么办才好呢？这些水利工程导致黑河断流、居延海干涸、罗布泊消失、民勤沙化。但是又怎么样呢？我们只是看着一个又一个水利工程在草原上拔地而起，把草原上细弱的河流截断，让无边的草场失去母亲河的滋养。其实根本原因只有一个，水利工程是可以赚钱的，谁也没法卖天然河流里的水，但是谁修了水库谁就可以卖水库的水。

我们在森林中穿行，一路向前。成群的牛虻追随着我们的汽车，像追随一头奔跑的巨兽，那只是它们的习性，它们有追随像动物一样移动的东西的习惯。在一个山谷中，我们看到山头上树木像被推子推过的头发一样有几道明显被砍伐过的痕迹。这是这里砍树的方法，一长条的山林，不管大小树木，全部砍光，据说这样作业起来比较方便。当年刚刚跟俄罗斯恢复关系时，中国的伐木工人曾经被允许到俄罗斯伐木，很快他们发现中国工人的这种砍树方法，就中止了合作。因为太破坏环境了，西方的伐木业都是把粗壮的树木挑出来，把小树幼树留下。他们为了不破坏周边的树木甚至用直升飞机把树木吊出来。但是在这，这种竭泽而渔的伐木方法仍然普遍盛行。

黄岗梁林场的树种已经变化了，不见了那种珍贵的红杉，也不见白桦，但这里的树种会不会有一天也变得很珍贵，谁也不好说。

我们终于走到贡格尔河的源头，源头有道水坝，水坝里有一间小房子，里面有水泵，污水花花地从里面流出来，再往上走不远，就可以见到排污口，灰红色的水从里面冒出来。不远处的地面上有一个清水的泉眼，那就是贡格尔河的源头之一。泉眼的水和污水在小房子那里混合，一同流入贡格尔河。我们取了水样，污水口的水、泉水、小房子里面流出的水分别取了样。后来我们也去化验了，但是面对一大堆化学数据我们毫无办法，不知道他们的含义，也不知道能做什么。

从排污口下来，我们上了一条公路，黄岗梁林场和铁矿的种种建设成果立在公路两边。方方的小楼、巨大的水管，推土机正将大片山林夷为平地，修建公路。这里已经感觉不到一点蒙古文化氛围，很像是在东北的哪个基地。铁矿带来的方便是这里有很多班车去旗里，我们于是和贺希格老师、宝音达来告别，去往旗里。从那里转往呼市。

关于游牧我到底找到了什么呢？牧民所剩的20万亩草场已经划给了林场，作为公益林区，原来的林区已经砍伐得只剩不到一半。这迷人的杭盖还能存在多久呢？

刚更湖畔的黑牛

在贡格尔草原上，有一个美丽的湖叫刚更淖尔，湖畔曾经生活着一种黑牛，这种黑牛适应本地寒冷的环境，牛肉的味道很独特，而且据说很漂亮，是一种罕见的优秀品种，曾经在蒙古族地区非常出名。但是它有一个缺点，就是个子小，产肉量低。在推行新品种改良的过程中，这种牛被作为经济效益不好的牛改良掉了。

我们到达贡格尔草原的时候，草原上有很多橙红色带白花的西门塔尔牛。从东乌珠穆沁到克什克腾，到处都是西门塔尔牛。西门塔尔牛是外国人选育出来的，被认为是优良的品种，它作为国家项目到草原上被大力推广开来。我还在东乌珠穆沁的时候，曾经和一位牧民聊天。他们家地处偏远，还保存着一些土种牛，因此他为我比较了两种牛的优劣。他们那里的土种牛是草原红牛，也是非常好的品种，也是没有西门塔尔牛产肉多。一头西门塔尔牛可以比土种牛多卖1 000多块钱。但是它们不适应草原的气候，到了冬天得人工喂，耗费的草料和人工成本就把多卖的肉钱顶了。牧民并不能从西门塔尔牛身上得到什么。而且西门塔尔牛的身体没有土种牛健壮，那位牧民大哥当年引进西门塔尔牛时，第一年就被本地牛顶死了1头，这个损失要好几年才能弥补。除此之外，西门塔尔牛的牛肉味道也不如本地牛香，当地人都更喜欢吃土种牛的肉。尽管这样，西门特肉牛还是被作为一种优良品种硬性推广，野蛮到工作队拿着刀去牧民家骟掉种公牛。现在土种红牛只有在一些极偏远的角落里才有，而在不够偏远的刚更湖畔，本地的黑牛经过多年的努力已经彻底消失了。家畜虽然不是野生动物，但也是一个物种，人为地使一个物种消失，竟然不是犯罪，而是推进了一种事业。

在草原上硬性推广的物种还有很多，比如克什克腾旗多年来一直有人在那里推广细毛羊，而且得到当地政府大力支持，据说可以拉动内需，就是让牧民花钱。细毛羊和其他推广的生物品种一样不适应本地环境，饲养成本高。搞笑的是在现在的收购体制下，土种牛肉不会因为味道好而价格高，而改良的羊也不会因为羊毛细而多卖钱。

我回到北京后不久，参加了一个介绍鄂尔多斯的广播节目。节目中当地官员还在大谈畜种改良，说鄂尔多斯的山羊改良以后产绒量提高了20倍，但实际上，高产羊的羊绒质量很差，而原来鄂尔多斯的土种羊的羊绒织成的围巾可以从一枚戒指里穿过去，和藏羚羊的羊绒一样珍贵。但这珍贵的物种在它的价值被发掘出来之前就消失了。

达理湖和刚更湖畔的贡格尔草原世世代代是蒙古贵族的封地，这里曾经有非常优秀的本地品种的牲畜，这些牲畜本地牧民世世代代赖以为生，是他们的劳动成果和智慧结晶。它们在不伦不类的现代"科技成果"的攻势下默默消失了，热闹的草原上现在到处是傻乎乎的西门塔尔牛。

去呼市的慢车

我和周维回到克什克腾旗旗府经棚镇，我们又见到宝音书记，他照例按照接待官员的方式接待我们，请我们喝豪华的蒙古式早茶，又是肉又是奶豆腐。白音敖包这个点是呼市的海山老师推荐给周维的，之前海山老师还特地嘱咐周维下去调查不要给当地添麻烦。可是这一路我们却不断受到豪华的招待。我一路上碰到很多嘎查长和当过嘎查长的人，巴拉沁老人、哈斯巴特大哥、浩毕斯哈拉图、宝音嘎查上的老书记，他们都和我面对的宝音书记不同。也许是跟林场扯皮太久的缘故，也许是度假村兴旺发达的缘故，宝音书记现在是另一样的人了，好像是个很大的官，在一方土地上跺脚乱颤的人。宝音书记的女儿也来陪我们喝早茶，她说一口东北味的汉语，竟然不是蒙古人说汉语那种比较标准的发音。宝音书记殷勤之余，也时常用眼睛斜我们，似乎在琢磨我们的心思。他也感觉到我们不是北京来的官员，我们关心的事情和他们不一样。

宝音书记一直送我们到车站，我们上了去呼市的慢车，到那里我们将和几位学者交谈，听听他们对草原的看法，听到草原上曾经的和现在的故事。

车上照例蒙古人很少，到处是操着东北口音的汉族人。汉族人闯关东不过百来年时间，但是人口繁衍已经数百倍于原著居民了。

火车一路向西穿过浑善达克沙地，大地郁郁葱葱，沙丘起伏，像绿色的海面，时而绿衣撕裂缝露出沙子，像海浪的泡沫。浑善达克沙地并不是北京人想象中的洪水猛兽，它不仅有丰富的植被，而且有丰富的水源。津京地区的河流，甚至西辽河都由此发源。它在北京恶名昭著其实仅仅因为它叫做"沙地"，在城市里上学和工作的人不知道沙地也可以是绿色的，因为书上不是那样教的。

穿过克什克腾，穿过正蓝旗，进入乌兰察布境内沙地渐渐退却，但草原并没有回到视野里，窗外是一眼望不到边的耕地。乌兰察布是一个自然条件比克什克腾、比正蓝旗都更差的地方，更加偏西，降水量更少，但是这里是走西口的人较早到达的地方。耕地上稀疏的苗像操场上站队的小学生，远远的一棵，中间的土地全空着，暴露在干燥的阳光下，苗多为玉米，蔫蔫的，矮矮的。在鸹噪的恢复草原生态的吵闹声中，嚷着禁牧的声音很大，但极少听到有缩小种植面积的呼声，而且种植业一直以各种名目继续侵蚀生态脆弱的草原。

车上偶尔有人说蒙语，一个年轻的蒙古族小伙子，光着膀子，占着一个长座睡觉，他不知为什么睡觉时把双手举得高高的，搭在窗边的墙上，他睡得很香，我所忧心的一切应该不会出现在他的梦里。

2009年2月

布仁巴雅尔的乡愁

野葬

本来想跟布仁聊一聊教育孩子的话题，但不知怎么的，话题却转到了怎么收葬老人的问题上。也许布仁觉得收葬老人的理念也是培养孩子们做人的理念。草原上游牧的蒙古人，对自然看得很重，他们相信人来自于自然，也要归还给自然。

草原上的牧民对动土非常忌讳，因为他们很早以前就意识到了草原生态环境的脆弱，他们很忌讳黑土或沙子失去青草的保护裸露在天空下，所以在丧葬的时候，也很注意这个问题。

再早以前，草原上的蒙古人是把死者的尸体留在野外，让野狼分食，或者葬在湖水、河水里。但是呼伦贝尔草原上的巴尔虎蒙古人已经实行土葬了。和汉族人的土葬不同，巴尔虎人下葬的时候，只是在地面上挖一个浅浅的坑，墓穴没有任何防腐措施，不仅如此，还要给老人穿上容易腐烂的衣服，下葬以后把土盖上，并把草皮重新拉上。这样老人很快就融化在土地里，以后大家看着那里的草长得很好，开着鲜花，就说明那位老人很好。

游牧的蒙古人认为人死去以后，变成了茂盛的青草，青草被羊吃掉了，羊被狼或者人吃掉，生命于是得以永恒。蒙古人生活在草原上几千年了，但是草原上鲜有墓地，这并不等于草原上从前是没有人的，而是草原上的人世世代代都融化回大草原上。

现在很多学者在探寻成吉思汗的陵寝，日本的也好、中国的也好，都有人在找。寻找陵墓的人相信成吉思汗陵有巨大的地宫，并且有无数宝藏。但是很多蒙古人都不相信这个。布仁本人也不相信。他说："我们蒙古人死去了，都会把手上、身上佩戴的东西拿下来，把它传给活着的人。不带什么东西走，而且还要穿上容易腐烂的衣服。"所以他相信圣主的陵墓里也不会有什么东西。

布仁父亲、大哥和一个妹妹都已经去世了，他们都是用这种方式收葬的。他的父亲自己选择的下葬地点，那里每年都有茂盛的青草。

在布仁童年的时候，很多外来人来到草原上，他们翻开土地耕种庄稼、建造房屋、建立村庄。布仁发现，他们的人死去后挖很深的坑，把土高高的培在上面，好不容易过了很长时间，土被青草覆盖住了，他们又把土挖开再把新土培上去，草原上的牧民完全不能理解这样的行为，布仁觉得他们对土地太狠了。经过了很多年，布仁才知道，那一天是清明节。

打架

草原上的人们都有一颗金子一样的心。人们是宽容的，大器的，大器到对小事像掸掉灰尘一样不在意。

比如两个孩子在草原上如果打了架，家长来了，不管是哪家的家长，两个孩子一样收拾。当布仁告诉我这些时，我有一点不解，难道家长不给孩子评评理吗？布仁很认真地说，孩子之间能有多大的事情呢？你这样处理，以后两个孩子不会相互记恨，只知道打架是不对的，以后孩子们还可以很好的相处。

但是同样是蒙古人，农耕的蒙古人却和草原上游牧的蒙古人很不一样。在布仁童年的时代，农耕的蒙古人最初到达草原，他们建立了小小的村庄。有一次，8岁大的布仁和一个种地的蒙古人的孩子打了架。那家的大人来了，布仁没有跑，等着挨大人收拾，就像在草原上一样。但是那一家的家长没有收拾自己的孩子，而是指着布仁说："这个草原上的野孩子，给我狠狠的打他。"在那个家长的帮助下，布仁被狠狠地打了一顿，甚至被大人当胸踩了两脚。他对这件事印象很深，从那时起他知道同样是蒙古人，那些农民和牧民是不一样的。

游牧的蒙古人很不在意小事上的得失，就像他们对待打架的孩子一样不会评判谁对谁错，这种大而化之、包容性格曾经帮助蒙古人在遥远的年代获得巨大的成功，但也就是这种性格，使他们今天在和精于算计的农耕文化的竞争中总是处于劣势地位。

巴拉根的故事

草原上的人是靠养育牲畜为生的，不了解草原的人往往觉得草原人很残忍，经常杀牲。实际上大型牲畜被杀死的情景确实是很震撼的。但是草原上的游牧人待牲畜其实非常好，非常深情热爱，于是又有人认为草原上的人很虚伪，因为平时待牲畜那么好，其实最后还是要给他一刀。但草原上的人不是这样认为的，他们的牲畜总是放养着，半野化的状态，他们尊重动物的精神世界，不让动物的精神受到折磨，让动物的精神总是舒适的、放松的、饱满的。同样有了这样的基础，他们对人也是一样，绝不让人的精神受到压制和折磨，因此很多人到达草原上都会有轻松感和幸福感。

就是在这样的草原上，曾经有一个平常、又不平常的故事。

在布仁的家乡有个人叫巴拉根，是个非常能干的牧民，他们家的牧群很多，巴拉根也是个待人很好的牧主，懂得尊重牲畜，也懂得尊重人。因为牧群多，就雇了几个帮手，这些在今天听来已经不足为奇了，但是在30到40年以前，是可以要人命的。当时这个巴拉根就被当成牧主锹了出来。干部们于是下来做工作，让那几个在他们家工作的雇工说出巴拉根对他们的坏处。那几个人都傻了，他们一直觉得巴拉根对自己很好，没有什么坏处，就这样整了巴拉根很久，也没有发现什么事情，但巴拉根的牧主身份是定下来，他们家在那些年非常悲惨，妻子、几个孩子都分到不同的人家干活，整年整年的见不到面。就这样到了80年代。牧主们平反了，牲畜也发还给他们家，一家人聚在一起，很快又富裕起来。他们家很快又雇上几个人，出来打工的羊倌都很愿意在他们家干活，因为他有凝聚力，而且给人安全感。

巴拉根的故事是草原上那个时代很多人的故事，发生的时候曾经惊心动魄，现在过去了，静悄悄的，没有什么声息。巴拉根家两代人为此受了很多苦，但苦难过去了，他们仍然坚守着游牧人对人、对牲畜、对自然的态度。

讲完巴拉根的故事，布仁又把话题扯回到牲畜上，他说，农区的人对牲畜太狠了，他们在草原上伺候过动物的人到了农区，看到拉犁的马，耕地的牛，一下子就能看出那动物眼中痛苦的眼神。那些动物在受折磨，不像大草原上的动物那样自由、健康。

八岁

布仁和乌日娜夫妇去年搞起来一个"呼伦贝尔五彩儿童合唱团"，组成合唱团的是许多5岁到13岁的孩子，大部分孩子，八九岁大。很多人觉得这么多的孩子在一起很不容易带，管起来很麻烦，但布仁不这么觉得。孩子们有的时候有些小毛病被发现了，并不是什么大事，哪个孩子没有毛病呢？即使是成年人，哪个成年人又没有毛病呢？布仁看到孩子们，就常常想，自己8岁的时候什么样，这样想了，就不去责备孩子们了。

布仁8岁的时候，正是"文革"期间，他的父亲被作为"内人党"抓到监狱里去了。家里的生活一落千丈。布仁家原来烧羊粪砖，羊粪砖是羊圈里羊把自己的粪撒在地上的枯草上，然后不断地踩，踩得很硬，很厚，再从地上挖出来，切成一块一块方砖的形状，可以用来烧火。这种燃料非常好烧，易燃、又耐烧，仅次于煤。布仁的父亲做干部的时候，家里一直有人送羊粪砖，但是父亲被抓，家里就没的烧了。布仁于是去打苇子。

布仁的家乡有一个湖，湖不大，周围长满了芦苇。在布仁小的时候，那里的芦苇长得比人都高，牛、马进去都看不见。许多外地来的人没有营生就去湖里打鱼，或者打苇子。一个成年的劳动力每天可以打60捆苇子，几天，就是一车，一车可以卖200元钱，在当时来说，是很多钱了。不过这种靠资源吃饭的钱挣起来虽然容易，但是对资源的破坏也很严重，以前，草原上的蒙古人从不打苇子，才有了这样的苇塘，而现在，这个苇塘已经空空的了，只剩下一个小小的暴露的湖。

布仁当时只是一个8岁的孩子，但是很好强，他要打和大人一样多的苇子，也是一天60捆，于是他就起早贪黑，每天5点钟起床，打到晚上10点多才回来，手脚都冻了。因为每天出门和回来的时候，天都没亮，他一个小孩，很害怕，于是就把他的弟弟带上。后来弟弟长大以后，哥俩一起聊天，弟弟说："你说我起什么作用？恐怕狼来了，先吃我吧？"布仁笑了，想想看，好像真的也只有这么点作用。

8岁的布仁当家，并不觉得艰苦，反而有很强的自豪感，他把家里收拾得整整齐齐，以致于父亲从监狱里出来看到家里的状况一下子没敢进去，差点担心是妈妈改嫁了。

每每想到自己8岁时的英雄举动，布仁就觉得应该对孩子们另眼相看，那些纯真的孩子可能有这样那样的毛病，但是你不必去修理他们，孩子本来就是个个不同的，他们虽然小也能撑起自己的世界。

站岗

蒙古民族是个能歌善舞的民族，他们对歌唱的热爱尤其强烈，有丰富的民歌流传于世。了解蒙古人的朋友都会知道，蒙古人喜欢在喝酒的时候歌唱，唱那些动人的长调、短调民歌。呼伦贝尔的长调民歌很有特点，呼伦贝尔西部土地平旷，很少有起伏的山峦，所以呼伦贝尔的长调十分嘹亮，颤音在一个极平的尺度上上下颤动，不像锡林郭勒地区的那样百转千回。呼伦贝尔草原的东部地区近大兴安岭，林草相间，那里有很多清新、明朗、快节奏、欢乐的民歌。

在中国有个特殊的时期，那时候，这些民歌都被禁止演唱，这就是"文革"时期。那时候，可以唱的只有样板戏，布仁说起这段往事时还唱了两句："穿林海，跨雪原，气冲霄汉。"他说，唱这个就对了，汉族的精粹京剧都会唱了，这样的蒙古人就可以当官了。但是蒙古族百姓仍然喜欢自己的民歌，无论你怎么灌输，人们对民歌的爱好是不变的。

布仁的父亲从监狱里放出来，和几个挨整的干部聚在一起，他们只是想做一件事，就是：唱唱歌。这件事在当时是很有问题的大事情。所以大人们在屋里摆上一点酒，就要孩子们到外面站岗。布仁兄弟三人，紧张地站在门外，一个人负责观察一个方向。父亲和他的朋友们在屋子里唱歌，一旦布仁他们发现有人走近，立即进屋向大人们报告。父亲和朋友们立刻装作讨论国家大事的样子。一个奇怪的时代，为什么要求每个人都讨论国家大事呢？等路过的人走了，几个人再唱歌。

这种感觉，不止是用压抑、伤感、或者错位能够形容得了的。在草原上，赶上婚礼或那达慕，牧民会聚在一起喝酒唱歌。这时候，如果有人从远方而来，听到蒙古包里的歌声，就会被歌声吸引，朝着这个方向走来，然后加入欢庆的人群中。就是这样的草原，也有唱歌要站岗的年代。

鸟窝

这是乌日娜讲给我的故事。我记得最近有人提出来，中国的环境保护老是搞不好，是因为公民的环境意识确实差，问题出在教育上。但这一点至少不适用于草原上的游牧人。草原上有很多朴素的环境观念世代相传，我们今天才能看到如此美丽的草原。

草原上，有很多湖泊，湖泊里有鸟，湖边有窝。窝里有鸟蛋和雏鸟。小孩子都很喜欢小动物，好奇心很强，难免去碰。草原上的人们并不直接去制止孩子们，而是用一些草原上特有的智慧，去约束孩子们。大人告诉小姑娘们，如果你动了鸟窝，你的脸就会变形，会长得难看，小姑娘都爱美，所以就不敢去碰鸟窝。那男孩子怎么办呢？人们于是告诉男孩子，如果你的影子落在鸟蛋上，大鸟就不要小鸟了，小鸟就会死去，草原上有爱心的男孩子们于是都绕开鸟窝走。这样一来，不仅不会碰鸟蛋，而且连打扰也没有了，大家要知道，我们逗小鸟或者喂食都会影响鸟的成长和自然习性、能力的形成。有了草原上的这些教导，小鸟可以自由地孵化和长大。虽然孩子们长大了，知道小时候大人说的话不一定科学，但是他们已经养成了保护鸟类的好习惯，也会感激大人把这个习惯教给他们。

呼伦贝尔草原在外来人口进入之前是鸟的天堂，那里有天鹅、大雁、鹤类、各种水鸭、鹭，还有鸪鸟、各种鹰类等珍稀鸟类。

不仅如此，呼伦贝尔那时也是鱼的天堂，由于蒙古人相信呼伦湖的鱼是马的灵魂，他们从不捕鱼吃，于是呼伦湖和贝尔湖的鱼多得要排着队洄游，乌尔逊河的鱼群更是壮观，密密如织。我有一次路过乌尔逊河，看到河水浅浅的，河道窄窄的，很难想象很大的鱼排着队游泳的样子，也许像美国拍摄的阿拉斯加的那些记录片里那样吧？

　　正是这样的环保观念养育了草原上的人，河水从呼伦湖流出去叫"额尔古纳河"再往前流叫"黑龙江"。那里曾经住着用鱼皮做衣服的民族，想想鱼要长多么大，鱼皮才能做衣服啊！如果上游的人像现在这样吃鱼，下游还会有那样的民族吗？

　　草原蒙古人的环保观念的直接受益者就是蒙古人自己，草原上有丰富的鱼类和鸟类，到了万不得已的时候，蒙古人也会食用他们。成吉思汗童年时代就曾吃鱼和土拨鼠度日，还曾为一只鸟和他的弟弟打架。想想看，一个9岁大的孩子可以靠打猎养活家人，草原上要有多少猎物啊！

　　蒙古人有一句话，叫做："敬天的富，敬地的穷"。就是说尊重自然规律懂得感谢大自然恩惠的人就会富有，整天想着在土里刨食的人就很穷。在过去蒙古族牧区确实是全国人均生活最好的地区，每个牧民所拥有的财富是农民没法比的。

　　汉族的历史上，有很多饥荒的记载，但是蒙古族的历史上就很少有这方面记载，因为人们把太多东西保护起来闲置不用，不仅是鸟、鱼、土拨鼠，甚至还有黄羊那样的大型动物。1251年，蒙古汗发布登基诏书时写到："要让有羽毛的或四条腿的，水里游的或草原上生活的各种禽兽免受猎人的箭和套锁的威胁，自由自在地飞翔或遨游；要让大地不为桩子和马蹄的敲打所骚扰，流水不为肮脏不洁之物所玷污。"作为一个中世纪的帝王，蒙哥在登基大典时，保护飞禽走兽、鱼和流水的利益，蒙古民族古老的环保传统可见一斑。

　　现在草原被开发了，各种资源都被"充分利用"了，但不知道会不会有一天，草原上也会有饥荒的历史。

布仁谈安全感

安全感来自知识，对事物的了解，布仁这样认为。比如他本人，很长一段时间在城市里没有安全感，但是回到草原上就有很强的安全感。和牧民在一起，很熟悉、很亲切、很了解，于是就可以完全放松下来，感觉很安全。可是有一些城里的朋友，跟他一起去草原，看到草原上美丽的风景就非常高兴，到了晚上，他们和布仁一样和牧民一起吃饭、喝酒，有些牧民喝高了，过来和城里人说话，这些城里人就害怕了。布仁说："他们害怕，是因为他们不了解，如果他们像我一样了解牧民，他们就不会害怕。"但是，遗憾的是这些人往往把他们在草原上的恐惧带回城市里来，对城里的人说草原上的坏话，于是很多不了解草原的人，也对草原有了不好的印象。

自己家的感觉

我去过布仁和乌日娜夫妇家很多次，每次总是拘谨又客气。令我不解的是，他们家永远有很多人，乌日娜老师是民族大学的音乐老师，她的很多学生就像长在他们家一样，在家里跑来跑去，在厨房里煮奶茶，做饭。我那时想，他们可能比我要熟悉布仁夫妇，所以才很放松。

我说起要去草原上采访，布仁立刻告诉我，让我4月份就去，不要等到七八月份，草绿了，牧民也不太忙了，开那达慕了再去。他说太多人在那个季节去牧区采访，回来拍的照片、写的文章都是牧民们在玩在高兴的样子，他说那样不好，至少是不全面。要真正了解草原要在牧民辛苦忙碌的季节去草原。他建议我4月份去，因为那个时候，正是接羔子的季节，牧民们可能忙得整夜不睡。有时候，一天就能有20多只小羊羔来到世上，茸茸的一层。

然后，布仁提醒我，如果你这个季节去了牧民家，一定不要给牧民添麻烦，像我们去都很注意这个——帮着人家做做饭，洗洗碗，干点活。很多外来的人都不懂这个，人家那么忙的时候，还要抽出人手来给你做饭，这样就很麻烦。有人去了草原，觉得牧民并不热情，不知道为什么。其实是很多小事上他做得不对，但自己并不知道，不懂草原的人很快就会给人留下不好的印象。

哦，我忽然想起，我曾经和我的哈萨克族同学一起去天山的牧场上，当时我们只是去旅游，所以到哪里都很自然的像个大爷一样等人伺候。我发现我的同学却不一样，她在牧民家的包里喝了茶，就主动拿一个盆，把茶碗都收了，拿到毡房外面去洗。那家的主人也很自然地让她做这些事。

我把这个事情讲给布仁，他说，你看，人家就比你们懂，这就对了。在草原上，如果你到了一个蒙古包，看到里面没有人，你进去就像在自己家一样，自己弄东西吃，吃完了，收拾好。过了一年，过了半年见到那家的主人告诉他，那家的主人会很高兴。说明你把他的家当成自己家一样。

接着，布仁说，你看我和乌日娜，我们在北京的家里也保持着这个习惯，乌日娜那些学生来了进厨房就干活，就像在自己家一样！啊！我突然明白，这是另一种文化，我的拘谨是我的文化，他们的自然放松是他们的文化。主动帮助主人家里做事，多么有意思！又可以减轻主人的负担，又可以使客人放松下来，找到宾至如归的感觉。

远客

我说，我希望也采访乌日娜老师，听听她的经历，她也是牧民家出来的人。布仁立刻兴奋起来，马上说起一件往事。

乌日娜小的时候，去上学。草原上的牧民不像农民，集中居住在村落，草原上牧民，都是比较分散地在一个山坡或者一片草场上住上一户，学校往往和哪一户牧民家都不挨着。乌日娜放学回家的时候，有时有意不直接回家，走很远的路，以期待着家里人热情地迎接她。这个故事说给草原以外的人，很多人都感到难以理解，但是同是草原上长大的布仁就非常理解。

在草原上，人们有好客的传统。家里面看到有人远远地来了，就准备茶，准备肉，客人从越远的地方来，主人越开心，越充满诚意。孩子们很羡慕客人们这样被迎接的感觉，于是也希望家里人这样迎接自己。

布仁童年时代也动过这样的心眼。冬天里，远道而来的客人非常辛苦，马跑得太远了，身上都挂了一层白霜，赶路人的眉毛、眼睛上也结了白色的冰碴。家里人远远地看到这样的客人就高兴起来，远远地看到就准备迎接了。布仁也很羡慕客人的感觉。于是他去附近的邻居家做客，说是邻居，少说也要隔一座山包才能到。布仁骑上马，并不直接去那家，他先是绕着山，绕到那家看不见的地方跑上一大圈，这样马就出汗了。这个家里的大人本来是不允许的，冬天马出汗容易感冒，对马的身体很不好。可是布仁要体会远道而来的感觉，就必须让马出汗。马出了汗，汗水和蒸腾地水蒸气很快在马毛上凝结，形成一层白色的霜。布仁的眉梢、嘴角也凝结了白霜。这时他的心里开心极了，想着前方的主人家正在忙里忙外的准备迎接他。而主人家远远地看到他也真的忙里忙外。可等他到了近前，主人家不禁失望——原来就是你呀！

观察与评价

今天的牧民不像从前的牧民那么热情了，进入草原的外来人太多了，牧民的传统和习俗被无情地践踏了，牧民的财富也被侵吞。面对越来越多地外来人口，牧民传统的热情下降了。但是牧民们并没有转而敌视社会，他们有自己的调整方式，他们通过观察，慢慢地评判周围的人与事物，不会立即下结论。

草原上的蒙古包大部分门都向南开，蒙古包的后面有可能靠近一条路，或者有行人从那里走过，这个后面也不是离蒙古包很近的地方，而是至少一条山坡的下面。行人如果从蒙古包的后面来，是不能直奔蒙古包的，因为传统上，蒙古族地区战乱频繁，只有敌人杀过来时，才会从后面直扑蒙古包。所以做客人，要先绕过蒙古包，绕一个大大的圈子，然后从门的方向接近蒙古包。如果客人是这样来的主人就知道他是自己人。现在草原上虽然已经没有了战乱，但是如果一个鲁莽的外来人从后面直接接近蒙古包，他至少会被主人看成一个不懂事的人，一个外人。

蒙古族牧民之间，传统礼节很丰富，两个牧民如果骑着马迎面而来，是不能就这样走过去的，一定要见面打招呼。马上的两个人，年龄小的要先下马。问路也不能坐在马背上直接互相招呼。如果赶上一方是个老爷子，要下马坐一会儿，说说话，年轻人要陪着老爷子坐一会儿，不能先走，否则会显得很没礼貌。

这样的礼节，在草原上越来越少，一方面，外来人口众多，碰到外来人，他们不懂得这样的礼节，另一方面，草原上越来越多的牧民使用汽车做为交通工具，在飞驰而过的汽车面前，古老的礼节变得微不足道。

曾经有一个朋友告诉我，礼节、仪式这些活动一个主要的作用就是减缓人与人之间的交往节奏，这种节奏的减缓可以使人与人的关系变得稳定牢固，避免快节奏的交往中造成的碾压、伤害和断裂。牧民并不从这个角度看待礼节，但是他们很重视，一个草原上初来乍到的陌生人，他们会很仔细地观察，观察他是否多少懂一点牧民的礼节，是否愿意尊重牧民的礼节，还有其他为人处世方面的东西。

当你看到，一个牧民，从冷着脸迎接你，到对你露出笑容，就表明你的表现还不错。

高贵

2003年，布仁认识了一个蒙古族企业家，他不是在牧业背景下成长起来的人。有些不了解蒙古族的人总以为蒙古族人都是牧民，但实际上，通过某些资料显示，中国国内的蒙古族人口中，牧民只占15%，也就是50~60万，其余的是城市人口和农业人口。有些蒙古族的聚居区，像科尔沁地区，农业开垦已经有上百年历史。所以通常人们在城市遇到一个蒙古人，他恰好是来自牧区的可能性很小。

布仁的这个企业家朋友就是这样的人。他自己虽然是蒙古人，但是对蒙古族的古典文化几乎一无所知，但他也有一种寻根的热情。他认识了布仁很高兴，觉得自己认识真正的蒙古人了，他了解了布仁，也觉得自己真正了解蒙古人了。于是，他要求布仁带他去草原，看看原汁原味的草原文化。布仁就带他去了。

从草原回来以后，这个企业家非常生气，他对布仁说："你看看那些牧民，怎么能那样，那么傲慢！"布仁笑了："你不是要了解真实际的牧民吗？这就是真实的牧民，你又不喜欢！他们就算生活在偏远的草原深处，就算你是个大企业家，他们也不会觉得低你一等，可是你不习惯了，你习惯别人对你点头哈腰了，我们的牧民不会。"

和牧民接触过的人，很多人都有这样的感觉，比如布仁的专辑《天边》里拍到一个小男孩，制作人惊讶地称这个小男孩有天生的贵族气质。是这样的，很多牧业环境下生长起来的蒙古人天生的不亲不疏，保持着很强的人格的独立性；待人不卑不亢，和谁都是平等的，无论是高高在上的官员，还是普通的百姓。有了这样的修养，人就会显得有贵族气质。牧人的这种气质并不是谁教的，而是面对最纯朴的大自然、和周围人待人的平等态度时，自然形成的。不是吗？每个人面对出生、死亡、疾病、劳作不都是平等的吗？

布仁谈说假话

不要说假话，因为自己很容易忘记。真话是不会忘记的，因为有事实帮助记忆。很有意思，布仁告诫我们不要说假话的原因和别人那样不同，但是却那样实际，那样重要。

《吉祥三宝》

布仁创作《吉祥三宝》的时候，从来没有想过这首歌会红遍大江南北。那是十几年前了，他的女儿诺尔曼只有3岁大。那时，乌日娜是个小有名气的歌唱演员了，经常到外面演出，对女儿的事情管得并不多。而布仁因为从小管家，带弟弟妹妹，所以很会带孩子，于是就负责带诺尔曼。

3岁大的诺尔曼总是缠着布仁问问题。这些问题都非常简单，布仁也只给她简单的回答，不给她讲深奥的道理。于是父女俩就形成很多一问一答的对话。有时候，布仁被问得累了，就不回答诺尔曼的问题，诺尔曼喊一声"阿爸"，布仁就"哎"一声。

乌日娜回到家，听到他们一问一答地对话，觉得很有意思，就劝布仁写一首歌。布仁也觉得很有意思，就根据女儿跑过地板的叮叮咚咚的声音写了《吉祥三宝》。然后他们再把这首歌教给诺尔曼，诺尔曼于是学会了很多蒙古语。

《吉祥三宝》的汉语版歌词是很多年以后请音乐人王宝填上去的。很多报纸上报道的时候，都是把汉语版的歌词登出来，这个歌词也非常适合这个曲调，不过它复杂了一些，更适合七八岁大的孩子。原来的蒙语版歌词，完全是给小小孩准备的：

阿爸，太阳、月亮和星星是什么？

吉祥三宝

绿叶、花儿和果实是什么？

吉祥三宝

阿爸、额吉和我是什么？

吉祥三宝

吉祥三宝，永远吉祥

就是这么简单的一首歌。

布仁写《吉祥三宝》的时候，并没有指望这首歌能够唱红，他只是有感而发，把生活中的片断用音乐记录下来。从布仁写好这首歌，到这首歌唱红，整整过了11年。甚至录制专辑《天边》的时候，布仁也没有想把这首歌放进去。后来音乐制作方坚持，才把它放进去。那时诺尔曼已经14岁了，无法演唱童声的歌曲，所以他们找来了小侄女英格玛一起演唱。发现英格玛的故事就是另一个故事了。

布仁总是认为，《吉祥三宝》的成功有很大成分的运气，一首封存了十几年的歌曲突然走红，或许是天时地利，或许是碰到了别的什么机遇。所以他从不觉得自己是个明星大腕，仍然是个普通的音乐人。认识布仁的人，都能感觉到布仁那份质朴和平实。布仁和乌日娜成功以后，常常教育英格玛要保持好的心态，让英格玛也不要觉得自己是个明星。他希望英格玛更看重那些通过自己努力换来的东西，比如她的学业。英格玛也很听姑姑、姑父的话，至今仍然是个朴实的，甚至有点羞怯的小姑娘。

《乌兰巴托的爸爸》

虽然，经常教育孩子们要保持良好的心态，但布仁并不吝惜表扬自己的孩子。他毫不犹豫地说诺尔曼了不起，就因为《乌兰巴托的爸爸》。

《乌兰巴托的爸爸》是诺尔曼8岁时的作品。那时候，布仁离开她去乌兰巴托进修，一走就是整整1年。因为以前总是布仁带孩子，所以诺尔曼和爸爸也非常亲密。现在爸爸走了，诺尔曼当然非常想念他。于是诺尔曼把自己的思念哼唱成一首歌。在妈妈的帮助下，录成磁带，寄给了爸爸。

> 想你呀，乌兰巴托的爸爸，
>
> 想念你就唱你教的歌谣，
>
> 爸爸的心像是辽阔草原，
>
> 我是羊群像白云。

为了听这首歌，布仁还特地买了酒，邀请一同在乌兰巴托留学的人喝酒，大家一起听这首歌。当女儿稚嫩的声音从录音机里传出来，大家都被感动得一塌糊涂，尤其是当了爹的人，简直无法形容他们的感动。

这首歌，后来由英格玛演唱，并且通过她的专辑流传开来，那也是六七年以后的事情了。之所以布仁说诺尔曼了不起，倒不是因为当年这首歌多么感动了做父亲的人们。是因为这首歌流传开以后，很快，很多蒙古族的小朋友就都会唱了，很多地方的蒙古族小朋友在唱这首歌，这个大有变成蒙古民歌的趋势。一首创作歌曲，变得广为传唱，而且摆脱了媒体的影响，在民间默默流传，这是对创作者最好的奖赏。

二十天的和声

呼伦贝尔的森林和草原上有丰富的民歌资源。这里数百年来居住着五个较大的部族：鄂温克族、鄂伦春族、达斡尔族、蒙古族的巴尔虎部和布里亚特部。随着呼伦贝尔地区经济的发展，这五个部族的生活日益边缘化，他们的传统艺术也面临着失传的危险，十分可惜。

布仁和乌日娜夫妇很想为挽留家乡的民歌做点事情，起初，他们想做一支成年人组成的合唱团，唱呼伦贝尔五个部族的民歌。但是，事情进行得很不顺利，因为成年人的心思太多了，而且很多呼伦贝尔专业团体的演员都闲着无事，一年一年地闲着。这样的一些成年人聚在一起，问题就很多了。后来夫妇二人发现了孩子们，他们决定招募孩子们组成合唱团。

很多人对这个想法很担心，孩子们能有多高的水平呢？布仁和乌日娜对此也没什么底，不过他们相信孩子的天分。他们考孩子的时候，不要那种在学校里学过唱歌的孩子，而是考孩子们天生对歌唱的感觉，如果哪个孩子会唱自己家老人教的民歌就更好。

孩子们被召集起来，将近40个，有的孩子还是带着自己部族的民歌来的。不过既然是合唱团，总要学一些歌，因为孩子们来自不同的部落，大家要相互配合，每个孩子也要学会唱其他部落的歌。乌日娜和布仁一开始并没有教孩子们太复杂的歌，多声部合唱更是不敢一下子教给孩子们。

可是建团才20天，那一天，他们忽然听到孩子们的房间里传出动人的和声，他们小心地走到门口，怕打搅了孩子们，想看看是不是有人在教孩子们，还是孩子们在自己练习？出乎所有人的预料，没有人教他们，孩子们是自发的！他们的一个小朋友在过生日！这才是民歌原汁原味的保存方式——大家聚在一起的自娱自乐。孩子们居然就这样本能的保持着古老的文化传统。大家都兴奋起来，原来孩子们有这么好的天赋！

很快，布仁和乌日娜给孩子们加大难度，三声部、四声部、五声部的合唱孩子们都学会了。现在孩子们演唱的最难的一首歌是《百鸟会》，这首歌五个声部，模仿森林和草原上每年飞来的无数种鸟的声音。孩子们清亮的歌喉，就像有数百的鸟儿在歌唱一样。

—二—

五彩儿童合唱团的孩子们来自森林和草原深处，但不仅站在家乡的舞台，就是站在北京的舞台、深圳的舞台，面对数以千计的观众孩子们也毫不怯场。为什么呢？

因为森林和草原给了他们歌唱的自信，每个孩子都像森林里的树木都是天生的，长得直、长得高、长得低、长得矮，都是森林的孩子。而且真正去过大森林的人就知道，森林里的树木大都是长得又直又高的，因为森林的土地营养好，水好，树木又比着争取阳光，自然就会长得又高又直，而且很健康。不需要像路面的绿化树那样，每年打药、浇水操很多心。

孩子们也像森林里的小树，他们的成长依靠一种良性的系统，而不是整齐划一的管理。和一般的合唱团不一样，小孩子长得高矮胖瘦都有，演出的服装也不统一，站在台上也不是整整齐齐地排好队，像许许多多合唱团那样高个站中间、小个站两边，孩子们很自然地站在自己的位置上，发出属于自己的声音。

五彩建团之初，主要在呼伦贝尔活动，那时带团的老师主要是蒙古族和鄂温克族的老师，这些老师和布仁夫妇一样了解孩子们，注意保护他们的天性。但是随着五彩走出大草原，必然地需要别的民族的老师加入，问题于是就来了。

有一天，布仁很恼火地说："只要我们俩不看着，就有人把孩子们集合起来喊'一二一'，我们制止了多少次都不改！"布仁说，不能那样，因为孩子们有先天的自信心，不需要经过训练就可以大大方方地站在台上，如果给他们喊了"一二一"，孩子们就会觉得自己这件事或那件事做得不对，他们的自信心就没有了，再人工的帮她们树立自信心，麻烦不说，孩子那种天然纯粹的东西就没有了。

金钱和金子般的心灵

布仁和乌日娜把五彩的孩子们带出来非常不容易，和所有的演出单位一样，团里也同样遇到资金、宣传各方面的麻烦。但是布仁和乌日娜有他们的坚守。

五彩儿童合唱团有37个孩子，37个孩子像37个小精灵，每个孩子的脸上都有月亮一样明亮的目光和太阳一样灿烂的笑容。这种目光，这样的笑容演是演不出来的，需要孩子天性中的单纯与美丽，来自孩子们金子般的心灵。但是演艺圈毕竟是个充斥着金钱、欲望种种不堪的事情的地方。

有一次，五彩儿童合唱团遇到一位大款，这位大款性格张扬，喜欢前呼后拥。他看到五彩的孩子们，应该说他也是真心喜欢孩子们的。但是他并没有把五彩看成一个整体，没有把孩子们看成远道而来的音乐使者。他挑了两个小孩子，一个小男孩，一个小女孩，他当着大家的面，把他们搂着拍照，闪光灯哗哗地闪，他说："这两个孩子就是我的了，以后就是我的儿子和女儿。"并且说团里要多少赞助费，他都可以给。

在他看来，他认养两个草原上来的孩子是对他们的巨大恩惠，一般人看来，有了上千万的赞助，被认领走两个孩子也不是什么大事。但是布仁注意到，团里其他的孩子脸色立刻不好看了，接着团里就有了议论说这两个孩子有了富人做爸爸了，可以登天了。五彩的孩子大多数来自呼伦贝尔的牧民和猎民中间，很多孩子家境都很贫寒，财富对孩子有巨大的诱惑和刺激。一方面其余的35个孩子，都觉得自己受到了冷落，另一方面，这两个被选中的孩子又受到了集体的冷落。

布仁感到这种方式是无法接受的，他们很坚决地谢绝了这个富翁的赞助，并且把两个孩子带回到集体中间。乌日娜把这件小事称为"毒害孩子心灵"的事件。孩子们的美是天然，是呼伦贝尔的草原、山林、大河赋予的。尽管到了繁华的都市中间，保持这种美不容易，但是至少破坏这美丽的事件，应当阻止它的发生。在金钱和孩子们金子般的心灵之间，布仁夫妇毫不犹豫地选择保持孩子金子般的心灵。

舅舅的拳头事件

布仁处理问题从不上纲上线，而且他很能容忍孩子们因为天性而犯的错误，不仅对孩子，对那些孩子般纯真的人，他也一样很看得开，因为他了解草原人。

看过五彩儿童合唱团演出的人都知道，团里面有一个小胖子，叫"敖成"，敖成的舅舅曾经是个全国摔跤冠军。他的身材特别高大，很朴实，也有一颗孩子一样纯真的心，但也有一点强硬。有一次，我参加五彩合唱团的一个聚会，想给孩子们拍点照片，我在房间里四处拍照，拍到敖成的时候，舅舅忽然大声说："你是哪来的？一进来就拍照？我们的照片不能随便拍。拍了明天在哪里发出去了，那可怎么办？"

我不好意思的告诉他，我是乌日娜老师的朋友，我来拍几张孩子们的照片，以备以后使用，不会乱发。舅舅上下打量了我一会儿说："哦，那你不说清楚，谁知道？好吧，你拍吧！"说着立即做出一副假笑状，我只好把这张照片拍下来。我虽然很想解释一下，我需要拍到大家真诚的笑容，不过想想还是算了，看着舅舅那样魁梧的身材，那么冲的脾气，我还是别解释了。而且他假笑的样子也很可爱。

五彩儿童合唱团有一次在深圳演出，他们住在深圳的保利，保利有很多规定，尤其对不相干的人出入剧院有很复杂的规定。有一天，舅舅的几个朋友去看他们，被剧院的保安拦住了，不让进去，舅舅于是到门口去接，还是不让进，他就给了保安一拳头。

团里把这件事看得很大，他们开会，要把舅舅开除了，说他怎么能做这样的事情，太野蛮了。但是布仁不同意，他觉得舅舅的行为恰是他的可爱之处。他说也说不过，也不会拐弯抹角，最直来直去的方法便是这个。何况，舅舅是一个草原上的牧民，这一年多辗转在大城市里，也有很多火气积压着没有发泄出来，如今这一拳就发泄出来了，以后也就好了。如果再换一个人，也会有这样的过程，那样还会出事。于是舅舅被留下来。

我拍照的那天，乌日娜老师请舅舅上台来演个节目，舅舅魁伟地站在台上，还没有他腰高的孩子们围绕在他膝盖周围，他站在台上，用蒙古语演唱《赞歌》，一首今天已经很少有人演唱的歌。对一个草原深处的牧民来说，来到北京，来到天安门广场，仍然是一件值得赞美的事情。

布里亚特的公主和王子

那日格勒不是个很漂亮的小姑娘，歌唱得也不是很好。当初选她进五彩的时候，有些老师不同意，但是乌日娜一下子发现了她。因为她身上有高贵的气质，乌日娜觉得她简直就是个公主，她是那种长大了需要一个王子来配的女孩子。

那日格勒是布里亚特人。布里亚特是蒙古族的一个部族，这个部族只有6 000人。历经颠沛流离，他们曾经被从清朝赶到贝加尔湖一带。俄国发生十月革命以后，因为布里亚特人经济文化发达，全族生活富有，这使他们又面临着被作为富人消灭的危险。他们于是举族逃亡，又逃到呼伦贝尔一带，还有一部分去了锡林郭勒。在这样的颠沛流离之中，布里亚特人倔强地保存着自己的文化，直到今天，我们到呼伦贝尔的布里亚特地区，还可以看到比较完整的布里亚特文化。

　　因为经常分离，布里亚特人有一个重要的习俗，就是背诵自己祖先的名字，这个习俗可以防止近亲结婚，因为两个布里亚特人从小天各一方，也仍然有可能是亲戚。每个布里亚特孩子都会背自己祖先的名字，小那日格勒也会。小那日格勒背诵十代祖先名字的节目后来成为五彩的一个亮点。除了背诵名字，那日格勒还要跳舞，她的舞蹈动作不是谁教的，而是她自己编的。根据她从小从亲戚朋友那里耳濡目染，凭着自己的感觉学会了一些舞蹈。布仁不让老师教那日格勒舞蹈，因为，老师们跳的舞都是学习过的，是异化过的，不似那日格勒的那样纯正，那样真正的原生态。

　　五彩中还有一个孩子，叫达西道尔吉，他也是布里亚特人，和那日格勒一样，他也有布里亚特人的倔强。蒙古族人的服饰里很重要的一种就是蒙古袍，男式的蒙古袍都要系腰带。有一天，达西道尔吉因为系腰带的事情和老师生气了。因为老师要按照巴尔虎人的方式给达西道尔吉系腰带。达西道尔吉坚决不同意。老师很生气，就是个系腰带的方式，有什么大不了？上了台观众也看不出来。布仁夫妇了解到这个情况，不同意老师的做法，坚决支持小达西道尔吉。布仁说，布里亚特人只有6 000人口，呼伦贝尔有几万巴尔虎人，几万其他部族的蒙古族人，还有其他的少数民族，另外还有上百万的汉族人。在这样的文化环境下，布里亚特人的传统得以承传，靠得就是这股倔强劲。如果没有这股劲，一个小孩进了五彩几天就变成了巴尔虎人，那还有什么意思？如果没有了特色，我们和一个少年宫的合唱团还有什么区别？

　　那日格勒和达西道尔吉只是众多布里亚特孩子中间的两个。五彩的孩子们以原生态的演唱方式受到人们的喜爱，这种演唱方式需要原生态文化的支持，而保护原生态文化要从每一件小事上做起，也和保护两个孩子的倔强个性息息相关。

问题家庭

"五彩的很多孩子都出自问题家庭。"这是布仁巴雅尔的原话。他说："孩子们的家长大都是20~30多岁的年轻人，他们的生活正在剧痛中变化。"

呼伦贝尔草原上原来的居民以巴尔虎人为主，人口稀少。解放初，有很多东部蒙古族的干部到了这里，建政府、城市、医院、学校、兽医站。一下子来了很多人。人口一下子就比本地居民多了。他们之后随之而来的是他们的亲戚，然后就是大批的盲流。这些盲流来的时候一无所有，本地居民无论是不是情愿都接纳了他们，呼伦贝尔草原和森林养育了他们。他们中的很多人很精明，生活好起来，有人落户后分了土地，有人买了土地。

但是在另一方面，本地很多的巴尔虎人生活状况却每况愈下，灾害、疾病、外地经营方式的入侵、缺乏保护、当然也包括酗酒、懒惰，各家有各家不同的原因，总之他们变穷了，失去了牧群，进而又失去了土地。五彩中有的孩子的家庭在给别人家当羊倌，一家4口人一个月才800块钱。布仁说："你看看，原来的牧民给原来的盲流当羊倌，这什么落差呀？"可是牧主也很有词，他说，他只是雇了孩子的爸爸一个人，所以是一个月800，可是雇了爸爸，妈妈就要跟着，两个十六七岁的孩子不上学了，也跟着。妈妈照顾爸爸，照顾家，爸爸照顾羊群，两个大孩子看爸爸妈妈这样忙，也帮忙，实际上是雇了4个人。

这样的家庭在五彩的孩子中不是一家，有好几家。他们的问题还不是最严重的。还有些家庭因为乡下的学校撤了，为了孩子上学，妈妈到了城里陪孩子，爸爸在牧场上，夫妻关系渐渐疏远，又加上经济拮据，经常吵架，发展到妈妈在城里喝酒，爸爸在牧场上喝酒，成了更麻烦的问题。

这些事情我是听布仁讲的，并不知道媒体上是否有报道。有一天，我和一个爱好蒙古歌的汉族朋友吃饭，说起五彩，他突然说："这些孩子很多身世都很凄惨。"我当时一愣，不知道他是什么意思。如果他指的是孩子们来自森林和牧区，那他错了，如果他也知道一些这样的事情，他大不了觉得蒙古人落后，生活应该改变。老天！他怎么会理解布仁说的："在剧痛中变化"？

敖斯卡乐和蒙古语

敖斯卡乐和五彩呼伦贝尔儿童合唱团里其他孩子有那么一点点不同，她不是大草原上或者大森林里出来的，她是城市里的"干部子弟"。

敖斯卡乐生长在城市里，和很多城市里的孩子们一样不会说本民族的语言，但是她在文艺方面很有天赋，也有很强的表演欲望，她也被选进了团里。五彩要求孩子们用本民族的语言唱歌，敖斯卡乐不会，挑选《快乐的牧羊人》的主唱时，老师看中了敖斯卡乐，但是她却不会唱，这样就不能让敖斯卡乐领唱了。敖斯卡乐回到家，就找爸爸不干了，问爸爸为什么自己会说蒙古语却不教给她，让她在那么多人面前丢丑。敖斯卡乐哭了。从排练完了的晚上9点一直到10点多，敖斯卡乐跟爸爸学了一个多小时《快乐的牧羊人》的歌词，困得不行了，爸爸怕孩子太累，就让她睡了。

第二天早上，敖斯卡乐醒来对爸爸说："爸爸，我会唱了。"她居然真的把三段歌词完整地唱下来。她的嗓音清脆明亮甜美，太适合做主唱了，于是她为自己争下了主唱的位置。

就因为唱了蒙语歌曲《吉祥三宝》、《快乐的牧羊人》，还有五彩的其他歌曲，再加上父母把敖斯卡乐送到蒙古族学校念书，现在孩子的蒙语特别的好，还录制了15首蒙语歌曲的专辑。孩子的爸爸说："现在我也不担心了，孩子更不操心了！"

2008年3月

八百击

　　金山的专辑《八百击》买到手的时候，我心跳得厉害。我一直怕金山做出格的事情，鬼知道他会干什么？我所钟爱的他的音乐，会被他搞成什么样子呢？

　　很长时间没见到金山了，似乎我的预言应验了，他会出一张专辑，在一个不被人注意的角落。他的专辑出版果然没多大动静，以至于我半年多以后才无意中在淘宝上发现有卖。老板向我推荐这张专辑的理由是它的封面会变颜色。

　　音乐响起来的时候，我真的被吓到了，马头琴的周围响着各种怪异的现代乐器，甚至还有台湾山地人的歌声。不是吧？怎么会这样？这是马头琴吗？我小心翼翼地把专辑收起来，再也没敢推荐给我的朋友。当时我唯一能接受的一首曲子就是最后一首《万马奔腾》。多年以来，每次听金山拉《万马奔腾》我都在想，如果没有电声乐伴奏会是什么样子？这次如愿以偿了。我把这首单曲录下来，放在硬盘里，没事去馋一馋喜欢马头琴的朋友，"金山的《万马奔腾》没有其他乐器伴奏的，听不听？"我记得配合得最好的一个朋友说："求求你了，给我吧！"不过它说明一件事，这张专辑传播相当有限。

　　几天前，约见了金山一次，想听听他讲讲这几年的经历。出乎我的意料之外，这个从前不善言谈的家伙竟然不停地说了7个小时。"你和以前不一样了。"我说。"是，以前不爱说，现在爱说了。环境迫使人改变。"他说。十几年的人生起伏一一告诉我，很多事情都是我难以想象的。包括只铺一张单子睡在地板上，最穷的时候每天只能吃1块钱的烙饼，甚至买不起咸菜，等着宾馆、饭店或其他演出场所偶尔叫他去演一场。我们认识的时候他的情况已经算很好了，起码属于有固定收入的时期了。天知道他怎么在那种条件下把琴艺磨练得那样神奇和美妙，悠扬得像赞美诗一样，狂野地从生命深处向外崩裂。

我问起他专辑的事情，他说他也只能接受两三首。我说："两三首都多了。"他立刻辩解说音乐不能只给很少的人听，要给听不懂、不知道马头琴的人听。我其实不能同意，但是不敢说得太狠，毕竟这么多年了，他就出了这一张个人专辑，我把话题转移了。

回来以后，我发现他的个人空间里多了两个视频——《乌尤黛》，《八百击》里的一首曲子。我得承认《八百击》确实制作精良，配器的风格虽然诡异却非常讲究，我于是又一次听了一下这首曲子，第二次听。因为有视频的解读，我忽然间就接受了这种配器风格，忽然理解了——这不是一个展示蒙古音乐的作品，这不是大草原上的处于原生态的音乐。这个作品是在一个陌生的环境——陌生的舞台和陌生的音乐氛围中，马头琴的声音突然闯进来，闯进一个黑暗的未知的世界，然后让这个世界被这种声音打动。事实上金山多年的音乐生活一直如此。

我把书架上的《八百击》翻出来，涂了很多层油墨的封面散发着奇怪的香气，封面上几乎看不清的汉字记录着制作人第一次见到金山的情景，他觉得"令人错愕"。再放一遍，仍然心跳得厉害，仍然不能接受每一首曲子，就像不能接受蒙古人现在的生活一样。没有完整的草原了，没有家园，四处流浪，牧民出来养奶牛、种地，摔跤手在娱乐场所当保安，甚至在浴池里给人搓澡。然而走在黑暗和陌生的世界里的蒙古人，却仍然令这个世界感到不可思议。

2009年6月

夜莺之歌

　　我应该给莫尔根写点东西很久了，我的桌上摆着两盘采访她的磁带，两小时的采访，我一直想把它转成计算机能读的格式好好看看，但是一直没做。我的枕边放着她的专辑，美好的、动听的察汗淖尔。我应该给莫尔根写点什么，从去年到现在，那些令人难忘的合作很值得用文字表述。似乎是异性相吸吧？我为帅哥们写东西太多，太久了，这么长时间，我竟然不知道用什么样的语言来赞美一个美丽的、唱着动听的歌的女人？赞美起来是不是会有点别扭呢？我决定写一下试试，发现似乎也不是很难，她那样动人的形象就在我眼前，那样动人的歌声就在我耳畔，好了，我要开始写了！

　　一

　　认识莫尔根有一段时间了，一直没有深入地交往，但我知道她每次和我见面都会热情地和我打招呼。去年冬天，我们商量今年春天的草原音乐会时一切都还没有头绪，找到莫尔根是一个小小的转折点。巴图问我："我们都能邀请到什么演员？大一点的演员能邀请到吗？不能都是酒吧里那些演员吧？"我当时一点把握也没有。我说："试试莫尔根吧！"那时我刚刚买了她的专辑《察汗淖尔》和《蒙古天籁》，我们都非常喜欢，于是大家也同意。那么在哪能见到莫尔根呢？刚巧那时草原恋合唱团有个小型音乐会，以我对她的了解，觉得她会去，我和一起筹划音乐会的巴图、周维三个人一起去了现场，她真的在那。合唱团开始歌唱的时候，莫尔根就站在正中间，清亮的嗓音传遍整个音乐厅。

我和周维、巴图听完几首歌后，就走去后台，补完妆的莫尔根正款款地走上来。她立刻就认出我来，这下就好办了。我拉住她的手跟她说起我们要办环境保护主题的音乐会的事情希望她能来参加，她立刻就同意了。我们说：为了配合演出，我们要做一些采访，了解演员家乡的情况。站在上台口边上，她穿着深蓝色的隆重的大礼服，带着高高的帽子，开始说："太好了！你们办这样的活动太好了！我姥姥就是养骆驼的，一辈子都养骆驼，现在骆驼都没有了……"说着她的鼻子就开始发酸，巴图当时就举起摄像机拍素材。我指指顶上的灯说："别拍！光线不好。"每个女演员都会担心自己的形象，但莫尔根说："没关系，没关系……我一说这些就不行了。"她的眼泪真要流下来，我担心她上台之前妆花了，就没有继续采访。

二

接受莫尔根的邀请，我们不几天后到她家做客，了解她和草原的故事。莫尔根在北京的家被她收拾得很有情调，《蒙古天籁》和《察汗淖尔》的大幅宣传海报挂在家里适当的位置上，让典雅的房间增色不少。她早早地为我们煮好干肉和奶茶，等着我们到来。在午后温暖的阳光下，肉香、茶香四溢。我们开始聊起来，从她的个人经历聊起。

莫尔根来自遥远神秘的阿拉善，至少阿拉善对我来说是遥远神秘的。莫尔根那天讲了很多故事。她小的时候不唱歌，头发短短的，像个假小子，她的同学看着她现在的样子头发长长的，很女人味多少有点惊讶。后来长大以后，开始在餐馆唱歌，嗓音特别亮，没进餐馆之前就能听到。后来当地乌兰牧骑更新演员就把她选了进去。

有一天，莫尔根看到一则来自北京的招生启事，一个跟德德玛有关的学校在招生，她很是义无反顾地就来了北京，单位怎么留都不答应。到了北京，却发现学校的条件很差，很长时间不能正经上课，从秋天到冬天，终于来了一个老太太给她们上课，老太太拿着个手炉捂手，态度也很恶劣，不断地咳嗽，几个学生都冻得冰凉。直到一个学期快结束，德德玛老师忽然到学校来了，莫尔根和她的朋友那仁花很高兴，但学校并没安排学生们见德德玛。没想到的是，德德玛老师一定要见见阿拉善来的两个姑娘，于是她们和德德玛老师认识了。她们向德德玛老师诉了苦，德德玛老师说："哎呀，我也是被他们骗了，拿我的名字办学校，我也不能不来看看，你们要是能退学费就退了吧。"莫尔根去找学校退学费，也没有退出来，于是坚持把一年上完。

后来她又辗转到别的学校里上学，那个学校的老师按照学校的习惯教她美声唱法。她唱歌本来是没有人培养过的自己学会的，用现在流行的话说叫做"原生态"。学习美声唱法并不是发展她自己的特长，她不是从小学过那些发音方法的，嗓子已经不能适应那种发音方法，结果有一天什么声音也发不出来了，完全哑了。为了治疗，医生在她脖子上打针，她的脖子上满是针眼。有一天她从医院推着车出来，脖子上套着脖套，不知怎么的就晕过去了。她被抬到德德玛老师家，老师很是心疼。在老师的指点下她考进了中央民族大学，成了乌日娜老师的学生。这才让她多年的求学经历上了正轨。

乌日娜老师教了莫尔根第一首长调，从此莫尔根逐渐发现了适合自己的歌唱方法，也就是最淳朴的歌唱方法。莫尔根后来学会了很多长调，她的《富饶辽阔的阿拉善》随嫦娥一号上了太空。她现在和自己的妈妈和四姨学唱歌，她们会唱很多长调，莫尔根要把她们的歌都学过来。她还要给妈妈出一张专辑。

三

莫尔根是环保志愿者，作为牧民的孩子，参与环境保护，她最初可能只是出自一种本能。当年乌日娜老师组织学生们去给牧民演出宣传环境保护的时候，莫尔根还感叹："我们什么都不懂！"现在讲起草原的环保来，她已经能说出很多道理了。

这些年关于草原环保，一直有一个声音叫得很响，而且实施得很有力量，就是要禁牧，似乎草原坏了是羊吃的！但是自从这个星球上有了草原，哪里的草原上没有食草动物呢？作为草原的孩子，莫尔根很不能理解："没有了羊，草原会好吗？"在北京的家里，迎着下午金色的阳光，她这样问。她的目光凄美而悲凉，谁能理解她的问题呢？

莫尔根的家在阿拉善左旗，虽然在内蒙古跑过很多地方，但我几乎没去过西部，对阿拉善，我仅限于文献和想象。我说出这个感受，莫尔根就邀请我过年期间到她阿拉善的家去一趟。

阿拉善是什么样的？荒凉的沙漠？乱石的戈壁？怎么想似乎也不应该是茂盛的草原？到底什么样呢？生活在那里的蒙古族牧民据说人口稀少？他们的生活怎么样呢？是否那些人说的有点道理，那些地方是荒漠和戈壁，根本不适合放牧呢？

大年初二，在银川下飞机，接我的人已经到了，我们穿过贺兰山，到山的那一边就是茫茫的阿拉善。地上长着一层黄草，不像东部的那样浓密，有点稀疏，但也是毛茸茸的一层。路过一棵高大的树，树上系着许多彩色的哈达。树的旁边是个很大的村庄，这里是移民村。草原深处的牧民正被移出来，集中到这个村子里，种植大棚菜。在人迹罕至的土地上又奔波了一会儿，我们进入一个新兴的小城，这个小城和内蒙古很多边疆小城一样有笔直干净的街道，漂亮的小洋楼和小区，一派欣欣向荣的景象。

莫尔根的家在当地一个不错的小区里，可见家里的孩子都混得不错，能给父母买上这样的房子。这个家大约是三室二厅，装修家居与北京的新小区里的住家无异，客厅的大皮沙发上，孩子们在玩耍。

聚在餐桌前，我很快认识了这一家人，妈妈爸爸原来是牧民，现在老了，牧场上也禁牧了，搬到城里儿女们给置办的家里。大哥是机关干部，家里生活也不错。二哥也是个牧民，禁牧了，在城里没什么事情做。两个哥哥都是那种魁梧的男人，只是大哥白一些，二哥粗朴一些。一个姐姐脸上有一点忧愁。一个漂亮时尚的小妹妹，和莫尔根一样在北京上学，学唱歌。莫尔根家有7个兄弟姐妹，抱歉的是我只记住这么多。

莫尔根到了家，就立即变成一个非常能干的女儿，在家里忙里忙外，烧茶煮肉。我每次站起来笨手笨脚地要帮忙，她就说："坐着坐着，你坐着。"

　　一会儿就端上一桌凉菜，然后是肉，茶和果子端下去了，大家聚在一起开始吃饭。每个人都很开心，一个一个地互相敬酒，但是想想每个人的境况，就知道几家欢乐几家愁。我总觉得二哥有一点期待的目光看着我和周维，莫尔根说："听说要禁牧的人家最近可以回去，每家给50只羊，几头牛，我二哥想回去呢！在城里呆着有什么意思！"我只能默默地听着，做了很多年草原环保，听过很多这样的声音，但是我们能做得非常有限。改变一个牧民的命运让他回到草原，别说在我们关注不多的阿拉善，就是我们经常关注的锡林郭勒，这也不是我们能力范围内的事情。大家继续欢迎我们，继续喝酒。

四

　　莫尔根心心念念的姥姥住在牧场上她姨的家里。第二天早上，我们一起出发去往牧场上她姥姥的家。

　　又一次有机会接近阿拉善荒原，看着窗外茸茸的黄草，没有牲畜的原野显得格外寂寞。路上，我们远远地看到一次骆驼，雪白的、强壮的，悠然地立在天边，真美。

　　姥姥的家原来并不是他们自己的家，姥姥家原来的地方禁牧了，莫尔根的姨一家人在后面一个没有禁牧的地方给别人放牧。姥姥岁数大了，不愿意离开草原，于是也到了这里。姥姥坐在房间的一角，已经不能劳动了。莫尔根亲热地走过去搂住姥姥。

　　我们到的时候还早，客人们都没有到，我们要准备八个凉菜，还要煮羊肉和准备煮面条。莫尔根是个非常能干的姑娘，和姨姨、姐妹们一起准备各种凉菜，凉拌的莜面、各种菜的丝等等。莫尔根在北京的家已经那样考究了，生活已达到北京人的小康标准，但是在牧场上，她没有表现出丝毫的不适应，用大脸盆拌菜，准备招待几十个客人。

　　姨家一个上中学的女孩子也是干活的好手，她领我们到羊圈去，我们被羊圈里活泼的小山羊吸引，围着她们拍照。忽然，我发现在墙角上那个女孩子抱住一只大羊，原来这只大羊不太愿意给她的小羊羔喂奶，她把大羊抱住，小羊羔就可以快乐地吃奶了。

经过一个上午的准备，菜和肉都差不多做好了。客人们陆续来了，每个客人都捧着一条哈达，莫尔根的姨姨也捧着一条哈达，相互碰手行礼，然后客人双手献上新年的礼物，姨姨也回礼。

一桌子人渐渐坐齐，人们把菜和酒摆上来，开始下面条。羊肉面是一种我爱吃的食品，不过在牧场上吃羊肉面一定要接受一件事，就是牧场上的刷碗方法。牧场上是缺水的地方，刷碗就是把碗在水里摆一摆，然后用毛巾擦干净。我相信，莫尔根在北京不会是这样刷碗的。但是牧场上长大的她对此没有一点意见，她擦碗的动作非常熟练，把抹布的一头放在碗底，用另一边把碗的里面整个擦一遍。吃面的人很多，莫尔根要擦的碗就很多，她和妹妹一起擦每一个碗。涮碗的水都有点黑了，她们并不去换，换了就改变了牧场上的习惯，大家都会不舒服。

客人们坐齐了，吃了面，吃菜喝酒，没有任何预兆，莫尔根的妈妈唱起歌来，令人惊叹的明亮、动人，一首接一首的长调。莫尔根的几个姨姨也一起唱，绵长、嘹亮的和声缭绕在整个房间里。男人们在歌声中相互敬酒，莫尔根也过来给大家敬酒，并没有人把莫尔根当成一个特别的人，虽然本地的广播电台里整天播放她的歌。

在母亲和姨姨唱歌的时候，莫尔根也唱，她的歌声并不比她们更突出，而是和她们一起，比她和她的"诺恩吉雅"组合在一起还要好听，配合还要默契，虽然她们根本没想着配合，她们还忙着倒酒端菜，但声音那样自然的此起彼伏，共同构成一个又一个动人的旋律。在质朴的环境里，美是惊人的。

五

在姨姨家吃过午饭，去姑妈家吃晚饭。太阳渐渐偏西，变成红红的一个圆盘，沉沉地落在天边，大地正在慢慢地睡去，几只骆驼悠然地吃着草，宏伟的身躯在逐渐变暗的天空下勾勒出静谧的曲线。草原很广阔，但人也好，牲畜也好，都不显得渺小，反而显得更加高大。莫尔根的大哥抱着姑姑家的一个小女孩，那小姑娘瞪着朴实的大眼睛，紧紧地用自己的脸贴着表舅的脸，舅舅一定是她所热爱的一位久别的长辈。

姑姑家的饭桌上，有一位嘎查长，今天姑姑特地请他来，是有事要请他公证。

姑姑是蒙古人，但姑父是汉族人，他们一共生了7个女儿，女儿们都是牧民，讲蒙古语，他们分别找到不同的女婿，女婿有蒙古人，也有汉人，但都会讲蒙古语，熟知蒙古礼节。嘎查长也是蒙古人，但是他的父亲是汉族人，他们共同生活在阿拉善荒原上都已经蒙古化了。这在人口稠密的蒙古族地区是很少发生的。

阿拉善广阔而贫瘠，但牧区人均生活水平却比附近的甘肃、宁夏的农区好一些，一直以来，有农民从甘肃到这里讨生活，他们居住在蒙古族牧民当中，自己也变成了牧民，变成蒙古人。但每个人的变化程度是不一样的，有些人已经看不出是汉族人了，有些人经过很多年，也还保持着精瘦的汉族人形象。他们的孩子也有两种不同的形象。

姑姑拿出一本账，在饭桌上念，是每个女儿出嫁时的陪嫁，越小的女儿陪嫁越多，那并不是因为偏爱，而是确实在那些年里生活在不断变好。念着念着姑姑就哭起来。她只有女儿，因此担心这些已经出嫁的女儿将来不会扶养她，她请嘎查长来做公证就是要说明养老的问题。女婿们杂然点头，表示老人家不用说得太多，他们会扶养爸爸妈妈。

莫尔根介绍我们和嘎查长认识，嘎查长听说我们是做环保的，就跟我们说："我们这里推行禁牧以后，草原恢复得很好。"我和周维不禁面面相觑，这也算最基层的一手资料，我们应该相信呢？还是不相信？禁牧不仅侵犯牧民的利益，而且违背草原的生态规律，但是连一个最基层的嘎查长都这样说，是否这也是他亲眼所见或亲身经历呢？

我们于是问了另一个问题，这里的很多土地被划为公益林，其间根本没有茂盛的森林，只有稀疏的，只长到人的小腿那么高的小型灌木，那些灌木细得外行人根本分不出它是灌木还是草。这种土地祖祖辈辈是用来放牧的，现在被大片的划为公益林保护，不让放牧了，那么嘎查长怎么看呢？嘎查长说："那是根据植物的品种，不是用途划分的，不能因为它看着像草就是草原，是根据植物学的品种划分的。"我们哑然，嘎查长的思想是那些来自北京的林业专家的思想，他能够代表基层的声音吗？在北京，我们参加的一个会议上，一个林业专家说起根据植物品种划分草原和森林还引起会场哗然，会场上的草原管理者都多少认为林业部门的这个理论侵犯了草原的利益，在这里，一个基层的嘎查长却用这样肯定的声音说出这些话。

周维于是小声对我说："他说的可能不是真的。"我说："不急于否定吧，要知道他的想法不是一件容易的事情。"嘎查长似乎感觉到了话茬不对，他说："哎，我不会说，汉语也不好！"于是谈话暂时中止了。

席间嘎查长每过一会儿就问我们北京来的人有什么新想法，他眼睛过一会，就不安地看看我们。后来嘎查长让我们唱歌，我干脆站起来，唱了黑骏马的《我是蒙古人》。嘎查长已经喝得有点说话不利落了，他似乎听出什么。他说："你们北京来的人，到底知道什么，多告诉我们一些……我们草原上的事情，说也说不清……"大家都安静下来。禁牧是个敏感话题，一旦禁牧牧民就会失去生计，这是他们最直接的体会。禁牧以环保的名义推行，是个弥天大谎。每一片草原都需要适当数量的适应当地环境的食草动物，野生的或家养的，这才是生态，才是环保。但是今天是新年，我们可以针锋相对地和嘎查长掰斥这个道理吗？对本地了解甚少的我们说话又以何为证呢？我们正无从回答的时候，羊被端上来了，莫尔根的妈妈开始歌唱，唱长调，歌声转移了大家的注意力，我们松了一口气。

莫尔根另一个优秀的品质在那个晚上的家宴上表现出来。在嘎查长的要求下，她为在场的每个人唱一首歌，从爸爸妈妈、姑姑姑父到所有的姐姐姐夫，她一首一首地唱过去，丝毫不吝惜她动听的歌声在没有麦克风，没有舞台的地方响起，亲人们的掌声和欢笑就是对她最好地回报。她唱得太多了，想不起唱什么了，甚至给一个姐夫敬酒的时候唱了《摇篮曲》把大家都逗笑了。

姑姑家宽大的房间里，只有一个昏暗的电灯，几十人聚在房间里唱着、喝着、吃着。原本是汉族人现在已经谙熟蒙古礼仪的四姐夫为我们切了一条羊尾巴油，我把它吞下去。大家相互微笑或大笑。只有嘎查长不笑，"你们这北京来的人还行啊！我还真没想到！"他这样说。

六

　　莫尔根有个面带忧愁的姐姐，她也很会唱歌，在姑姑家时，嘎查长说她唱歌比莫尔根还好听。她的歌声低沉而深情，不像莫尔根的那样嘹亮悠扬，特点不一样。我们在牧场上听到美好的歌声，不输给专业演员已经很多了，这不能说明专业演员不够好，他们只是草原养育出的孩子中的一部分，也不能说明每个牧民都有希望成功，不是的，音乐圈的规则我一直都闹不清楚。

　　我们认识姐姐的那天，莫尔根就介绍她旁边的一个人是她的姐夫。当时大家都笑了。那是一个很体面很踏实的人，给人印象很不错。后来我们才知道，那并不是姐夫，而是姐姐的男朋友。姐姐的丈夫去世了，她现在在和这个男人交往。

　　从姑妈家回来，姐姐就急急地找我们，说想让我们反映个情况。我们跟着她去了她男友在城里的家。在一条狭窄的胡同里，两间很小的平房，房间里堆满杂物，很多烟筒、炉子和工具。他告诉我，他的家也禁牧了，已经六七年了，禁牧款一直欠着，他没有工作，今年新找到一个事，给别人看网围栏，每个月500块钱，这是他的家，他在城里租的房子，这个看上去体面的男人家境却是这样，这是出乎我们意料的。姐姐用带着疑问的目光急切地看着我们。这是每次到第一线最难做的事情，我们到底能为他们做点什么实际的事呢？

　　莫尔根开车带我们去看姐夫家原来的草场。一路上，我们了解到，这里禁牧的土地越来越大，名义各有不同，仅我们知道的就有三种名义。姐夫家，草场禁牧的原因叫做"项目区"，是飞播造林项目；莫尔根自己家被禁牧就是以降低草原压力为名的禁牧，类似我们在东边常听说的"围封转移"；还有一种就是公益林，把那些只长到脚腕和小腿的灌木说成是树林。其中，第一种和第三种禁牧都产生土地所有权的转移，内蒙古的牧区，按照国家法律是属于集体所有的，就是每个嘎查的牧民共同所有，管理、经营、取得收益的权利也在牧民手里，变成林地就成了国家所有，管理、经营、取得收益的权利属于林业局。

车子离开公路，在淡黄色的草原上颠簸，"先去看看我们家吧！"莫尔根说，"我也好长时间没看了，每次去心里都不好受……"莫尔根童年的家在牧场上。还在北京的时候她就把那个家的故事讲给我们：

莫尔根小的时候，家里很穷，爸爸妈妈带着7个兄弟姐妹住在很小的一个土房子里。阿拉善和东边的牧区不一样，这里地处荒漠地广人稀，很早以前就有定居放牧的做法。就是在水源附近盖一个房子作为中心，羊群和骆驼出去吃草，而后回来喝水。这里的牧民动辄有几十万亩草场，他们也确实需要足够广阔的草场才能让牲畜吃饱，让一家人吃饱。因为草场面积大，牲畜不需要经常回来，不会出现东部那种以定居点为中心的斑秃状退化。莫尔根小的时候，一家人就是住房子，而不是住蒙古包。

孩子们逐渐长大，家里劳动力多了，条件好了一些，大家于是决定在原来房子的前面盖一个大房子。家里所有的孩子都动手参加劳动，在地上挖了一个大坑，从里面取土，和上水做成土坯，小小的莫尔根也下到坑里把一箱一箱土搬上来，哥哥还催着："快点！快点！"她抱怨说："都累得不行了！"就这样，在一家人的努力下，他们盖起了一个大房子，很宽敞很明亮的大房子。因为这房子是大家一块土坯一块土坯垒起来的，孩子们都对它特别有感情。

在莫尔根家的房子前，我们停下车，"哎，我又没带钥匙！"莫尔根说。我有点怀疑，她是不是有意忘了，进入老房子对她来说太伤感了。隔着窗户她往里看："这是我爸爸妈妈的房间，这是我二哥的新房，你们来看，这是我二哥的新房。当初我二哥说，大哥在城里工作了，我就留在牧场上吧，守着爸爸妈妈，守着这份家产，所以我二哥上完学就回来当牧民了，现在也不行了……"

房子的左侧是羊圈，垒圈的羊粪砖已经彻底干透了，变成了灰白色，莫尔根走到羊圈前，把歪倒的水槽扶起来，"哎，羊也没有！"家的周围，地上有一种草，黑灰色的，硬硬的，结着很多空心的小球球，莫尔根说："就是这种草，有羊吃的时候不长这种草，现在这种草越来越多了！"在牧民眼里，草原退化不仅在于草是不是长得多长得密，也在于长什么样的草，这和生态学家的观点不谋而合。

离开莫尔根家，我们去看一个水井。那是莫尔根童年的又一个记忆。那个水井上有一个十几米高的井架，井架上有个大风车。在过去，风吹过来，风车就自动把井水提上来，水扑噜扑噜地从井里往外冒。"就是这！"我们在水井前停下车，"这口井以前是我们这附近的三家轮流管，现在都搬走了！没人管了！"风车连接提水装置的钢筋已经断了，现在已经不能把水提上来，水槽也挪了位置，无聊地躺在地上。

我们一路向前，无边的荒原无始无终，难辨东西，莫尔根总是热切地望着窗外："哎呀！这片草原好像有羊吃呢！"她说。她的眼力真好，一会儿我们就看到地上散落的羊粪蛋，再有一会儿，居然远远地看到羊群的背影。渐渐地，我发现，有羊吃的草地，草细细的软软的，没有羊吃的草地草硬硬的扎扎的。纵横的网围栏和干枯的河道让我们有点迷路，不知怎样走到对面。

过了河，是一片废弃的房屋，房顶掀了，墙倒了一大片。"这就是我们苏木！我小的时候就在这上学。"撤乡并校以后，这个苏木废弃了，学校也拆了。莫尔根找到当年的教室，进去看了一眼，"哎呀，不进去了！里面已经成厕所了！"她说。她向操场的一头看，看了一会儿很神往地说："我们原来在这上课，不能天天回家，有一天我们看见几个驴在吃草，一看是我们家的驴，我就和我二哥一起骑上驴回家了！"她讲起这一切的时候，还那样欢乐。

学校的前面有两棵大沙枣树，莫尔根用石头砍上去，干了的沙枣就掉下来，我们一起捡地上的沙枣吃。

我们兜了一个大圈，终于到了姐夫从前的家。荒凉的操场上网围栏静静地把去路拦住，"哎呀？让进吗？"莫尔根问。"可能不让进。"姐夫说。我们还是找了一个缺口开进去，附近没有什么人管。地上散落着一些羊粪蛋，"这好像有羊啊！"我奇怪地问。"哎，谁知道？"姐夫说，"不让我们放，有路子的人可以进来放，反正这没什么人来，他们来放也没人知道。"姐夫的家在沙漠边上，也已经拆了，只剩下断壁残垣。"为了不让我们回来，把房拆了！"姐夫说。

下了车，姐夫教我认识地上的三种植物，就是为了播种这三种植物，姐夫失去了他的家园。姐夫家的旧址后面不远就是沙漠。阿拉善地区的沙漠和再向西的地区不同，这里的沙漠有水，因为沙子透水性好，水可以存住。沙漠也是可以利用的，有野生动物，还可以养牲畜。姐夫搬家之前花了两万多块钱在沙漠里打了一口井，刚刚弄好，就搬家了。也没有人补偿他打井的钱。老话说："穷家值万贯。"何况他在这里曾经有羊群，有骆驼，有大房子，有水井。

黄昏时分，我们走到一个奇特的地方，这里居然有很长很长的围墙围着，里面是耕种的土地。"我弟弟家也搬出来了，他们在这分到一块地，种玉米。"居然在这么干旱的地区种地。我不能不说这是文化冲突。按照汉族人的思维，种地怎么都是对的。而蒙古人一直坚持草原是不能开垦的。

弟弟家的院子里放着一袋一袋收下来的玉米，问他生活怎么样，他说："种地也行，现在放牧没前途，不让放！"他们家也有一口井，靠这个井浇灌土地。但是我担心，这里的地下水收支是否平衡？如果水用光了，他还能继续种地吗？那时他又靠什么过活呢？在阿拉善，获得同样的收入，种玉米是养牲畜耗水量的500倍。但是在水资源极度缺乏的地区，一批一批的牧民被从草原上挪出来变成先进的农民。如果农民真的先进，姑姑家那些男人为什么会自发地跑到草原上变成牧民呢？

姐夫的弟弟找来一个文件给我看，他说是合同，我一看是飞播造林的合同，再看具体内容，没有时间，没有标的额，没有写土地面积，只写着让他们哪天哪天之前一定要搬出来，基本上就是个搬家通知。他问我他什么时候能回草原，围封转移有5年的，有10年的，我说："看不出来，你这上面什么都没写，没写你应该搬出来多久，也没写到底应该赔你多少钱……"

一位坐在旁边的年老的女人说了很多话，莫尔根告诉我们："她说，羊吃草对草原好，羊吃是一口一口的吃，就吃草尖，没有羊以后虫子就多了，虫子从草根开始吃，把草彻底吃死了！"这和我们事先了解到的情况是一致的。"现在打药呢！"姐夫说。

用飞机往广阔的草原上打药，这是赶走牧民以后，对待生态的办法。飞机、农药和虫子是不是也能生态平衡呢？

七

经历了几天充满问题、困扰、隐痛的日子，我们终于渡过快乐的一天。那天一大早，莫尔根开车带我们去南寺。

周维是六世达赖仓央嘉措的粉丝，传说仓央嘉措在押解往北京的路上消失在青海并没有死，他到了贺兰山里，建立了南寺，并在这里讲经布道。这个传说无从考证，但是一个充满人间情感的浪漫诗人，一位高僧的后半生如果真是这样的结局，可以安慰很多崇拜他的人的心。

贺兰山的西北坡植被不茂盛，青色的山岩裸露着，雄浑又宽厚。一个向西的山谷里，清风习习，阳光明媚，起伏的山岭下一座宏伟的寺庙赫然出现在眼前，真的是一块风水宝地。沿着宽大的台阶拾级而上，上面有一座座白塔，宏伟的大殿结合汉藏两种建筑的风采。

我们进入大殿，里面光线幽暗，所有的木材和绸缎都被香和酥油的味道深深浸透了。我向我不大了解的各路宗师表达小心翼翼的敬意，之后我们来到外面清亮的天空下。

一位长者走过来和莫尔根的父亲打招呼，他们立刻亲密地攀谈起来。今天是一位神灵的生日，他们正在举行仪式，邀我们去参加。在举行仪式的房间里，几位僧人见到莫尔根的父亲亲热地打起招呼，他们甚至像孩子一样相互嬉闹。莫尔根告诉我们，她的父亲是北寺的僧人，从小学佛，和这些僧人都是好朋友，他们一起长大，可以说是"发小"。他父亲在文革期间被迫还俗了，结了婚，生了7个孩子。后来落实政策了，他仍旧是北寺的喇嘛。现在有佛事活动他仍然回去参加，只是平时住在家里。

真有意思，叔叔在家里是那样慈爱的一位父亲，原来却是一位从小学佛的僧人。我们住在莫尔根家时，看到他每天早起虔诚地给佛像上香上供，还以为他只是位信徒。

我们在寺庙里得到桔子、奶茶，还得到一块肉，这都是带着祝福的。在仓央嘉措的寺庙里，传奇还在继续。

八

"人与草原"音乐会于2009年3月29日在北京举行。莫尔根把父母接到北京，她和妹妹扶着腿脚不太好的妈妈上了台，妈妈的歌声震惊四座，比莫尔根还要受欢迎。在我们简陋的剧场里，一个曾经是牧民的家庭把她们对草原的无限的爱唱出来，把草原教给她们的歌唱给北京的听众。草原是他们美丽歌喉的源流，她们今天都已不生活在草原上，愿他们不致走得离它太远。

莫尔根：蒙古族青年歌唱家，中央民族大学音乐学院硕士研究生，中国少数民族音乐协会会员，环保志愿者，香港佛教文化产业佛乐大使。她演唱的《富饶辽阔的阿拉善》由"嫦娥一号"搭载升入太空。

2009年11月

<h1 style="text-align: center">我爱"黑骏马"</h1>

2009年末，我为天下溪"人与草原网络"做结项纪念册，约黑骏马的朋友们给我讲一些故事，在一间酒吧里，乌日格希拉图、锡林宝乐、布日古特和他们的朋友们正在准备去日本的演出，他们边排练，边想起什么说什么，于是我记下了一些片段。

采蘑菇

乌日格希拉图的家在正蓝旗草原上。草原上的太阳雨一直让他难以忘怀。

有太阳又下雨的时候就会长蘑菇。下过这种雨，我们就去捡蘑菇。家里的大人给我们一个木头的夹蘑菇的东西。为什么要用这个呢？有两个原因：一个原因是蘑菇底下也是蛇呆的地方，蛇有的时候就盘在蘑菇下面，用木头采可以防止被蛇扎着。还有一个原因就是，用木头的东西采蘑菇，蘑菇采下来以后这个地方还会长，如果是用铁的东西采过以后，蘑菇就不会长了。我们蒙古人就是在每一件事情上都重视环保的人。

"以前我们草原上，如果蒙古包里有蛇进来，把牛奶点在蛇头上，让蛇头转向西北方向，蛇向着那个方向自己就会走了。"

捡牛粪的母亲

我正在和乌日格希拉图聊天，布日古特在马头琴的伴奏下轻声唱《捡牛粪的母亲》，很深情，很动人。"这首歌就是一个故事，你知道吗？"乌日格希拉图说。

以前草原上有一个孩子，他的母亲去世了。他每天早上醒来，找妈妈，他爸爸就告诉他："你妈妈捡牛粪去了。"孩子就在家等着，等着等着不回来，等到晚上就睡着了。第二天醒来，爸爸又告诉他妈妈捡牛粪去了。爸爸一直这样告诉他，就好像妈妈还在，只是每天孩子起床前妈妈就走了，晚上很晚了，妈妈才会回来。直到很多年以后，孩子长大了，终于明白妈妈不在了。但是在他成长的岁月里，他一直都觉得妈妈还在他的身旁。爸爸这样做是为了让孩子幼小的心灵不致受伤。"我们蒙古人很关心人的心理感受的，注意保护心灵的健康。"乌日格希拉图说。

《捡牛粪的母亲》歌词：

捡牛粪的母亲为什么迟迟不归？孩儿在饥渴中度日，思念您熬的奶茶。

母亲，母亲，仁慈的长生天啊！还没到您归来的时刻吗？

去了远方的母亲，已经恍若隔世。孩儿度日如年，期盼您的归来。

母亲，母亲，仁慈的长生天啊！还没到您归来的时刻吗？

奔向佛爷的母亲，是否忘记归来？遥祝您幸福，请求您归来。

母亲，母亲，仁慈的长生天啊！还没到您归来的时刻吗？

被围栏分割的人心

锡林宝力尔的家在锡林郭勒盟阿巴嘎旗，他的哥哥今天还在草原上放牧。

"我爷爷那个时候的草原真是好！那可真是骏马奔驰的草原！"他说，"现在你再奔驰一个试试，摔死你！到处都是网子！"

"现在邻居们每天在吵，你家的羊进了我的网围栏，我家的羊进了你家的围栏。不停地吵。孩子和自己父母打官司，你占了我家的地，我占了你家的地。以前哪有这种事！"

"那么以前大家一起使用草场的时候，有人家羊多，有人家羊少，怎么办呢？"我问。

"我爷爷那时候，哪有这样事？那时候没有网子，羊放着放着两家的就很容易和到一起变成了一大群。这个时候，人就去把它们挑出来就行了。大家都好好的，没有现在这些事。游牧就没有这些事，现在不能游牧了，天天吵。"

没有矿是最幸福的

"现在草原上到处是矿，谁家的草场上没有矿那是最幸福的！"锡林宝力尔说这话的时候，目光里闪着孩子一样的真诚。"我哥哥的草场上也发现矿了……"

"要开矿，我们也没有办法，我们也不知道是谁在开矿？反正说开就开了。这样原来有5 000亩草场，现在划走了2 000亩，20年，人家在那挖矿。挖过了这20年也不长草了，还给你也没用了。草原上是最忌讳动土的，挖了矿那片草地就完了。20年一次性给你50万，表面上看着，你们家一下子有钱了，其实不是。剩下的3 000亩，现在都有规定多少亩草原养1只羊，只能养100多只羊。一年到头忙活，挣不了几个钱，怎么办？包给别人自己去城里？那50万，在城里买个房20万，买个车10万，30万就没了，这还是省着花的。那20万，能花20年吗？这些地如果养20年羊，就不止50万，比这个多多了。而且土地永远可以用，永远有价值。这还不光是钱的问题，游牧文化也这么完了。如果这一家去了城里，能干什么？只能开个餐馆吧？孩子上个汉校，过几代人，也就不是蒙古人了。"

"现在草原上，谁家的草场上没发现矿是最幸福的！"

捐助学校

黑骏马组合近期要去日本演出，这次演出是一次义演，希望能在草原上捐建一所学校。

"我们那边苏木里的小学都撤了。"乌日格希拉图说，"那些小学撤了以后，小孩都得到很远的地方去上学。这样家长就得陪着。陪着怎么办？就把草场和牲畜都包给别人，带着孩子到城里租房子住。等过几年回来，草场也不是草场，牲畜也糟蹋没了，有很多问题。而且那些人进了城根本也没有像样的工作，没有像样的事做，什么也不是。"

　　出于对家乡的这种担心，黑骏马组合想尽一点微薄之力，"我们认为对的事情，我们就去做，要是我们这代人也不做，以后更完了。"乌日格希拉图这样说。他们准备在家乡的苏木里捐一所小学，哪怕只有一所，也可以改变很多家庭的命运。

2009年12月

给黑骏马组合的一封感谢信

亲爱的（占点便宜哈）黑骏马组合的小伙子们：

　　非常感谢你们对"人与草原音乐会"的支持。这场音乐会是由福特基金会赞助，天下溪"人与草原网络"主办的，旨在宣传草原环境保护和文化保护的重要活动。因为音乐会资金非常有限，所有到场演员均没有任何演出费用，演出条件也非常简陋。筹办期间，我们不断遭到演员们的婉言拒绝和善意推辞。在我们最艰难的时候，我们得到消息，黑骏马组合将参加这次演出。这给了我们极大的信心。

　　演出现场，在很烂的灯光音响条件下，你们优秀的表现感动了很多观众，使场上气氛达到高潮，谢幕时观众围拢久久不散。在未经事先沟通的情况下，导演不断放伴奏带，一首《故乡》你们唱了四遍。直到观众过瘾。音乐会条件虽差，却因优秀的内容和演员优秀的表演大获成功。直到很久以后，我遇到一些到场的观众，他们还津津乐道。

　　真心地感谢你们为音乐会、为草原所做的努力！

本人谨代表音乐会策划团队撰文

　　我写这封感谢信，有点开玩笑的心态，但是不太好笑，不但因为我不会开玩笑，而且因为一旦动笔，我就无法以玩笑的心态对待那晚的事情。

　　上次给黑骏马写东西是在2004年，时间过得真快，5年就这样过去了，过得轻松又沉重。黑骏马告别故乡酒吧，告别我们的视野的时候，我写下一句话："这是一个值得祝福的开始，和一个值得牵挂的未来。"我是不是太乌鸦嘴，不写点吉利话？没祝他们飞黄腾达、大红大紫？真的，那时很忐忑，可担心的事情很多：他们能红吗？他们会学坏吗？他们会被扭曲吗？会受气吗？

5年过去了，他们出了一张专辑，花钱很多，但是响动不大。在公众的视野里，他们多半只是在晚会上唱唱《祝酒歌》，蒙古人圈子里，新人层出不穷，年轻的小姑娘不断有新的尖叫对象。黑骏马，你们到底怎么样？

2008年底，我接到"天下溪"的邀请，让我和他们一起筹办音乐会，用音乐会的形式向北京观众宣传草原保护的正确理念，那时我们除了10万块钱经费，一切都是一片空白。演出行业的规矩我们一窍不通，但是我们要做这件事，我们就要邀请演员。从12月到3月，我们请了很多演员。没有演出费，所有的演员都没有签演出合同，任何人说他们有别的事，忙，不能来了，我们都毫无办法。优质的、有一定水准的节目还是攒了几个，但是一场演出只靠那个是不行的，还需要有人气的节目。音乐会上真正的台柱是要能强烈感染观众的人，这个人还得有点腕。事实上我们几乎给所有叫的上名来的蒙古族大腕都打了电话，不断有人答应，不断有人变卦，到演出日益迫近的时候，他们都有别的事情。我们的节目单不断修改，导演没好气地问我们："你们这个谁压大轴啊？"我们相互看看说："黑骏马……"并不是所有人都看好黑骏马，因为他们唱蒙古族流行歌曲，不是呼麦、长调或其他比较原生态的东西。但是我们决定不接受那些不帮忙光挑刺的人的意见，我们需要人气，我们相信黑骏马。

虽然锡林宝力尔保证他们没问题，在离开演出还有一个星期的时候，最令我们提心吊胆的事情之一就是接电话。如果这时候，黑骏马组合打电话来说："我们去不了了。"我们怎么办？

一天一天挨过去，一直挨到3月29日，中午，我站在剧场门口，等着来走台的演员，布日古特从车上下来，我真有点诚惶诚恐，他真的来了！我尽量掩饰住自己的情绪，对他表示欢迎，还好，他没看出什么。锡林宝力尔到了，他递给我一张盘是伴奏带，然后是乌日格希拉图。谢天谢地！

开始走台时有一点混乱，演员们对先后顺序都不熟悉，工作人员把哪个节目需要哪些话筒搞得乱七八糟，灯光还没有装好，音响瓦数不够，剧场条件简陋，负责播放伴奏带的人没有，临时替补的志愿者只培训了3分钟，走台不断被打断，有演员到了好几个小时，也没轮到走台，演员们会不会有意见呢？当然会，我们一面组织现场，一面花点时间跟台下的演员聊天，稳定他们的情绪。好在大家都通情达理。

就在这个时候，伴奏带响起来，轮到黑骏马了。台下没有观众，剧场里只有零星的几个工作人员，三个小伙子开始唱歌了，他们不是唱唱就算了，而是完完整整的把一首歌唱下来，唱得很投入。太棒了！他们热爱歌唱，音乐就像发令枪一样，听到它，他们就会歌唱。今晚他们一定会唱好！那一刻后台都不那么乱了。

中间总结的时候，负责声光电的演出公司老总还说："歌都没唱完啊？不过走台的时候不好好唱，演员都这样，越腕大越不认真走台。""有唱完的。"导演说，"不是腕大腕小的问题，爱唱的他就会好好唱……"

经过简单的调整，志愿者们很快学会了一些专业技巧，知道怎样处理话筒、话筒支架和椅子的问题，专业人士也各就各位。

演出开始了。居然就这么开始了，一个节目一个节目的按顺序向前，插片和解说依次播放。观众们很赏光的鼓掌、献花。

到演出将近结束的时候，黑骏马的出现真的掀起了高潮。因为是宣传环保的演出，前面播放的讲述草原现实情况的插片让现场有点沉重了。退化、水资源枯竭、污染、禁牧、在城市化中失去草原，哪一个不是沉重的话题？黑骏马使这种沉重变得深情、变得感动、然后把现场点燃了。

谢幕的时候，黑骏马组合演唱那首深情的《故乡》，演员和志愿者列队上台谢幕，观众们围到了舞台前。在没有事先商量过的情况下，导演把《故乡》的伴奏带播了一遍又一遍，黑骏马居然就一直在台上唱。据说连调音的人都担心，再播他们还唱吗？但是他们唱了，一共唱了4遍，唱到所有观众都尽兴为止。

在随后的庆功宴上，导演大声地说："今天晚上，黑骏马给我们长脸了！"宴会上，黑骏马仍然在唱，他们搂着来做志愿者的蒙文系的孩子们，和他们一起歌唱。没有人抱怨剧场、没有人抱怨音响，没有演出费，没有媒体宣传，我们又拿什么感谢小伙子们呢？他们居然什么都不要，还不断感谢我们举办了这样的活动，最后他们要了一样东西，就是我们为音乐会做的小片，那些讲述草原问题的视频资料。乌日格希拉图说，他们自己也要做这种演出，也许会用得着，保护草原是蒙古人自己的事情，自己一定要尽力。

真的很感激这些热爱家乡和热爱音乐的人！这封感谢信有点迟了！很抱歉，但这是我半年多来一直想做的一件事。

2009年11月

有一个美丽的姑娘

　　哈琳和我认识的别的歌手不一样，我们不是在演艺场所认识的，我认识她之前，几乎没有认真听过她的歌。但是我认识她以后，就被她的歌声迷住了，而这个女孩身上所拥有的精神更是在朋友圈中为人称道。"那个小姑娘特别好，她是个心里特别热爱家乡的人。"马头琴手贺西格听说我要采访她，就立刻夸奖她。

　　在蒙古人的圈子以外，哈琳的名气不算太大，但是也够得上流行歌手了，在蒙古人圈子里，她就是大明星了。我们那时又不太熟，所以打电话的时候，我还有点担心，但是一听说我要聊一些有关草原的话题，她就高高兴兴地到我家来了。

捡树叶

　　哈琳的家在阿拉善的额济纳旗，内蒙古最西边的一个旗。这里的气候非常干旱，但是靠着黑河水的滋养，额济纳有大片的胡杨林。额济纳的蒙古人有一个习惯，每到秋天就去捡树叶，留着冬天喂羊。无论是穷人家，还是富人家都一样。

　　哈琳小的时候，有一次过生日，一早起来，妈妈就给她准备好了漂亮的蒙古袍。哈琳打扮好了，又干净又漂亮地跑下楼来，到姥姥住的平房里，想让姥姥祝贺她。没想到，姥姥扔给她一个袋子说："去，捡树叶去！"哈琳觉得很委屈，穿得那么好，去捡树叶不是都弄脏了？而且今天又过生日。但是哈琳从不顶撞姥姥，虽然不愿意，她也拿着袋子去捡了一天树叶。晚上回到家，姥姥说："我希望你成为一个爱劳动的孩子！"哈琳这才明白了姥姥的用意。

额济纳现在有很多驻军。有一年，姥姥见外面的树叶都捡完了，只有部队大院里还有树叶，就进去捡。大院里的看门人过来管，不让捡。姥姥问他："你哪的？"那人回答："我是甘肃金塔的。""我们额济纳的树叶是你从金塔背过来的？"姥姥说完继续和老姐妹一起捡树叶。看门人找来部队上的人，部队上的人一看到这位老太太，就笑了，也没有管姥姥。

哈琳的姥爷是额济纳土尔扈特最后一个王爷。虽然出身富贵，但是姥姥特别爱劳动，一直保持着土尔扈特人的传统。姥姥的针线活做得特别好。在哈琳的记忆中，姥姥有一次手绣了一件蒙古袍，绣了一年多才绣好，非常漂亮。现在哈琳也会做很多针线活，自己演出穿的蒙古袍上的花边都是自己绣上去的。这都是受姥姥的影响。

邮车

哈琳十几岁的时候就到部队去当兵了。她的工作单位在酒泉卫星发射中心。实际上也是在额济纳的土地上。从部队到家有一种交通工具就是邮车，小的时候，哈琳经常搭邮车探家。

哈琳很喜欢额济纳的邮车，它一路总是走走停停。路上的牧民总是麻烦邮车司机："你给我买半斤盐"，"给我买两斤苹果"，"帮我发封信"……邮车司机也是个蒙古族人，他每次总是抱怨："哎呀，这些人麻烦的！"但是他每次到了基地，就帮这些人买盐、买苹果、寄信。然后回去的路上，再一路停车，把东西交给等在路边的牧民。从小哈琳就坐这个邮车，车上一会儿上来一个老阿妈，一会儿上来一个什么人，她觉得很亲切。

哈琳的专辑出版以后，有一次回家，家里人要去接她，她说："不用，不用，我要做邮车回去！"那时候，家乡的人都认识她了，哈琳用围巾围住脸，戴上墨镜坐在车的前面，一路上听大家说话。一会儿上来一个老奶奶，说谁家的草场怎么了，谁家的湖又没水了……一会儿又上来个人说点什么。墨镜后面的哈琳一路泪流满面。

驼羔

哈琳唱得很多歌都是有故事的。有一天，哈琳和一群朋友开着212 在戈壁滩上跑，大家又说又唱非常开心。忽然远远地看见戈壁滩上有东西，走近一看是一头母驼和一头小驼羔的尸体。驼羔的尸体已经模糊不清了，母驼的尸体还没有太腐烂。这说明小驼先死的，伤心的母驼不愿意离开自己的孩子，一直站在这里，干死在这里了。哈琳把这个故事告诉蒙古国的老师得比和巴图，老师帮她写了《悲泣的母驼》这首歌。

还有一次，哈琳从妹妹的电脑里发现了一张照片—— 一只小骆驼瘦成了鸵鸟。原来她的妹妹有一次碰到祭敖包，她就停下车去看。一个小驼羔就跑过来，瞪着乌亮亮的眼睛跟着她。她一看，这个小驼羔怎么这么瘦？就拿水给它喝，小驼羔把一瓶绿茶都喝了，还不走。她就拿梨给它吃，小驼羔咬了半天咬不开，妹妹于是把梨一口一口咬下来喂给驼羔。后来他们才知道，这个可爱的驼羔是个孤儿，它的妈妈在干旱中死去了，但它还勇敢地活着。于是哈琳又为这个可爱的小驼羔写了一首歌。

居延海

到北京六七年了，哈琳每次回到家乡都发现家乡的变化非常大。额济纳有座著名的敖包山——巴音博格达敖包，土尔扈特人祭拜了300 年。过去，敖包附近草木丛生，绿油油的一片，敖包附近有一个小湖，湖里有很多青蛙，哈琳小时候，学校经常组织去那里春游。淘气的男孩子就把青蛙抓来，吓唬女孩，女孩都吓得大叫。现在敖包是黄色的，湖不见了。

额济纳绿洲完全靠黑河滋养，过去河水是自然流淌的，流到东居延海，东居延海水满了，再流到西居延海，西居延海比东居延海还要大，是个咸水湖。由于黑河上游被截流，河水干枯，居延海也逐渐干枯了。1990年以后，情况更为严重，居延海里都出现了沙包。后来人们用一米宽的板渠把黑河水直接送到了居延海。"以前我们那里的胡杨林长得特别茂盛，现在枯树林已经成了额济纳一个新的旅游点。"哈琳说。

2006年，哈琳回家探亲，和舅舅一起去看居延海。那天在镇里的时候天气特别好，很晴朗，万里无云。出了镇子不远，就看见远远地飘着一层白白的东西，看着像云像雾，但是额济纳是不会有这么大的云雾的，哈琳和舅舅都不知道那是什么。司机告诉他们："那是沙尘暴！"车子继续往前走，忽然就撞进了雪白的沙尘暴里，什么都看不见了。西居延海是个盐湖，盐湖干了以后，湖底的碱尘被风吹起来，就形成了这种白色的沙尘暴，或者叫"碱尘暴"，碱尘暴不需要太大的风，因为碱尘比沙粒轻，它却比沙尘暴飘得更远，而且因为还有化学物质，危害也更大，可以让远方的土壤盐碱化。哈琳和舅舅到了居延海边上，却什么也看不到，他们用围巾捂住脸，周围都是白茫茫的碱尘。突然他们发现，离他们只有四五米的地方有水，这就是居延海。

格日勒奶奶

额济纳有一个养马的老奶奶——格日勒奶奶，她是哈琳的好朋友。奶奶家的草场如今几乎已是戈壁荒滩，没有草，奶奶却坚持养了十几二十匹马，她靠买草料喂马，坚持养马。她的马她自己从来舍不得骑，自己没的吃，也要给马买草。哈琳曾经和一位记者一起跟拍了奶奶一整年。刚开始拍摄的时候，记者问奶奶："您为什么要养马？"奶奶正从柜子里拿东西，听到这话，停下手看着记者说："我们蒙古人曾经骑着马征服过全世界，我活着让它死了？"哈琳把这话翻译给记者，记者大惊，问："奶奶读没读过书？"哈琳说没有。

到了祭祀巴音博格达敖包的时候，哈琳去看祭敖包，碰到奶奶。奶奶从包里掏出一个纯银的马嚼子对哈琳说："你骑我的马！"哈琳很感动。那年她听说，奶奶虽然自己舍不得骑马，但是每年都有小骑手骑着她的马参加那达慕。格日勒奶奶的爱人曾经是当地最帅的赛马手，但是英年早逝，奶奶坚持养马也许一直在思念她的爱人吧？

又有一天，哈琳和记者一起拍奶奶家迁场。奶奶的女儿女婿把家里的东西装上一辆拖拉机，奶奶自己骑着毛驴赶着一百多只羊。奶奶舍不得骑马，马走在大戈壁上适应不了。哈琳他们拍完了出发，就开车到终点等。左等不到右等不到，一直等到晚上8点多，远远的看着奶奶到了，哈琳急忙奔过去，一看奶奶骑在毛驴上胳臂上全是血。原来奶奶从毛驴上摔下来了，腿也摔瘸了。哈琳赶紧跟记者说："咱们不拍了，送奶奶上医院。"奶奶说："哎呀，没关系！瘸几天就好了！"

哈琳的心一下疼得难受，她想，奶奶能说这个话，一定不是第一次遇上这种事了。她想自己现在的境遇还不错，如果自己有一天活到奶奶那样，还能不能坚持养马？她觉得自己是做不到的。

2009年12月

现在还有这种事?

我们家有个邻居是个部队退下来的老太太，是个超级热心人。去年我们办《人与草原音乐会》的时候，把她也请去看节目。看完以后，我妈妈告诉她："今天所有的演员都是义务的，不拿一分钱。"她大吃一惊："现在还有这种事?"看，连这个热心人也不相信义务演出这种事。但是真有!

我做NGO也算很长时间了，虽然不是专心做的，但是前前后后不少年头了。我记得几年前巴图跟我说：郝冰（我们天下溪的老板）常常告诫他们，做NGO不要有道德上的优越感，我那时非常的支持这句话。

做了很多年志愿者，今年年底工作又黄了，干脆跑到天下溪的办公室上班，不过还是志愿者，人家叫我"王牌志愿者"。但是我的自我感觉好像专业了一样。我接的第一个活是出品一个东西，这个东西要求是"人与草原网络"结项用的，面向公众的，有宣传作用，又要喜闻乐见。我们商议以后决定做两个小记事本，一个是《歌手的故事》，一个是《牧民的故事》，每个小本子里放20个左右的故事，每个故事500字左右，其他的页面是白纸，可以做记事本。我于是开始忙活。从我的各种存货里，找出合适的素材，给我认识的蒙古族演员们打电话，请他们同意使用他们曾经讲的故事和他们的照片，当然我是不付版权费和肖像权费的。存货不够的，还要现采访，歌手们也都接受了，还有人特地跑到我家来给我讲故事。几天时间，忙得昏天黑地。"道德优越感"也悄悄地爬上来了。

故事写完了，排版的志愿者老段建议在白页上加点东西。我们事先也想到成吉思汗箴言、蒙古族民间谚语之类的，现在既然这样，就牧民的故事加民间谚语，歌手的故事加歌词。但是巴图在呼市考研，除了他我们这还真没有蒙汉兼通的。

我开始在网上找人帮我干活。起初大家应者寥寥，而且一个比较愤怒的事情是，一开始应了做谚语和做歌词的两个哥们都是两天以后掉链子，又说做不了了。这事麻烦了！我们的制作周期就一周多点的时间。我开始在办公室骂网友们不靠谱，我自己替蒙古人白忙活，他们都不在乎。

后来有个当老师的网友接受了找谚语的工作，但是她手头没有资料，又发动了一大帮人帮她查找和小故事沾边的谚语，那些人里有些人的名字她都不知道，只知道网名，可是他们买书的买书，找资料的找资料。谚语找齐了，她坚决说她翻译不了。又把翻译的工作交给另外一个当老师的朋友。那朋友在网上人气比我要高得多。主要是人家在网上说话喜闻乐见，不像我一直板起面孔"道德优越感"很强。那个网友把一句一句的翻译贴在网上，结果世界各地的蒙古青年七嘴八舌，讨论怎样翻译合适。这下我私下尴尬了，我前几天还在抱怨这帮人不关心那啥啥的，只知道扯淡。现在大家都在帮忙，倒是我没趣。

接着找歌词，一个搞建筑的（大概是干这个的），帮我从网上搜寻，但是由于前面的朋友掉链子，我们只有半天时间搞定这些歌词，这样搜索太费时间了。我于是把我电脑里的蒙语歌一个一个给他传过去，他听了几首听不出来，我又发现其实我有那些歌手的专辑，那上面有歌词。我就把歌词扫描下来发给他，他帮我打印下来，再拷成图片发回给我。时间已到半夜，他说让我去睡，他回头发离线文件给我。第二天一早，一上线，果然全部歌词都收到了，有图的有文本的。

我给笔记本装了蒙语输入法，抱着笔记本带着歌词和谚语去找老段排版。忙到晚上5点，我和老段两个文盲觉得这样不行，得找个懂蒙文的人校对，就给几个朋友打电话，有一个朋友有时间帮忙。我于是约好7点钟去找他。结果我们排版排到晚上9点，我10点钟才去找他，他还在单位等我。但是他宿舍没有计算机，我于是把他押到咖啡馆，现看现改，改到11点多。

第二天，我又把排好版的小本子发给前面晃点我的一个朋友，让他也帮着校对一遍，这次他欣然接受。不过神奇的事情发生了，两个校对的人都认为《嘎达梅林》那歌的第一个词错了，提供歌词的哥们和提供谚语的老师都说没错，2：2。我于是贴到网上让大家七嘴八舌，结果很快变成了5：5，我晕。大家提供了两个权威人士，让问她们，结果一个支持一头，我打电话给巴图，让他问呼市那边的老师，得到一个答案，两个都对。这时一个有字典的网友把查字典的结果贴在网上，不过很遗憾我没有看懂。

《快乐的牧羊人》的歌词没印在专辑上，网上也找不到，演唱这个歌的小歌手的爸爸，把歌词手写了拍下来发给我，可是太虚了，看不了。他打电话给我那个搞建筑的朋友，那个朋友还在连云港出差，电话从呼伦贝尔打到连云港，我的朋友把歌词记下来，再做成图片发给我，我再找人校对。

后来因为好几个人参与了蒙文歌词的工作，大家的机器上的字体都有差异，而我有的接受的图片有的接受的文字，所以歌词的字体五花八门。

我再也没脸说大家不帮忙了，那么多人在帮我，我都不知道麻烦了多少人。我给几个帮忙较多的朋友申请了点补助，还一个一个的都说不要。忽然想起邻居阿姨那句话："现在还有这种事？"真有！

2009年12月

相守

父亲是牧马人

　　像热爱生命一样热爱我的父亲，他在有马的草场上一直歌唱，住在我幼小心灵的是父亲沙哑低沉的嗓音。

　　野性的马儿仰着漂亮的头，从未见父亲套马杆的绳圈松开过，特别的爱给我的父亲，在众人中有名望的父亲。

　　在马蹄声中把我哄睡，强壮的牧马人是我的父亲，在长调的歌声中把我哄睡，智慧的歌者是我的父亲。

　　我的父亲是牧马人，我的父亲是歌手。

　　这首蒙古民歌从我听到它那天起就被它深深打动。它是哪来的？谁做的，一直无从考证。很多年反复听这个旋律，用生涩的蒙古语学会唱这首歌，那些时候，我都没有想到过，有一天我会真的有一位牧马人父亲。

相识

　　元登阿爸是东乌珠穆沁旗的一位牧民。今年春天，天下溪教育咨询中心给我和我的同事巴图一点资金，让我们到草原上体验牧民生活。开始我和巴图住在一家，因为巴图会蒙古语，又能干一些力气活，我们住在人家里面感觉还比较顺利，搬去第二家的时候，我就和巴图分到不同的两家，我去老嘎查长家，巴图去老书记家。老嘎查长就是元登阿爸。去之前，我心里有点紧张，我不会干活，也不会说蒙古话，到了那里怎么交流？他们会欢迎我吗？

老嘎查长家只有老两口，他们的两个女儿已经出嫁，唯一一个儿子是个歌手，现在在城里唱歌，儿媳妇带着孙女在城里上学。他们家的生活条件不太好，只有100多只羊，十几头牛，但是老夫妻有蒙古人各种传统的美德，不断地让我感动。

刚开始住进这家的时候，我叫老嘎查长"叔叔"。我并不是从一开始就能开口叫陌生人阿爸、额吉的。叔叔在我到的第二天就进城了，我和额吉两个人在家。在牧场上，我通常更乐意和男人打交道，女人不主事，也不爱和生人说话，更不大可能接受采访。所以叔叔走了，我有点不自在。额吉开始不怎么跟我说话，去棚圈忙完了，给我做了点简单的吃的，就回家给亲戚朋友打电话，我觉得有点尴尬，总是眼巴巴地看着她。到了下午，额吉对我的照相机开始感兴趣，她拿出袍子穿上，让我给她照相。先是在房子里照，然后额吉说："一会儿……阿爸的马……我，喂水……"我于是跟着额吉走到野外，野外有两个大水罐车，旁边栓着一匹花马，额吉把花马解下来，牵到一条冰雪融水形成的小水沟边，用脚把冰踩破，让马喝下面的水。额吉踩冰的时候很认真，踩了好几处，才有足够多的给马喝的水，那匹马很认生，我不能靠近，但是它对额吉就比较顺从，很少微笑的额吉也一直笑着，下午昏黄的阳光照着金色的草原就像额吉的微笑一样慈祥。我那时起开始叫"额吉"，那是蒙古语妈妈的意思。

我开口叫阿爸要晚一些，阿爸曾经是个牧马人。牧马人是草原上最令男人骄傲的职业，马的活动范围大，过去做牧马人非常辛苦，要跟着马跑很远的地方，最高贵、最勇敢的牧民才干得了。随着石油时代的来临，马的作用从人类最快捷的交通工具蜕变为一种娱乐品和精神寄托，马的经济价值也随之大幅下降。现在的草原上已经很少能见到马了。阿爸在10年前，还有两个马群50多匹马。现在阿爸只有一个马群11匹马，马群放在离家很远的草场上。

有一天，上午干完活10点多，阿爸突然走了，3个多小时没有人影，该吃中饭了还不回来。额吉说，阿爸去找马了。我问额吉去了哪里，额吉说去了东边，我于是打开网围栏的门，往东走。走着走着，就不知道方向了，我朝一个小山包走，走了很久，回过头，忽然远远地看到一队马，领头的是一匹飘着金黄色鬃毛的栗色儿马。阿爸骑着花马，跟在最后。马群回来的景象真是令人兴奋。那时我再想到《父亲是牧马人》这首歌的感觉就不一样了。

　　阿爸让我去给马照相，我有点发愁，那天光线不好，而且马被赶到家附近以后风景也不好。现在，阿爸和额吉已经变成定居的牧民，他们在草场上有一处房子，离房子大约一里远有一处棚圈，羊群每天被赶回棚圈里，牛和马则放在远处的草场上。棚圈附近的地已经被羊群踩得没什么草了，有很多从棚圈里清理出来的积雪堆和枯草堆。我勉强拍了几张照片。大约10分钟时间，儿马子朝来的方向走去，穿过网围栏的大门，马群也跟着它走了。这时我才知道，阿爸跑了3个小时是特地让我给马照相的，就为这几张照片！

　　后来我就像他们的孩子一样，每天阿爸、额吉的叫着，围着他们叽叽喳喳，额吉有一天跟阿爸说，我的蒙古语"阿爸"、"额吉"说得最准了。

羊羔

　　作为游牧民族，蒙古人的生活是跟牲畜分不开的。我把前一家照的照片给阿爸和额吉看，阿爸很快发现"他们家有一只讨厌的羊"，"我们家也有。"阿爸说。

　　我很快就开始领教这只"讨厌"的小山羊了。那是一只非常漂亮的羊，全身的毛又细又长，整齐地随风飘舞。这只小山羊从小被妈妈遗弃，是额吉一手带大的。现在它成了一只有特权的羊，它从来不跟着羊群走，而是像个小狗一样跟着额吉。额吉回家它就跟着额吉回来，额吉去棚圈，它就跟着去棚圈。它的膘比其他羊都好，非常有活力。到了棚圈就跳到草料垛上，想吃什么吃什么。其他羊都跳不上去，只能指着阿爸和额吉定量分配一些草来喂它们。回到家，狗都不能进屋，它却可以进屋喝水。阿爸说，现在好多了，以前，额吉去棚圈陪它睡觉。阿爸家没有水井，要去很远的地方拉水，以前连出去拉水的时候，它都跟着。有天晚上，我听见阿爸在门外大声呵斥，原来小山羊把门堵住了，不让阿爸进屋。阿爸气呼呼地进来以后，额吉笑着说："它的妈是我呀！"

额吉并不是对每一只羊都那么好，她会唱劝奶歌，但是很少唱，更多的时候，她是抓住遗弃羊羔的母羊的后腿，让小羊羔吃奶。山羊羔子怕冷，成活率低，家里有一些有奶没有孩子的山羊妈妈，而绵羊的膘不好，有些妈妈没有奶的绵羊羔子，额吉就让山羊喂绵羊羔，喂过之后，就把小羊羔尾巴上的味道抹在山羊鼻子上，几次以后，山羊就要了这个小孩子。但是也有山羊坚决不要，额吉有时候生气了，就用小木棒打羊的头，打得可狠了。开始我替母山羊难过，但是在我学会给羊羔喂奶之后，也不自觉地学会了打羊，很容易就觉得唱歌也不好使，哄着也不行，不揍你不行！养牧会把人心养软，每天惦记家里的小羊羔、小牛犊、小狗，但是也会把人的手养重。这大概就是事物的两面性。

定居

阿爸的家在东乌珠穆沁旗额吉淖尔附近，这一带的草原主要有三种，平地草场、山地草场和戈壁草场，这是当地牧民的分法，其中平地草场和山地草场都是典型草原，戈壁草场有点近似于湿地。以前游牧的时候，牧民夏天把羊群放在平地上，冬天放到山里，吃碱的时候放到戈壁上。所谓山里，其实也就是百米高的连绵的高地，但在乌珠穆沁草原上就算是山了。

阿爸现在的牧场就是以前的冬草场，山区草场。这里的草场有个特点，就是没有水源，叫做"无水草场"。过去下雪以后牧民赶着牲畜过来，牲畜吃积雪解决饮水的问题，到雪化以后牧民就赶着牲畜到平地上去。

后来分草场之后，每家都分到一块地，这块地无法既包括冬草场，又包括夏草场，因为两地相距太远了。阿爸就分到以前的冬草场上。"这是老地方，我们以前过冬就用这个地方。"阿爸说。牲畜过冬是内蒙古牧业生产中一个重要的环节，内蒙古气候严寒，东乌珠穆沁冬天的气温在零下20-40度之间。因此阿爸还是比较满意能分到冬草场的。

在这块草场住下来的时候，阿爸有700多只羊，70多头牛，50多匹马。但是到了夏天，问题一下子就严重了——几百只牲畜需要喝水。阿爸每天开着拖拉机往返于自家的草场和水井边，来回20多公里，一天跑9趟。阿爸形容那时候，除了坐在家里喝口茶的功夫，全在拉水，牲畜完全交给额吉照顾。一年以后，他的牲畜就锐减到现在的数量。那雪化以后也要一天拉一趟水。阿爸打过三口井，都是近百米的深井，都没有打出水来。为了打井，他还借了高利贷。5万元贷款，还了二十七八万没有还清。阿爸说："从那时候，我就再也没起来。"春天的时候，牧民都盼着天气转暖长青草。阿爸却觉得愁得慌，又要拉水喂牲畜了。

"哎，还是合起来好！以前大家一起放牧，嘎查长安排谁家去哪就去哪，也没什么矛盾，现在各过各的了，家家的户主都是嘎查长，得看草、看牛羊放到什么地方，估计买多少草料可以过冬，哪有几个真明白的？现在把牧场租出去，什么活不干一天就吃那点钱的人多了！"阿爸说。

有一天早上，风特别大，转眼变成了沙尘暴。沙子、草都横着飞。在牧场上，我每天要帮额吉背两袋羊粪砖烧火。那天我一看起风沙，就赶紧去背羊粪砖，要不然那么冷的天气家里没得烧了可惨了。背羊粪砖的地方离房子大约20几米，沙子粒打在脸上特别疼。我拿羊粪的时候，看着房子在风沙里时隐时现，可担心了，要是回去的时候看不见房子，那可不知道往哪走了。我回到家，却看到阿爸和额吉已经装备好，他们要去远处看羊！

很庆幸的是，那天下午下了点雪，把沙尘暴压住了，第二天清晨，我又去东边找马。这时我发现，家门口原来裸露的地面上有茸茸的一层草。额吉说，那是风把土刮走了，草根露出来了。阿爸家现在定居的地方房子和棚圈附近到了冬天都被羊踩平了，但是草根还活着，春天能长，可是大风一刮，把土刮走了，草根露出来，春天就长不好了。

我再往东边走，发现东边的地上一层沙子，还有零星的羊粪蛋。阿爸说过，沙漠风一刮，羊粪蛋就刮跑了，草上面一层沙子，以后这个地方就不长羊草了，长灰菜，就是猪吃的那种菜。灰菜到了秋天一干就什么都没有了，羊没有过冬的吃的。老书记也说，现在自己家的草场保护好了没有用，别人家的草场要是起沙子，自己家的也好不了。很多年以前我就听说过，牧民定居后，草场会出现"斑秃状退化"。我那时还在想，是否牺牲了小片的地方，大多数地方会得到保护，但是那天的沙尘暴告诉我——不会的，局部的退化会影响整个系统。

告别

每天早上，额吉都很早起床熬茶，阿爸都会切去年夏天做的干硬的奶豆腐。我每天都想起得比额吉早，为额吉生火烧茶，但是每天都做不到。就算我起得很早，一有动静，额吉也就起来了。

我走的那天，额吉给我煮了一次羊头、羊蹄。做羊头、羊蹄的过程非常麻烦，要先用火烧，然后把羊毛刮掉，反复烧，直到刮干净。阿爸先用喷灯烧过一次，我和额吉再在火边，一边放在火里继续烧，一边拿出来刮，一边洗。都弄干净以后，放在锅里煮，像煮手扒肉那样。煮的时候糊味很大，我总觉得屋里有什么东西烧着了。羊头、羊蹄很好吃，就是肉少。额吉煮这个给我是因为蒙古人有个说法，吃了羊头的人以后还会再见面。

2010年8月

华丽的草原时装

随着生活方式的变迁，蒙古袍在乌珠穆沁正从日常服装蜕变为礼服，只能在新年、那达慕、婚礼等重大节庆上看到。

承传着深厚文化传统的乌珠穆沁蒙古袍并不单纯是一种文化遗产，它是活的服装，它有流行面料、流行款式和其他流行元素。它其实是一种继承传统的同时不断发展变化的蒙古人群体中的时装。

花边

2010年3月，我第五次到达乌珠穆沁草原，这次我落脚的地方是东乌珠穆沁旗的额吉淖尔附近敖云毕力格和格日勒图雅夫妇家。几年来，我已经看过内蒙古各地的蒙古袍，并且对乌珠穆沁蒙古袍变得情有独钟，并且准备做一件，唯一有点疑虑的是乌珠穆沁的蒙古袍太过鲜艳和隆重了。

敖云毕力格像很多乌珠穆沁男子一样身材高大、相貌英俊、沉默寡言，格日勒图雅精明能干，满脸都是微笑。3月份是草原上最忙的季节，敖云毕力格家11天里100多只母羊下了羔子，这些小羊羔有一只吃不饱都可能在寒冷的季节里死去，夫妻两个每天都忙着照看羊羔和母羊。敖云毕力格家1984年分了草场定居下来，1996年拉了网围栏，10年前盖了房子和棚圈，现在是定居的牧民。敖云毕力格夫妇每天穿着破旧的羽绒服在草原上和棚圈里干活，总也看不到他们穿袍子。终于有一天，夫妇俩要去朋友家买一头种公牛，格日勒图雅拿出一件耀眼的绿色蒙古袍穿上了。有趣的是，平时十分精明的格日勒图雅穿上蒙古袍之后竟然显得憨厚了。

晚上，格日勒图雅问我："你要的袍子是带花边的？还是不带的？"我愣住："什么花边？"格日勒图雅给我找出一件她做了一半的袍子，袍子是绿颜色的，里面是棉衬里，边缘已经包好了5层不同颜色的金边，领口还没有上。她又拿出一些黑色的布，上面绣着彩色的花纹。她问我："你想要这个吗？没有这个的蒙古袍就简单，有的话就要做好多天。"粗手大脚的格日勒图雅绣出来的花非常细密，在黑色的布上，细线勾勒出的云朵的图案，花边每前进一段就自然地过度到另外一种颜色，五六种颜色有规律地交替着。我立即问格日勒图雅能不能为我做一件蒙古袍。她说不行，做蒙古袍一般都是秋天卖了羊到过年之前没什么事情的时候才做，现在这个季节想找人做恐怕很困难。不过乌里雅斯台镇上有做蒙古袍的商店，我可以去那里看一看。

几天后，我在乌里雅斯台小镇上寻访了很多卖蒙古袍的商店，意外地发现，大部分店的主业都是卖花边而不是袍子。原来一眼看上去缤纷夺目的乌珠穆沁蒙古袍在花边上下了这么大工夫。卖花边的店大多是牧民起的执照，但是经营者大多是赤峰、通辽一带的蒙古人，现在鼓励牧民进城，他们办执照有优惠，但是很少有牧民自己经营这个生意。

在一个十几平米的小店里，一个通辽来的男子正在绣花。他是在绣领子和领口最外缘的五彩云锦，那一条彩色的边缘原来不是用彩色布条订上的，而是用各种颜色的线一针一针排出来的。一件蒙古袍需要绣花和五彩云锦的地方共有4处——领子、领口花边、两个马蹄袖、两边开叉的上缘，一共6件，500~800元不等。除此之外，蒙古袍左右两个开叉处有4个边缘，还有袍襟的右侧边缘5处，有些蒙古袍这里不用普通的彩色布抓边，而是都用长长的绣片加云锦的抓边。这样的蒙古袍花边多达11件，价格在1 200元左右，有的蒙古袍甚至整个下摆边缘都绣花，即使这么多绣片价格也不会太贵。"这个活男人干的人少，但是也能干，啥活不能干呀？挣钱就行呗！"绣花的男子说，"现在是淡季，没什么人买，主要是赶着做，等到秋天卖了羊，来买的老牧民可多了！四五十套不够卖的！现在进城的牧民多，抢我们活的也多，价钱卖不上去了！前几年比这好卖！"

　　我担心这种绣花加云锦色彩太花哨在城市里很难穿，没有下决心买。后来我在另一家小店里看中了一套绿颜色的花边，云锦也只有红蓝两色，价钱只要300多。这家店的店主叫琪琪格，赤峰来的蒙古人。她从小就会绣这种花边，已经干这个活快20年了。问题是，赤峰的蒙古袍上没有这种花边，这花边是乌珠穆沁袍子的特点。"这个花边是传统的，我们小的时候是绣在靴子上的，蒙古靴的上缘有一圈花边，就是绣这种图案。这花样也老变，前几年我绣的不是这样的，是像《还珠格格》里那样的。"琪琪格给我看了一个前几年她绣的靴子边，那是很形象的大朵的花和蝴蝶。现在那个样子已经不时兴了，现在流行这种更抽象更符合蒙古族传统的图案。

　　"时兴"这个词，引起我的注意，事实上，乌珠穆沁蒙古袍上的花边在1996年以前还没有人见过，它是个新发明，这种云朵般的纹样过去绣在帽子和靴子上。乌珠穆沁的皮帽子的头顶有一束红色流苏，围着流苏，是一圈绣花，绣花的外面是一圈五彩云锦。绣花和云锦是被谁最先挪到蒙古袍上已经不得而知，做这件事的很可能就是一位普通的牧民，当这样的蒙古袍出现在大街上和朋友聚会中时，它流行起来。它流行的速度很快，而且还在不停的变化，几年前，我在乌珠穆沁地区看到的蒙古袍花边是绣在白色衬底上的，也有绣蝴蝶和花朵。但是现在都是绣在黑色衬底上，使用色彩明丽的彩色线。及至今天，这绣花还在变，像我看中的绿色线绣的花就是最近才出来的。由于人们生活在城市里的时间变长了，开始喜欢素雅的颜色。花边也从弯曲的变成了直角的，既符合传统，同时又是新鲜的。

　　琪琪格虽然是卖绣片的，但是她并不设计花样，专门有人画花样。画花样的人也是乡下的牧民，作为设计师，他们能赚得的利润却非常微薄，也没有知识产权。我见到过一位会画花样的民间艺人乌日图那斯图，这位51岁的民间艺人并不认为他画的花样是一种创造，他觉得也是跟别人学的，但是他说不清和谁学的，有时候看到了，又加一点自己想到的，就画出来，又被别人学走了也没关系。正是因为有他们存在，蒙古袍上的花纹层出不穷。

面料

敖云毕力格的侄子宝音在镇上混事，他告诉我他的额吉（妈妈）能帮我做袍子，让我过几天从牧区回来到他家找他的额吉。我在牧场上见过宝音的阿爸，没想到他的额吉在城里。敖云额吉是宝音的妈妈，像很多中老年的蒙古女人一样，她也身材瘦小，举止温和。她为了照看在城里上学的孙子在城里租了房子。因为生活在城里，敖云额吉的生活节奏和牧场上的人不一样了，春天是牧场上最忙的时候，不过她却能腾出时间给我做袍子。

开工的前一天，敖云额吉找出自己的蒙古袍穿上，和我一起上街买料子。事前，我已经看过了很多绸缎店，我觉得大部分绸缎都太艳丽了，我本来想要件蓝色的，但是发现这里穿蓝袍子的人大都是男人，和上岁数的女人，于是打消了这个念头。那么就剩红色和绿色了，这让我有点不爽。我们走了几家店，我看中了一块深绿色有银色提花的布料，敖云额吉不满地摇摇头。宝音说："太深了，穿起来不精神。"转了很多家店，敖云额吉始终想选色彩很正的，而我总是喜欢调和色的，敖云额吉说："城里姑娘很好，不喜欢鲜艳颜色！"但是她是这么说的，脸上却没有流露出一丝夸奖我的神色。

整条街上所有的店都选过了，我们最后走进一家跟蒙古国有点关系的店，他们那里买一些有那边风格的服装和面料，色彩要朴素一些。老板很快看出我们的分歧，拿出一匹银灰色布料，上面提着银色的暗花。老板说："现在的年轻人喜欢各种各样的颜色，不要再选那些蓝的、红的了，这个就很好。"我们很快达成一致，买了20尺布料。随后，我们把前几天看中的花边买下来，敖云额吉说："很配，很会选。"不过这显然不是他们选颜色的习惯。

回到家，敖云毕力格夫妇正好进城，到嫂子家小坐。格日勒图雅说："哎呀！这个颜色呀！"敖云额吉说："城里姑娘就喜欢，没办法！"敖云毕力格用生涩的汉语问我："怎么不选个红的？"我当时也很崩溃。

我想起在敖云毕力格家时，有一天突然来了一个小伙子，穿了一身大概结婚才会穿的天蓝色蒙古袍，领口周围绣着花纹，外缘是七彩的云锦，当时一点都不觉得他太花哨了，而是觉得非常好看，叹为观止。草原上天空是纯净的，大地无论是金黄色，还是绿色都是很正的颜色。在这样单纯而干净的背景里，无论穿得多么鲜艳、色彩斑斓也不会觉得花哨。而我对袍子颜色的设想是在北京就形成的，如果我在东乌珠穆沁旗再呆上一个月，或者只要一个星期，我的审美观点就会完全修正过来，喜欢上牧民们喜欢的颜色。但是现在这样也不错，我的这身蒙古袍将是蒙古袍家族中一个新的配色方案。

敖云额吉租房的地方是一个平房区，很多进城的牧民在这里租房。离她家不远的地方住着一位娜仁格日勒额吉。已经70多岁的娜仁格日勒是个做袍子的高手。她一辈子做过多少件袍子已经无法计数，她清楚地记得她用过的每一种布料。她最早用做蒙古袍的面料叫"达林达布"，20世纪60年代出现了"锡布"，锡布实际上就是普通棉布，现在多用来做里子，后来又有了绸子、的确良等等。每一种布料做起来手感都不同，但工艺差别不大。最特殊的是皮袍子，娜仁格日勒说，皮袍子的面料加工起来很复杂，要用烟把皮子熏成烟火色，颜色非常漂亮，现在已经没有这种工艺了。现在这种色彩缤纷的绸缎是20世纪80年代以后才有的，但蒙古人喜欢金光闪闪的纺织品却由来已久了。

据中央民族大学研究蒙古服饰的苏日娜老师介绍，很早以前回族商人已将中亚出产的一种名叫"纳石失"的织物运销到了蒙古。"纳石失"是波斯语（nasich），意思为织金锦，是元朝最受欢迎的原产于中亚的一种以金缕或金箔切成的金丝作纬线织制的锦。据波斯史学家拉施都丁（Rashidal-Din）记载，成吉思汗西征之前，有一个花刺子模商队运了许多金锦、布匹到蒙古贩卖，为首的富商索价太高，每匹金锦要3个金巴里失（锭）。成吉思汗大怒，命人将库中所存的此类金锦拿给这个商人看，表示这种物品对他来说并不新奇。

元朝是中国历史上唯一一个不重农抑商的朝代。这个朝代，大量中原和西方的纺织品通过商业进入蒙古地区，元朝的手工业也非常发达，在江南各地建立了大量制作纳石失的作坊和官办织造。从那时起，各种丝织品、纺织品就大量进入蒙古地区成为蒙古人夏季服装的面料。

皮子作为服装面料，在蒙古地区有更悠久的历史，羊皮、银鼠皮、狐皮、貂皮都曾是蒙古袍的面料。其中貂皮是比较贵重的，羊皮是贫穷百姓穿的。那时蒙古人都会有两件冬季的袍子，一件毛向里，一件毛向外。现在乌珠穆沁蒙古人冬天多穿羊羔皮、羊皮做里子，丝绸做面的袍子，羊羔或大羊的毛还要在边缘略略露出一点。获得大羊皮比较容易，因为蒙古人家里每年都要杀一些大羊，但是羊羔皮就比较难了。蒙古人没有吃羔羊肉的习惯，羊羔皮都是从冬天自然死亡的羊羔身上扒下来的，每只羊羔只能提供很小的一块皮，30只羊羔才能做一件袍子。现在牧民家牲畜都不多，好一点的人家每年才100多个新羊羔，每年死5~6只就是很大的损失了，因此做一件羊羔皮的蒙古袍要攒好几年。

考虑到我的袍子要在北京那么热的地方穿，我就不需要皮子做里了，只选用了单层的布，就是娜仁额吉说的"锡布"。

工艺

20世纪50年代10岁的娜仁格日勒开始学做蒙古袍。首先是做单袍子。游牧民族因为骑马的关系，自古就有裤子，但是衬衫是个外来品。在那个年代，乌珠穆沁人是穿两件蒙古袍的，里面穿一件单袍，外面夏天穿棉袍，冬天穿皮袍。

娜仁格日勒从学做单袍子开始，到了14岁开始学做皮袍。做袍子最重要的一道工序就是抓边，最初她抓的边宽窄不齐很容易翻起来。上初中的时候，她心疼弟弟，找了一块紫色的布，用粉笔抹在线上，把线在布上一弹，画出裁剪线，给弟弟裁剪袍子。当时同学们都笑她："就你会缝！"虽然手艺还不好，但是还是缝成功了。

娜仁格日勒结婚的时候，自己做了两件蒙古袍，用的是锡布，其中一件颜色是蓝的，在阳光下会微微泛红，抓的绿边，这件袍子是出门时穿的，另有一件在家劳动时穿的。那时，袍子上没有现在复杂的绣花和云锦，也没有金色的封边，娜仁格日勒只能在行线上下功夫。她把行线缝得很细，很密，以此让袍子看上去很精致。

结婚以后的娜仁格日勒每年都做袍子，家里有4个孩子，每个孩子的袍子都只能穿1年多，必须一直做新的。1976年，缝纫机出现在娜仁格日勒的视野中，这引起了她强烈的兴趣，她甚至有一次把别人的缝纫机拆开了。起初，怎么也装不上，人家很不高兴，但是娜仁格日勒说："既然能拆，怎么不能装。"自己研究以后，她又把它装上了。她很快有了自己的缝纫机，并学会了使用，她形容用上缝纫机的感觉："像飞起来一样。"

娜仁格日勒对她一生所做的袍子里印象最深的是当年儿子结婚时，她给儿媳妇做的那件，因为那件蒙古袍她吸收了西服的制作工艺——上袖。乌珠穆沁蒙古袍大多不是上袖的，衣料直接被裁成尺形，袖子和肩膀直接相连，不够长的部分用剪下的布料接上。所以上袖在乌珠穆沁地区很特别。但是蒙古袍并不都是这样，比如鄂尔多斯和布里亚特的蒙古袍，不仅上袖，而且上泡泡袖。

有好几个牧民告诉我，敖云额吉并不是做蒙古袍最好的人，很多家的额吉都比她做得好，不过她是最合适的人，那些在牧场上忙碌着的额吉是没时间帮我做袍子的，娜仁格日勒额吉虽然在城里养老，但她的年岁又太大了，眼睛已经不好了。

蒙古袍的缝制过程充满了各种惊喜。料子首先比着我的身高裁成了半个衣服形，然后两块料子从中间拼起来，一个大袍子就初具雏形了。神速啊！但这只是开始。正如娜仁格日勒说的缝制蒙古袍最繁琐的工序是抓边。敖云额吉把自己的存货拿出来，是金色的线和不同颜色的线织成的布。每块布都是三角形的，被斜着剪开过。敖云额吉沿着斜线剪下两公分宽的边，再把这些边接起来，接成长长的，订在袍子边缘。我已经转向担心袍子的颜色太素，希望上面有漂亮的装饰。看到红、黑两层金边封上了，我稍稍有点踏实了。买来的领口花边上也封了红、黑两色的金边。接着敖云额吉找出一条绿色的，问我喜欢不？我表示喜欢，于是又在侧面的两层金边上又封上一层绿色的，但是并没有到边，还有很宽的一段距离。第二天敖云额吉又封了一层纯金的，一层蓝的，一共5层金边！我以为这已经够了，敖云额吉却不断从她的存货中变出各种稀奇的花样，她又拿出一个弯弯曲曲的金线围在花边的外缘，现在颜色明显亮丽起来，形式也活跃起来。在牧民家做袍子不是一个商业行为，不存在合同关系，我的袍子上有什么完全由敖云额吉做主，如果指望我去提要求，肯定很土了，会少很多东西。

封边主要使用缝纫机完成。但后面的工作却需要大量的手工了。无论是上里子，还是行线，都是一针一线做出来的。从剪边开始，我一直参与在其中，马蹄袖的衬里也是我自己缝上去的。

虽然不用接羊羔，给我做袍子也耽误了额吉给家里的孩子们炸果子，做饭也交给了她的女儿。除了额吉的孙子，家里还有同在城里上学的敖云毕力格的儿子，额吉的女儿和女儿的男朋友，一大家子。我尽量每天去外面的店里买面果子回来，作为早茶时的点心了，免得额吉的压力太大。但是敖云额吉很快发现了，她让女儿一大早出去买了。几天的时间我好像这个家庭中的成员一样。

腰带

乌里雅斯台小镇的一家绸缎店里，色彩缤纷的各色布料闪闪发光。卖布的男子正在量一块绸布。这是一条色彩艳丽的粉红色的绸子，3尺宽，19尺长，用来做我的新蒙古袍的腰带。我的蒙古袍做好了，敖云额吉已经忙活了7天，扎一条腰带是它的最后一道工序。

最初开始做袍子的时候，我很怕最后我也要一条十几尺长的大腰带。还住在敖云毕力格家时，有一天，我把格日勒图雅的蒙古袍穿上了，但我不会系腰带，就拿着腰带来找格日勒图雅。她一边笑，一边帮我系腰带，第一下勒住，我就喘不上气来了，她狠狠勒住，然后让我转圈，每一圈都勒得很紧，好在一会儿我就适应了。

蒙古袍刚裁下第一刀不久，我就拿了一块剪下来的布边问敖云额吉："能用这个给我做一条腰带吗？"额吉说："真会想。"实际上用一小块衣料抓上边，做一条硬的、用挂钩搭上的腰带不是蒙古袍的传统做法，不过它开始的时间比较早了，有几十年了，现在很多蒙古族演员、播音员都是这样系腰带的。很难想象，一个播音员坐在桌子后面对着电视镜头念新闻时，穿着松松垮垮的袍子，腰里系着十多尺长、很多圈的腰带。尤其是女播音员，这种情况就更少。她们多是穿立体剪裁的蒙古袍，系和袍子同样颜色的一条腰带。服饰和生活方式是紧密相连的。

离开敖云毕力格家以后，我并没有立刻住到敖云额吉家来。那段时间我去了他们的老嘎查长（村长）元登阿爸家。一进门，我就发现床上有一件深蓝色的蒙古袍，当时我在想，这一家人岁数大，穿袍子的时间也许长些。第二天阿爸到旗里去了，额吉对我的照相机发生了兴趣，她找出一件浅蓝色蒙古袍和一件红色的蒙古袍让我给她照相。她穿上浅蓝色袍子，系上桔黄色的腰带。她系腰带的时候，我很想帮她，但是我拿着腰带却不知道应该从右往左缠还是从左往右缠。我们在房间里照完，额吉要求到外面，让我给她和阿爸的宝贝马一起照相。她牵着阿爸的花马在一条结冰的水沟上踩碎冰，给马喂水。晚风中的额吉穿着大袍子的形象善良、质朴、美丽。额吉说，"明天阿爸回来了，叫他穿上一起照！明天穿那件红的！一天一个'德乐'"！蒙古袍在蒙古语中叫做"deer"，在东乌珠穆沁旗，卖袍子的汉族人也会这么叫。照过相之后，额吉脱掉袍子，穿上旧羽绒服，去棚圈里干活了。

又过了一天，阿爸回来了。额吉从早上就跟阿爸说，要穿袍子照相。阿爸不说什么，但是总也不肯穿。阿爸不穿，额吉也不催他，也不磨他，但是想穿上照相的意思总是流露着，到了下午，阿爸坐在沙发上，出了口长气说："好！穿上！"阿爸穿上他那件深蓝色的袍子，额吉穿上红色的，两人互相帮助对方系腰带。他们照了合影，又一起到棚圈里干活。阿爸把干草叉起来扔到墙外喂牛，额吉在暖棚里，帮助小羊羔找妈妈吃奶。然后阿爸骑上马，把散放在外面的羊群赶回来了。那个下午的感觉很浪漫，因为阿爸和额吉都穿着袍子，所以好像是到了一部电影里面，每个人都很开心。

干完活，回到房子里，阿爸把腰带解下来，一边绕圈一边说："哎呀！可不喜欢穿这个大衣服了！穿着可麻烦了！"阿爸把袍子翻过来，里面是毛卷卷的羊羔皮，"这里面不是羊羔皮的嘛！在棚圈里干活粘土、粘草。穿着脱着也麻烦，我们也习惯有扣子有拉锁的衣服了！省事！"绕过很多圈以后，阿爸的腰带终于解下来了。额吉和阿爸脱下袍子穿着平时在家喝茶时穿的衣服，"哎！"阿爸叹了气。现在蒙古人已经不存在里面穿单袍子的事情了。就是外面穿大袍子，里面也是穿市场上买来的毛衣、棉衣。

阿爸年轻的时候，这片草原上没有房子也没有棚圈，那时候，所有的人都穿着袍子，赶着牲畜，一出去就是一整天。现在有了房子和棚圈，生活就变化了。一会儿去棚圈给牛羊喂点干草，一会儿回到屋子里。穿在外面的厚衣服也需要一会儿穿上、一会儿脱下来。所以阿爸不再喜欢穿袍子了。因为袍子每次穿上，就要把腰带一圈、一圈地系上，脱的时候要一圈一圈地解下来。

蒙古袍的腰带曾经有个重要的作用，在长距离骑马的时候保护内脏不会因为长时间颠簸而不舒服。现在骑马的牧民也少了，即使骑，也是在自己分到的一小片草场上转一圈，不需要骑上一整天，所以腰带的实用性已经很小了。

敖云额吉的孙子叫图门巴雅尔，他平时就是一个城里小孩，正在上小学。因为我做蒙古袍，把他的兴趣勾起来，有一天，他穿上了自己的小蒙古袍，我领他出去照相，到广场上、敖包山上、寺庙前面跑了一大圈。相片拿回来，他的叔叔宝音说："怎么都歪了！袍都不会穿了！"图门巴雅尔的腰带向左上方偏移了，他左边的袍子也皱起来。会穿袍子的人总是要整理袍子的腰带，让袍子和腰带处于一种协调的状态。图门巴雅尔平时很少穿袍子，他的袍子是学校有活动时候穿的。他早已习惯了穿街上买来的各种服装，穿上袍子就变得很不好意思了，也不会整理腰带。

腰带的实用性减小的同时，它的装饰性被普遍的重视起来。蒙古人管已婚女人叫做"布斯贵"，就跟腰带有关。腰带在蒙古语中称为"布斯"，"贵"是个否定词，过去结了婚的媳妇是不系腰带的，在4~5年前，我还经常在草原上看到不系腰带的女人。但是现在在东乌珠穆沁，不管是已婚的青年女人还是老额吉都系腰带，而且系颜色很跳的腰带。在元登阿爸家，额吉穿浅蓝袍子时系桔黄色的腰带，穿红袍子时系天蓝色的腰带。后来我到了城里，敖云额吉的孙子图门巴雅尔穿一件蓝绿色袍子，系紫红色腰带。不过腰带的配色还是有讲究的，即时很跳的颜色也不能乱配，要配得好看。

我的袍子快完工的时候，我已经改变了想法，想要一条传统的腰带了。敖云额吉说，让我买一条紫红色的，不要买红的或者桔黄的，那样不好看。我想那是因为我的袍子基本是冷色系的，颜色跳也还要是偏冷的颜色，不能跳成暖色，那样会很不搭。

鞋帽

在图门巴雅尔那些照片上还有个明显的缺陷——他的脚上穿着一双球鞋。蒙古靴是蒙古服饰里重要的一部分。几乎每个牧民——不管大人、孩子都会穿，尤其是在冬天。蒙古靴用很厚的牛皮做成，有的外表雕花，上缘还有一圈花边。靴子的里面有一双特别的"袜子"，这个袜子也是靴子形的，硬的，冬天穿的是毡子的，夏天穿棉。蒙古靴不仅漂亮，而且防水、防寒，冬天走在草原上保护脚。不过图门巴雅尔在城市里上学，用不着穿靴子了，城市的水泥地面更适合穿球鞋。

乌里雅斯台小镇的东边有一条做蒙古靴的小街，街上店铺林立。大都是前店后厂的模式，那些卖靴子的人主要是来自张家口的汉族。从很早以前，作为一个重要的贸易窗口，张家口就是一个皮货集散地。当地的汉族工匠从蒙古地区收皮子，加工靴子，再返销蒙古地区。大约20年前，一个在那里的民族工艺品厂工作的老师傅来到东乌珠穆沁旗开店，在本地加工蒙古靴，随后他的徒弟、徒弟的徒弟逐渐跟来，形成了一个小小的规模。牧民也得以重拾穿蒙古靴的传统，并且可以经常添置新靴子。毕竟自己加工蒙古靴工艺复杂，效率低，不是人人都有时间和精力去做的。

帽子是蒙古服饰中变化最大的部分，尤其是女式的头饰。过去女式头饰用主要用大量红珊瑚连缀而成，粗朴、厚重又漂亮。这些首饰都价值万贯，过去几乎每一个乌珠穆沁妇女都有，是必备的传家宝。这些首饰都在文革中被抄家抄走了，即使有没抄走的，也悄悄廉价卖掉了，以防止给家里找麻烦。我在东乌珠穆沁旗，只在一件银器店里看到一个不完整的头饰，叫价8万元。

现在大量的蒙古男性牧民冬天戴棉质雷锋帽干活，女人则包头帕。不过我在元登阿爸家的时候，发现额吉有一顶皮帽，椭圆形平顶的，顶在头顶上的，她穿上蒙古袍后，特地带上这顶皮帽照相。我有点奇怪，因为以前没有见过这种样子的帽子。后来我在乌珠穆沁电视台的节目中看到，冬季那达慕大会上很多女人穿着蒙古袍带这种帽子，我开始相信这也是一种蒙古式的帽子。

几天以后，我走在街上，无意中看到一个卖俄罗斯皮货的店。走进去后，发现里面除了那些俄罗斯的披肩和围巾以外，还有帽子，圆圆的或椭圆的，平顶的，貂皮的，我刚好散着头发，把帽子顶在头上，很有俄罗斯风情。这时，收货员说："这个帽子是高档东西，冬天穿上大'德乐'时候戴的……"我忽然意识到，这就是额吉带的那种帽子。这家店的老板也是蒙族人，他每年到黑龙江贩运皮货，按俄罗斯工艺加工，要从海关上来往两次。我买了一顶，等袍子做好的时候，拿出来戴上拍照。敖云额吉一家人都说，"戴上这帽子就更像蒙古人了！"现在这种俄罗斯风格的帽子已经被当地人接受为本民族的服装。

真正的蒙古传统的帽子也还活着，乌里雅斯台的街上有个小有名气的"娜仁民族帽子店"老板娘娜仁做的帽子还在自治区获过奖。在这家帽子店，我见到那种头顶有一束流苏，绣着花和云锦的皮帽。皮子从额头部向后延伸，包住耳朵和后脑。有娜仁店里做的，也有牧民做了拿来代卖的。这是乌珠穆沁传统的男式帽子。

而更普遍的帽子样式是6个或8个面，顶上有个小尖，正面有一块石头的那种。我怀疑这种帽子不是乌珠穆沁样式，因为它的实用性我几乎看不出来，没有保暖作用而且容易被风吹跑。这种帽子在蒙古地区广为流行有些年头了，被公认为蒙古的样式，但是不是从前乌珠穆沁就有就难说了。这种帽子很有可能是被电视上的播音员和演员带到民间的。

礼服和时装

乌珠穆沁草原是蒙古族乌珠穆沁部的驻牧地，乌珠穆沁部是察哈尔本部8个部族之一，它的名字来自遥远的阿尔泰山，乌珠穆是蒙古语葡萄的意思，沁是表示人词缀。据说乌珠穆沁部在阿尔泰山区驻牧的地方满山都是野葡萄。北元时期，乌珠穆沁部从阿尔泰山迁到大兴安岭以西、宝格达山以南的大草原上，这片地区的南部就是今天东、西乌珠穆沁两个旗所在的地。今天它属于锡林郭勒草原的一部分，是锡林郭勒各旗县中草原环境和文化保存得最好的地区。

　　2004年春节，我第一次见到乌珠穆沁蒙古袍。那一年，我到西乌珠穆沁草原深处拜访一位牧马人。从锡林浩特到西乌珠穆沁旗的旗府巴彦乌拉的时候，周围的世界还很平常，除了冷一点，没有什么特别的。经常在民族地区跑，我已经很习惯除了窗口行业之外，没有什么特点的民族地区了。在巴彦乌拉一辆2020越野车停在我面前，一个叫郝必斯哈拉图的男子出现了，他要搭我去100公里外的牧场上他哥哥和弟弟的家，车上还有他的妻子、孩子和一个在外面上学的侄子。他和他的侄子都穿着闪闪发光的蒙古袍，惊叹之余，我怀疑他们是不是穿给我看的。离开巴彦乌拉，路时而是柏油路，时而是翻浆路，时而是草原路，最后不断开到两个网围栏中间，要加足马力从积雪中冲过去，冲不过去的时候只好挖车。路上能碰到的人很少，100多公里只碰到五六家骑摩托的，五六家开车的和一个骑马的。无一例外的，所有碰到的人都穿着蒙古袍。当我们到达郝必斯哈拉图的哥哥家时，发现老老小小一大家子人都光彩夺目，明艳的蓝色、绿色和红色在白色的雪原上构成亮丽的风景，我确信这不是一场时装秀，这是蒙古人过年了！郝必斯哈拉图告诉我，他平时在旗里上班不穿蒙古袍，但是回家要穿，不然老人们会说，"在外面上个班连袍都不穿！"好像他忘了本。那时我注意到乌珠穆沁蒙古袍是小翻领的，前襟的边缘环绕领口有很宽的边，内衬多是羊羔皮的，做工精良。

　　虽然被乌珠穆沁的蒙古袍打动，我并不是一开始就想要一件乌珠穆沁式的。我觉得它一个是太隆重，一个是太鲜艳了。我在北京的蒙古族朋友有各种各样的蒙古服装，适于夏季的半袖，适于冬季的大衣，大多是有点时装化的，可以在各种城市里的蒙古族庆典上穿，有的甚至在平常也可以作为一种有风格的服装。但我也下不了决心做一件那样的袍子，很担心它会过时。

十多年前，我曾经做过一件蒙古袍，那件袍子是个"两件套"，里面是一条很长的白色裙子，镶着金边，金色的袖口做得很硬，小臂上还有一圈花边。外面是一件红色的长坎肩，胸口订着绿色的云朵，下摆四面开叉，所有的边缘都包金边。这个样式基本上和《东方红》中胡松华唱《赞歌》时伴舞的舞蹈演员的服装一样。后来我在收集到的各地蒙古袍图谱和历代蒙古族服装的图谱中都没有查到这个样式。它是为演出吸收了一些鄂尔多斯蒙古袍的元素创造出的服装，它曾经在某一个时代成为流行服装，但很快过时了，成为廉价的，餐厅服务员经常穿着迎宾的样式。我相信真正的民族服装应该不那么容易过时，应该可以经风历雨，历久弥新。但是后来我发现，蒙古袍是会过时的。现在蒙古袍已经从生产劳动服装中逐渐退出，主要在婚礼、新年、过本命年和那达慕大会上穿，功能更多地变成了礼服。蒙古袍的色彩和花式因而日渐繁琐，从古代的贵族服装中吸收很多元素。

　　据苏日娜老师介绍，现在蒙古服饰里最有特色的是乌珠穆沁服饰、呼伦贝尔的布里亚特服饰和西部的鄂尔多斯服饰。这三个地区的服饰保持得好，都跟文化传统的延续很有关系。乌珠穆沁和呼伦贝尔是草原和草原生活方式保存得最好的地区，鄂尔多斯的蒙古人是成吉思汗的守陵人，他们一贯对传统的重视程度很高。

　　布里亚特的蒙古袍不是整体裁剪的，受俄罗斯服装影响，这种蒙古袍下身是个裙子，在腰部捏褶，需要上袖，女式上泡泡袖，有的配有马甲。这种蒙古袍，领口不绣花，而是用大块的布抓边，边也不绕过脖子，只在胸前。帽子是三角形的尖冒。鄂尔多斯的蒙古袍更为隆重，不久前，我的朋友郝乌日娜结婚，她的大红色礼服艳惊四座。袖子和衣服上绣满图案，外罩长马甲，繁琐地头饰虽然没有用真的珊瑚和松石，也值上万块钱。锡林郭勒南部的正蓝旗的袍子就简略很多，身形裁得瘦一些，上袖，女式的很少再用长腰带，都是和面料相同的扁平腰带，用挂钩挂上。而蒙古国男士常用的皮质镶银腰带近几年也在内蒙古流行起来。

生活和产业

蒙古袍的生产其实也存在一条产业链，由于大部分牧民现在都会做蒙古袍，所以制作袍子这个过程大多还是在家里完成的，但是绣花要花去很多时间和精力，所以很多牧民进城买绣片缝在袍子上。大部分牧民家的女人也会绣花，如果有精力，她们也愿意自己绣。

撤点并校以后，所有牧区的孩子都必须到城里上学，有很多年轻媳妇为了带孩子上学和敖云额吉一样在城里租房子住。乌里雅斯台小镇的就业机会非常有限，于是媳妇们就绣花送到琪琪格那样的店里代卖。

元登阿爸的儿媳妇托娅也在城里带孩子，她绣花的手艺好，在当地是有名的。托娅给我看了她给自己丈夫绣的绣片，那样的精致和美丽非店里卖的能比。不过如果卖的话，也不能那样做，因为她的一套绣片绣出来要几个月时间。托娅不想做绣花营生，她想到北京取货，卖廉价、时髦的现代服装，不过这个打算也迟迟没有付诸行动。

在我做袍子期间，敖云额吉的儿子宝音在街上看到一个招羊倌的告示，地点在东乌旗东边的满都宝力格。他们家弟兄三个，大哥和三弟都已经成家，草场1984年分了以后，就那么多了，宝音将来的生计一直是个麻烦事。

他听说满都宝力格那边草好，干得好的羊倌都能有300~400只羊，就决定去那边发展。走之前坐在家里跟额吉说："咱们这里草好的时候，我没有放过羊，那边现在草还好，我很想去。家里的地我也不要了，羊我也不要了，我去那边发展几年就有了。"但是额吉很不放心，宝音虽然是在蒙古包里长大的，但是在镇上瞎混着已经好几年了，还能不能适应做羊倌的生活？再说对象愿意不愿意呢？

敖云额吉帮宝音收拾了行李，特地为他带上干活穿的蒙古袍，在那边没有摩托车，要骑马干活，蒙古袍的用处就多多了。不过宝音只在那边坚持了20多天，又回到了城市里。

蒙古人的生活变了，服饰也变了。文化的任何一个方面都不会单独流传，随着生活的改变，它会变成其他的样子。蒙古袍实际上是另一个体系中的时装，它在不同地域、不同年代有不同的流行款式。但不管变化多么丰富，蒙古袍有一种内在的气质，有这种气质的服装一看就是蒙古袍。这是一种质朴、厚重的感觉。每一个穿上蒙古袍的人都会显得诚恳而饱满。

2010年7月

沉默的羔羊

小羊羔、小牛犊不会说话，不然它会自己讲故事，它们的生活变化可真大。

牧民不吃羊羔

我把在正蓝旗拍到的小羊羔的照片给宝音大哥看，他说："其实吃这个最不好了，按传统蒙医的说法，这个是最不好的。你们城里人现在都吃这个。"宝音大哥家今年也有80多个小羊羔，到了秋天也要卖掉，卖给城里人吃。这已经是不可选择的事情，城里人已经被市场培养得喜爱羔羊肉了。羔羊肉的消耗量也非常高。在十几年前城里人还没有吃羔羊肉的习惯，羊肉就是羊肉，都是长成了的羊的肉。不过在汉族的传统文化里就有吃"乳猪"、"乳鸽"等年幼的动物的习惯，所以羔羊肉一推出，很快的，就被接受了。但蒙古族的传统文化里，羔羊是不能吃的，是个发病的东西。

在传统上，草原的牧民都是卖羯羊，就是阉割的公羊，这种羊不能下崽，是专门用来做肉羊的，那种羊的肉味非常好，不像羔羊肉那样水水的没味道，但是对于吃不惯羊肉的人来说，或许有一点硬。现在羯羊在草原上已经很少见到。我在牧民刚苏和家见到过一只羯羊。那只羊比别的羊个头都大，抬起头来有别的羊两个高，已经7岁了。这只羊已经不是肉羊，是一家人都非常喜欢的羊。"这只羊是不是杀也不卖了？"我问刚苏和。他笑着点点头。

刚苏和家现在也卖羔羊，原因很简单，有人来收。我问他，谁收的？收了卖给谁？他一点都不知道，后来想来想去，说听说过一个什么集团，收羔羊，但是他们家的羊是不是卖给那个集团了，他也不清楚。

现在牧民卖羔羊是因为市场变了，而育肥羊的发展是推动这种市场变化的力量。羊长到八九月大，由统一育肥的企业集团收上来，对企业来说，收上来草原上长大的瘦巴巴的小羊羔，很快就养肥了卖出去很合算。

这些年市场已经深刻地影响了牧民的生产方式，现在牧民的工作主要就是接羊羔，羊羔的育肥过程由其他的生产单位完成，牧民实际上已经成了羊肉生产中的一个环节。

头疼的细毛羊

伊如是一个在正蓝旗旗里上班的女孩子，她是牧民的女儿，还保持着很多牧民本色。春天，草场上接羊羔忙的时候，伊如就请了假，回家给爸爸妈妈帮忙。

伊如家和别人家不一样，她们家一进门就有很多药，他们每天一个重要的工作就是给牛羊喂药。伊如家的羊都是改良的细毛羊，羊羔生下来浑身一点毛也没有，不结实，不抗冻，一拉稀就容易死去，所以必须每天给拉稀的羊喂药、打针。母羊白天放出去，但大部分羊羔都不能放出去，因为它们的身体太差了，放到野外适应不了。晚上回来要一只一只地给羊羔找妈妈。这让我非常想念敖云毕力格家那些淘气、聪明又结实的大尾巴羊。

敖云毕力格家在乌珠穆沁，他们家的羊都是大尾巴的乌珠穆沁羊。乌珠穆沁羊是内蒙古的本地品种，也曾经要被作为落后的品种改良掉。不过有个精明的旗长及时发现问题，并且开始推广这个品种，现在这个品种在市场上已经取得成功。乌珠穆沁羊很结实，小羊羔生下来就可以放在野外，不像这边的细毛羊这么麻烦。敖云毕力格把羊分成两群，带羔子的一群，怀孕的一群。有一天怀孕的母羊放出去，晚上赶回来的时候就多了5只小羊羔。带羔子的母羊则每天通过"对羔子"的方法让母羊和小羊相认。

对羊羔的场面很壮观，母羊和小羊一起咩咩大叫。那时候，牧羊人先在野外选一个地方，把母羊和羊羔赶成一群，越围越小，母羊就想跑掉。如果它带上了自己的羊羔，就让她跑。没带上，就让它找羔子。对羊羔开始的时候，总是很顺利，聪明的母羊和羊羔早早地一对对跑掉。越到后来，越麻烦，不认识妈妈的羊羔和不负责任的母羊都落在后面。落在最后的十来只要老半天才能对上。小羊羔开始不认识自己的妈妈，看见个动就跟着跑。有时跟着别的母羊跑，有时跟着别的羊羔跑，有时跟着人跑，但反复几天之后，妈妈和孩子之间就熟悉了，每个羊羔都知道找自己的妈妈吃奶。小羊羔有点拉稀的话也不要紧，只要把肚子底下的冰坨坨帮它剪掉，不让冰坨子冻坏肚子就行了。

这种场面在伊如家是看不到的。伊如家的羊大部分是细毛羊。细毛羊的羊毛曾经比较贵，10多块钱1斤，大尾巴羊的羊毛只有3块多钱。所以那时候养细毛羊虽然费劲，也觉得很值。但是市场变化很快，现在，细毛羊的羊毛只有6块钱一斤，只比本地羊贵2块钱，喂奶、喂药、打针、照顾起来费劲，就很不合算。

在细毛羊羊毛市场好的时候，人们会觉得淘汰本地羊很有道理，但是市场很快就变了，而本地基因的形成却要经历成百上千年。幸好本地羊还被保留下来，现在伊如家也放本地羊爬子在羊群中，新生的小羊羔有和本地羊串种的羊，伊如的妈妈说，"你看这个，聪明多了！"

小牤子的命运

我到伊如家后不久，发现有几头牛的耳朵上有耳标，伊如告诉我，那是懊牛，尤其是品种好的懊牛。

伊如家有3头懊牛。1头正在用的大懊牛，2头小懊牛。然而我最先发现的打着耳标的牛是在生病的牛的牛圈里。伊如的爸爸说，这头小懊子是从旗里买的，5 000多块，政府给补贴了800块的新品种，纯种的西门塔尔。但是它不适应这里的气候，病了。

那头生病的小懊子吃草吃得非常慢，毛色也很衰，它经常趴在地上不起来。伊如一家给它打针、灌药、输液，忙活了好多天。伊如的爸爸每天夜里要起来好几次看看小㤲子有没有事。每天早上，全家人都要费力地把趴在地上的小㤲子抬起来，让它站起来。有一天，我路过牛圈，看见小㤲子4条腿直直地躺在地上，赶紧去叫伊如。伊如正在做饭，扔下手里的活飞跑过去，幸好，小㤲子没事，她把小㤲子的头正过来，腿蜷起来，放在身体下面，很慈爱地念叨着："没事了，没事了！"过了几天，伊如的妈妈发现小㤲子胀肚子了，牛胀肚子是会要命的，伊如的爸妈给牛灌了很多药，然后找了一根针，扎在牛肚子上，就像扎漏了一个气球一样，牛肚子里的气慢慢地撒出来。小㤲子被放了气以后，更站不稳了，蹄子软软的。这天来了两个汉族人，把小㤲子和1头生病的母牛一起买走了，2头牛一共2 700块钱。他们是想如果2头病牛能有1头活下来，秋天就是4000~5000千块钱，能赚一点。伊如的父母则可以轻松一点，不用每天下夜好几次了。

伊如家的另一头小㤲子情况还不错，每天跟牛群在一起，也还算精神，但是它背上的毛也都炸着，显示它的身体并不好。

舅舅的超大牛犊

刚苏和的舅舅家有一种超大的牛犊，当年的小牛比别人家的2岁牛还大，一头可以买6 000块钱。舅舅非常骄傲，给刚苏和打电话说让我去采访。我到了舅舅家发现，原来是一头比较纯的西门塔尔。它和其他牛犊不一样，是12月下的，所以个子大。一般的牛犊都是三四月份以后下，小牛犊春天下，经过夏天和秋天，到了冬天就结实了。

刚苏和的舅舅是个很精明的牧民，他很早就开始接受改良牛。用西门塔尔公牛和本地的母牛交配，生下来一代杂交牛，等这一代杂交的牛长大以后，再和西门塔尔公牛交配，一共要经历三代才能改良出包含本地基因的纯种西门塔尔。舅舅从1996年开始培育这种牛，已经经过3代之后，改良成了纯种的西门塔尔。但是不是每个牧民都能像他那样，牛改良三代，最少也要13~14年时间。在过去的十几年里，每隔几年就有新品种向牧民大力推广，结果牧民家里的牛变得品种很杂，全是串子。利木赞也有，夏洛莱也有，更多的是杂交牛。然后收牛的人又说牧民家牛杂，不值钱。

舅舅家现在没有懊牛，全靠冷冻精液，是旗里的示范项目。牛犊入冬的时候下的，他们家有砖头盖的暖棚，里面生火。这种牛吃得很多，舅舅种青储喂它们。舅舅家的青储地在水井边上，他用牛粪拌水做肥料，也是一种循环经济。舅舅特地让他女儿给牛喂青储，让我照相，他说：这是改良牛，这是青储，你照下来，当官的最爱看了。后来我把他们家的照片给那个育肥牛基地的人看了，他们说："这个牛还是不怎么样，还是杂。这个喂青储的方法也不对，应该轧碎了喂。"

西门塔尔牛单头的个体很大，出肉多，在以草定畜的条件下养这种牛非常值。但实际上这种牛在冬季的采食量非常大。本来就比蒙古牛吃得多，蒙古牛在冬季可以把食量减小到原来的1/3，西门塔尔牛却一点都不能减。算起来，1头牛的食量能顶蒙古牛5个。

舅舅说，这种牛的肉没有笨牛的肉好吃，但是笨牛的肉好吃也不能多卖钱，牧民说好吃没用，除非国家给涨钱，国家不给涨钱，那就是养改良牛划算。说起笨牛，舅舅又说，哎呀，笨牛当初留一点好了，现在整个蓝旗都没有了，要是哪天涨钱了，就再找不着了！

一吨重的育肥牛

牛和羊现在有一样的问题，没有键牛了，都是卖牛犊。养牛的牧民同样是牛肉生产中的一个环节，负责生产小牛犊，并且把小牛犊养成架子牛，就是骨骼长成的小牛，然后送去育肥。

在多伦，我见到了一个搞育肥牛的汉族农民。他叫牛宝合。他从搞育肥牛开始到现在已经整整10年了。一开始，他并没有想搞育肥，2000年夏季干旱，庄稼长不起来，他们只好把牲畜放到庄稼地里。那年秋天，他们从西苏尼特旗买了20头牛，那些牛瘦得不行，他们就圈起来喂着，到了春节，牛长了点肉，价格也因季节变化提升了，一头牛挣了500多。从此他们开始育肥牛。

他们现在主要收多伦当地的牛。去年建立了一个育肥牛合作社，前后育肥了900多头牛。虽然比散养牛的牧民家有规模，但是他们仍然没有稳定的订单。通过这边在北京长期打工的人联系或从网上查市场经济人，和他们联系销售。三河的福成肥牛、顺义的京顺供港澳活牛基地。都曾经买过他们的牛。

跑了很多年市场的牛宝合已经深深地信奉市场，他认为西门塔尔牛是最好的，活重能达到600公斤，出肉率达到54%以上。上海以北的市场和出口市场都认这种牛。利木赞、夏洛莱牛宝合都养过。20世纪80年代草原红牛在本地数量还很多，气候条件都很适应，但是出肉率比不了西门塔尔牛。肉质和西门塔尔牛基本相仿，但是体型没有西门塔尔牛大，增重没有西门塔尔快。

现在牛宝合被聘到一个育肥牛场当经理。那个牛场里的牛刚刚出了一批，只剩下1头。是1头1吨重的公牛。这头牛超重了，屠宰场不要了，也装不上车。不过牛宝合还是非常喜欢它。牛场的董事长来多伦办事，他的手下撺掇他宰了这头牛自己吃了。董事长摇了摇头，说不吃，但是没有说原因。

那天晚餐的时候，桌上有一盘牛肉，油大、肉硬、味道浓郁，一看就不是肥牛。董事长说："尝尝我们这的牛！""这个是牛场的牛？"我问。"不是，不是，"县委书记说，"这个是土牛，蒙古土牛。"

育肥牛场是一排一排的，里面牛挨个拴着，进来以后就再不动地方。一直站上4个月就出栏。在我见到这个景象之前，在正蓝旗的饭桌上，有人向伊如大谈建育肥牛基地的事情，鼓动她父母搞这个，伊如姐妹听了都默默不语。饭后，伊如对我说："那样牛多难受呀！你看我们家的牛多自在呀！"

肥牛和羔羊被市场接受都经过市场培育过程。这两种肉的生产过程中都有个快速育肥期，这一时期，牛羊的体重成倍增加，可以使大企业获利。因此有人能够做他们的市场。但草原上散养的牛羊，传统的犍牛、羯羊虽然肉质更好，但是它们的饲养过程无法让大企业参与，所以没有人砸资金给它们做市场。改良品种也有同样的问题，并不是蒙古牛的肉不好吃，而是它无法成规模地供应城市，于是没有经济效益，所以被作为落后的品种淘汰了。

2010年秋

真实的传说——三代牧马人和马

"它就是不会说话"，当牧民宝音达来说起他的马的时候，总是给它这样的评价。宝音达来有一匹黑色的坐骑，才两岁，春天刚从马群里抓出来的时候骨瘦如柴，性格倔烈，套上笼头以后，不停地折腾。宝音达来把它拴在拴马桩上，我根本不能靠近，一天以后，宝音达来牵着它走过我面前时说："你可以摸摸它了，它现在是可爱的马了。"我很惊讶，伸手摸了摸它的脸，这匹马几乎是纯黑色的，头顶有一颗白色的星星，我叫它"小星星"，我摸它的脸时，它显得非常温顺，太神奇了！在这匹马被抓住的一整天里，我并没有看宝音达来干什么，只骑过它一次，走了很近的距离，就又拴在桩子上。"马你得会调教它，我最会这个了，这个马以后就是个好脾气的马了，现在就能看出来。每个马的脾气都不一样，有的马一辈子都闹腾，那也没关系，那也是好马。"宝音达来说着，我又摸了摸马的鬃毛，"它知道你喜欢它，它什么都明白，它就是不会说话。"

自由的生灵

这个世界上，找不到第二种动物像马这样，它是富有野性之美的生灵，但却是一种家畜，它被人驯养了几万年，为人工作，被人役使，任劳任怨，在工业革命以前，它是人类最重要的动力，但它始终是野性的，每一匹马都热爱自由，每一匹马都需要驯化才能和人合作，而即使被驯化了，当鞍子卸掉，笼头摘掉，它依然自由奔跑，像个野生动物。

蒙古人养马和世界上许多民族不一样，蒙古人从不给马建立房舍、马厩，而是让马在草原上自由奔跑，并让它们按照自然习性组织家庭，四处迁徙，马的家庭由儿马子即种公马管理，每群十几到三十几匹不等。"马这个动物需要自由，越把它养得自由，它就会长寿，体质就会好，越把它圈起来，越不行。"宝音达来说。

48岁的宝音达来是内蒙古赤峰市克什克腾旗的牧马人，他的家里牧马有多少代了，他自己也不清楚，他能记起的情况是爷爷就是个牧马人。那时候，草原上很多人家的马放在一起，由一个人包下来，再雇上几个马倌轮流管理。在这1 000多匹马里，有2匹母马是爷爷的，据说，爷爷放养这1 000多匹马的真正目的就在于把他自己的2匹母马养好。当马倌，他可以跟着马群走，经常看着他的母马，避免它们被别人抓走骑。

蒙古人的坐骑并不是整天拴在家里的，也不是每天骑，尤其是母马，因为要生小马驹，有几个月时间是不能骑的。"我爷爷放马是游牧，在四五十万亩的土地上游牧，从现在达里淖尔镇到白音查干南边的五队镇，也就是现在的贡格尔草原这一大片，都可以自由走动。"那个时候，马的成活率很低，有10匹母马的话第二年也就是得到两三匹小马驹，野生动物多，主人照顾的也少，有一部分被狼吃了，有一部分被冰雪冻死。那时的马和人接触很少，很野，见到人很紧张，远远地就逃掉了。

蒙古马在草原上的生活方式和野生的食草动物没有什么区别，在这1 000多匹马中有很多家庭，每个家庭由1匹儿马子带着母马和2岁以下的小马组成，儿马子就是家长，它自己会管理马群，牧马人数马的时候，只数儿马子，儿马子只要都在，马一个也丢不了。每年春天，儿马子要赶走到了虚3岁的小马，母马咬到别的马群去，公马则赶出马群。过去几百上千匹马在一起放，从这群里出去的母马就可以进入没有血缘关系的马群中，成为那个家庭的成员，就像女孩出嫁了一样。和野生动物有点不同的是，牧民会把不做种马的公马骟掉，以方便管理马群，防止这些不够好的公马划拉母马，或者成天和儿马子干仗。骟马除了骑乘以外，还会跟着原来的马群，儿马子对它不是那样排斥了，但是也会要求它和母马保持距离。我在宝音达来家附近见过一群马，马群中有一匹特别漂亮的黄骠银鬃马，它的银鬃很长，色彩明亮，十分飘逸，它总是站在马群边缘，宝音达来告诉我，它是匹骟马，如果进了马群儿马子会往外撵，那个马群的儿马子，是一匹矫健霸气的黑马，而这匹银鬃马的目光总是略带委屈。半年后我再次见到这匹银鬃马的时候一个牧民牵着它，它是那个人的坐骑。

在宝音达来爷爷的时代，马很少丢，春天马是最虚弱的时候，这时候，马会顺风走，有时候就会跑丢，如果不是身体虚弱的话马是逆着风走的，即使冬天刮白毛风，也不会丢。马到冬天夜里一点都不动，站在原地叹气，它们知道动了就不知道会跑到哪去了，知道哪里安全，就在安全的地方不动，如果看马的人睡着了，马群动了，骑的那匹马就拉他，叫醒他。夜里特别黑，伸手不见五指，但是牧马人只要顺着骑的那匹马的感觉走，那匹马能把一群马都围在当中，一匹也丢不了。"要不我说比人强呢！"宝音达来说，"不光是骑的那匹，所有的马都有这个本事。夜里聚在一起，不会走丢。如果大帮的马跑了，找不到，你就把自己的马撒出去，它就能把马都找着。"

宝音达来的爷爷那会儿也不是整年地跟着马，一年也就两三个月，当时克什克腾旗的人一个主要的营生是到额吉淖尔拉盐，然后用盐交换其他的东西。额吉淖尔是个盐湖，在今天的东乌珠穆沁旗，她被牧民称为母亲，可见那个时候她有多么重要。宝音达来的爷爷去过额吉淖尔，还去过乌兰巴托，都是做生意，蒙古人虽然从很早就有做贸易的传统，但是却很少卖自己家的牲畜，主要还是用盐这些东西做交易。

在爷爷的时代，除了牧民家需要马，需要马的地方很多，对克什克腾旗牧民有影响的主要是邮局。那时候旗长看上哪匹马，要走了就要走了，也不给个补偿，主要用在邮局邮递东西。除了给邮局供马，牧民也给政府提供军马，但是宝音达来感觉不到太多来自这方面的影响。"像以前，马往外卖的很少，主要是自己家里用，用了好几年，蒙古人的良心上就不忍把它卖掉，一直养到老，养到死，用它的力量，但是不要它的生命，如果卖出去就不知道人家怎么弄了。"宝音达来说，"蒙古人讲究马的灵气，马的灵气失去了，就不跟自己家一起了，交换多了，灵气就下降了。"另外以前往外交换的，主要不是卖钱，都是换东西，以前蒙古人办大事情，比如结婚，需要银戒指、粮食、需要布做衣服，有时候就用一匹马去交换。这种马都是没用过的马，已经为家里出过力的马就不交换了。

在过去，蒙古人很忌讳把马用了好几年又卖了，认为这样不仅会毁掉马的灵气，而且把五畜的灵气都给毁了。蒙古人是要给马养老送终的，马死了以后，还要把马的头系上哈达搁在高处。并不是所有的马，都有这样的荣耀，主要是有功劳的马，这里面包括骑了很久跟人有感情的马，或者生了很多小马的母马，还有用了很久的种公马。

爱与被爱

蒙古马是聪明、重感情的动物，这种感情不仅维系着蒙古马的家庭，也深刻地影响着牧马人，牧马人也同样深爱着马，并得到马的回报。

受爷爷的影响，宝音达来的父亲16岁开始放马，一辈子没有离开马群。他13岁时骑一匹马到别人家去拜年，路上碰到几个人，应该是日军，那几个人说："八格牙路"，就把马抢走了，这匹马在别人手里半年，找回家的时候已经奄奄一息了。"那些人就是骑着这匹马走，走不动了，就扔在那换了一匹。"宝音达来讲这个故事的时候，眼泪流出来，这个40多岁经历过很多风霜的牧马人讲起一匹自己从没见过的马竟然这样动情。"当时，我奶奶是个很有办法的人，在当地有很多朋友，到处托人打听，从100里地以外找回来了。"那时候，家里只有两匹母马，它们是家里重要的财产，但是奶奶找马还不仅仅为了这个，蒙古人认为，蒙古男人要是没有马的话就是没运气，就没腿了，宝音达来的父亲当时虚13岁，也就是周12岁，正是第一个本命年，他的奶奶觉得这是一件很重要的事情，如果马不能找回来，儿子以后在人前就站不起来。经过精心地调养，那匹马被救活了。

宝音达来的父亲从1964年开始给公家放马，当时为了改良，把白音郭勒、白音查干几个地方的母马牵到一起，搞人工配种，让儿马子跟哪个马配就跟哪个马配，而不是一个儿马子带一家子，自然交配。300多匹母马人工配种了3年之后得了3个马驹子，彻底失败了。"马不能那样搞！"宝音达来说。但从那时候起，宝音达来的父亲就开始给公家放马，那时候，盐已经被国家垄断，牧民不再去拉盐了，放马是父亲最大的爱好，也是他最主要的营生。

"马这个东西特讲究，也特别有德行。"宝音达来说。马从来不跟自己的母亲和女儿交配，自己家的孩子自己都认得。1970年知青来了以后，说要破四旧，要让一匹儿马子和它自己下的小母马交配，牧民说这样不行，知青们就说："你们这是老套，牲口哪有这么讲究的！"知青把儿马子的眼睛蒙上，鼻子堵上，让它跟自己的女儿交配。完了事以后，儿马子不知道怎么明白自己做了这样的事情，就不见了，再也没有人见过这个儿马子，人们都说他是到山上自杀的。当时宝音达来的五叔去城里上了学，又作为知青下放到草原上，亲眼见到整件事情。

宝音达来的父亲是个优秀的牧马人，他1966年放马的时候，遇到大火灾，他用自己的坐骑挡了一下，催动马群逆着火跑，马群都跑了出去，要是顺着火跑肯定都烧死了，虽然怕火，马知道应该逆着走，刚开始的时候还不敢，但是牧马人的催促，加上自己的选择，马就勇敢的跑出来。当时被困的有一百六七十匹马，马鬃都烧没了，但一个也没烧死，连小马驹全部跑过去了。

父亲套马尤其强悍。马到2岁时要打印，这时就要套马，每年打防疫针和剪马鬃的时候，也要把马套住。在草原上自由惯了的马一旦被套非常紧张，拼命挣扎，牧民用套马杆套住后，用力拉，才能制服它。套马杆是一根细长的柳条，不是垂柳，是沙地里那种又有硬度又有弹性的柳条。套马杆底部略粗，到尖端逐渐变细，顶头系绳套的地方，微微颤动着。据说美国人看到蒙古人的套马杆非常惊讶——那么有劲的动物，怎么用那么细的一根杆就能套住？宝音达来说起这件事的时候就笑了，"哪是杆子厉害？是杆子马厉害！"套马时牧民骑的马叫杆子马，杆子马非常聪明，完全懂得主人的意图，什么时候加速，什么时候制动知道得一清二楚。宝音达来的父亲也有优秀的杆子马。

对牧民来说马不仅是牲口，是工具，它们还是伙伴，是家庭成员。"60年代的时候，我们家有一匹马让红山军马场买走了，前天晚上送到军马场，给上上马绊子，第二天它到家了，带着绊子一夜走了200公里，我们有个传统要是一匹马能回来三次就一辈子不卖了！"

过去牧民对马不打也不骂，在成吉思汗的法典上曾经写着打马头的要处斩，是个很重的罪责，现在这个法典虽然已经没有法律约束力，但是蒙古族民间仍然遵循着它流传下的信念。"马也不能骂，"宝音达来说，"现在我们讲马也听不懂人话，骂就骂吧，但是马是不能骂的。"马也会报仇，过去有个外地人，到了克什克腾旗，他得到一匹马，但是他对这个马特别不好，经常打骂，结果有一天，他给马喂料的时候，被马踢死了。

宝音达来有个牧马的朋友叫阿拉腾得力格尔，他们两人的父亲就在一起牧马。有一天，宝音达来说起现在牧民都拉了网围栏，各家间的关系都不好了。阿拉腾得力格尔说："咳！我们父亲的时候哪有那种事！我们两个的父亲一辈子一起放马，天天两个人你谢我，我谢你！"那个时候，宝音达来的父亲放着几百匹马，当时在牧区最辛苦的一个工作就是晚上守马，夏天还好，三九寒冬也要在外边守着，主要是防狼，不看的话，一宿就能被狼咬死四五匹，在牧区狼是怕牧人的，人在的话狼就不敢上前。而牧马人白天也要看马，主要是有人来换马。"草原上的马是非常舒服的，骑两天就放假。"宝音达来的一个叔伯弟弟索米亚现在在雍和宫出家，他说起马有点亲切，还有点感慨。宝音达来的父亲白天看马，晚上守马，一个人撑不住，他就和附近的嘎查（村）合作。在那里阿拉腾得力格尔的父亲也和几个人一起放着1 000多匹马，他们把马群并到一起，共同管理。由于很多日子不能回家，阿拉腾的父亲善于做饭和干家里的活，宝音达来的父亲善于在外面管理马，老哥俩相互依靠，相互感谢，从不计较谁多干点什么少干了点什么。阿拉腾觉得，随着牧马时代的结束，人和马之间的感情淡漠了，人与人的感情也淡漠了。

命运的拐点

宝音达来八九岁就开始骑马，十五六岁就开始给嘎查当马倌了。他是最后一个夜里守马的人。"现在有养马的、有放马的，夜里守马的人就没了，狼已经没有了。"宝音达来说。

宝音达来年轻的时候，草原上还有狼。1986年，他夜里守马，有一天晚上也不是那么冷，特困，就睡着了。他手里握着骑的那个马的缰绳，那个马一直点头拉他，他醒了，四下看了看没发现什么，也没当回事，又睡了，后来那个马就直接拿腿踢他，他又醒了，醒来以后就发现左前方有一匹狼、右后方也有一匹，正盯着他呢，狼见他醒了，知道没有便宜可占，就逃跑了。"马的耳朵很灵，稍微有一点动静就能听见，一天睡72次，走着走着稍微打个盹就行，很少躺着，除非生病了。"宝音达来说。

马的命运是随着两件事情的出现改变的，一个是家庭联产承包责任制在草原上推行，草原被划条划块分到各家，另一个是中国迟到的工业革命——汽车、摩托车的深入普及。

"八几年之前，马的数量怎么养都不会增多，八几年以后自己家能把数量养多了，但是2/3的人家没有马了。不平衡了。"宝音达来说。宝音达来的父亲放马的范围跟爷爷的放马范围差不多，但是到宝音达来这一辈就差得很多了。

20世纪80年代，草原上开始推行产生于农区的承包制度，在草原上称之为"草畜双承包"，先承包了牲畜，又承包了草场。于是养马的格局改变了，每家在几千亩的一小片地方养几匹马。马不能成群结队，也不能自由奔跑，连自然的家庭关系也打破了，只能跟着人的家庭走。"牧民以前对五畜很尊重，很少打骂，自从围起来之后，别人家的都可以骂了，人的心态也变了。没办法，毕竟是人家拿钱围起来了。"

马需要广大的连成片的土地，它们夏天要顶着风跑，到阴凉的坡地上躲避酷暑，喝最清澈的泉水，吃最鲜嫩的草。有一次，我在宝音达来家附近的水泡子里发现一对赤麻鸭，宝音达来叫它们"喇嘛嘎路"，是喇嘛是形容它们的颜色像喇嘛的袍子，嘎路是蒙古语雁鹅的意思，宝音达来说："这种鸟的素质不太高。"我很惊讶，问为什么。他说："它们什么水都落，有个死水泡子就落，所以素质不高，天鹅就不是这样，不是清水它不落。"基于同样的思维方式，蒙古人认为马是高素质的动物，最讲究的。但是我总是担心它们是不是适应能力不强？就像这些习惯了青山绿水蓝天白云的牧马人很难适应污浊的工业社会一样？

宝音达来所在的嘎查有80万亩土地，但其中的3/5建立了保护区，被白音敖包保护区围起来了，里面的牧民都迁出来不让进了。"其实以前牧民在林子里很少动树，动树会招灾，牧民也不乱扔垃圾，树也不会生病，现在他们保护起来了，反而长虫子的越来越多了，他们不知道用的什么药。我们一两年回一次家，感觉很明显的，树一年比一年在减少。"索米亚说。白音敖包自然保护区是为了一种叫做"沙地云杉"的树建立的，它们是树木中的活化石，在世界上只有两片，一片在白音敖包，一片在美国的一个地方。牧民迁出来以后，这里有两个单位一个叫白音敖包林场，一个叫保护区，虽然是保护区，牧民经常看到林区里的小树苗被挖走，一车一车地卖掉。"那个小树苗离不了我们这个地方，到了别的地方很难养。"宝音达来心疼的地说。

不过因祸得福，由于林场和保护区占了大部分土地，剩下的土地面积小了，不够牧民家一家一小片用网围栏圈起来，宝音达来家所在的嘎查一直没有拉网围栏。这使得马匹的生存条件比其他地区好一些。但是现在马也是属于一家一家的，像宝音达来这样世代牧马的人家也只有20多匹的一群。"现在有三2/3的人家没有马了，养马是需要技术的，不是家家都会，分下去以后有人家不会养，前几年马的税也高，需要的地盘又大，不好养，好多人家就把马卖了。"

马少了的另外一个原因是，汽车和摩托车的出现。"马少了内因外因都有，现在有摩托车了，有电话，以前办事、找人都靠骑马，现在不用了。现在人越来越懒了，养马的话要喂草、喂水，摩托车直接加油就行了。"宝音达来说。"还有一个不养马的主要一个因素，80年代末90年代初，偷马的特别多，公路修起来以后，偷马特别方便，直接赶到公路边上装车了。"阿拉腾得力格尔家曾经丢过100多匹马，宝音达来也丢过40多匹马，当地的很多牧民都有过丢马的经历。

"现在国家说是富起来了，但是我现在去草原上，看到每家都是说学生上学借了多少多少钱，买草、买汽油花了多少钱，没什么收入。原来蒙古人很忌讳借钱，现在学生上学，都没办法，虽然一家只有一两个孩子，还是要借钱。夏天卖点奶豆腐还能挣点钱，原来就一斤七八块钱，现在贵一点24块钱一斤，70斤牛奶才出4斤奶豆腐。牧民买菜的时候没有现金，可以拿奶豆腐换，但是奶豆腐价钱低。"索米亚说。现在牧民家挤的牛奶牛奶公司不收，因为牧民家挤奶是手工操作，被称为"带菌生产"，而牛奶公司要求无菌生产的，就是必须到集中的奶站上机器挤奶，草原广阔，一出门就是上百公里，怎么能牵着牛一天走两百公里来回去挤两趟奶？所以牧民家的牛奶只能做奶豆腐。"现在借钱越来越厉害了，社会问题了。我们那里有一个牧民家，从一个小卖部借钱，把他们家所有的东西都抵给他们家了，房子也给他们了，还是还不上，利息越长越高，后来让那个牧民家的媳妇免费打工，主人家高兴了，让你回去，不高兴了，你还不能回去，什么时候你把钱还上，什么时候再说。这样的不是一两家。现在几乎没有一户人家把马养到老死，养到一定年龄的时候，把它卖了，换点钱，这也是生活逼的。"宝音达来说。

守望未来

"马是牧民最好的伙伴，离开了马，牧民就是半死的。五畜当中马是最重要的，要是没有马其他的就不好养了。现在放羊都是骑着摩托车，摩托车速度多快呀，催着羊一路跑，跑着跑着，就不如骑着马放的那个羊好，马会顺着羊的脚步走。骑摩托放马也不合适，骑马的话，你自己的马也是边吃边走，骑摩托，摩托车不用吃，就一直跑，马都吃不上。到了冬天下了雪，只有马还能做交通工具，其他都不行。在养生方面，骑马通血脉，一天骑马对身体可好了，所有身体内脏都通了，交通事故也没有。"宝音达来说。宝音达来的五婶索米亚是中央民族大学的老师，她说："哎，现在牧民都不骑马了，骑摩托，喝点酒就出交通事故，人就没了！""马和人的关系的传说很多，我是不知道的，但是我爸爸就是喜欢喝酒，喝醉了从马上摔下来躺在地上，马就不跑，就围着他吃草。"

看着草原上的马越来越少，宝音达来和阿拉腾得力格尔一起办了一个马文化协会，希望以此推动牧民重新爱上自己的马，并改善蒙古马的处境。协会成立的第一年，两人共凑了三万块钱办了一次那达慕，主要是举行赛马比赛，周围有200多户有马的牧民加入了马文化协会。

春天的时候，我在宝音达来家里做客，家里忽然来了一些人，给了一个通知，要清理进入保护区的牲口，还说他们的领导在林口里发现了一群马，问是不是宝音达来家的，让赶快赶出来，不然被旗生态抓去拍卖。他们是保护区的人，跟宝音达来很熟，笑呵呵地在家里喝茶，看上去又像是来下通知，又像来送信的，或者这就是基层百姓之间的一种默契，相比之下这种默契比直接抓走去拍卖更有利于维护社会和谐稳定。宝音达来知道马是谁家的，他给那个小伙子打了电话，下午，一个小伙子赶着一群马隆隆地从宝音达来门前跑过。

以后的几天，草绿了，到了抓马驯化坐骑的时间了，早上附近的三四个青年就聚到宝音家，一会儿大家上了马一起去找马，四个人一起骑着马走过白音敖包山前，涉过贡格尔河，一路上不断有人加入他们，等他们在草原上转了一大圈，赶着马群回来的时候，已经有七八个人了。现在马分到各家，每家只有一个儿马子带着自己的一群，马最多的人家也不过两个儿马子，再看不到几千匹奔跑过草原的景象了。

在牧区，抓马不仅是一项生产劳动也是文化活动和娱乐活动。马群赶到宝音家门前铁栅栏围起的牲口圈后，小伙子、大男人们笑呵呵地趴在栏杆上看着马群。然后他们进入围栏，用套马杆挑着绳圈抓马。这是个简易方法，比在大草原上万马奔腾的情况下骑着杆子马追要简单得多。

要抓的马主要有两种，一种是3岁的生个子，从来没有驯过的马叫生个子，脾气最为掘烈，折腾得最厉害。春天，马经过了一个冬天都长得瘦瘦的，肋骨一条条都能看见，但是有一匹黑色的生个子很胖，很有劲，它一直吃奶吃到2岁，很能折腾，难以驯服，套马索套在它脖子上后，它一直折腾，大家费了将近一个小时的力气才接近它，把龙头套上，但是龙头的皮绳显然不是它的个，于是四五个人按住它，把后蹄扳起来给上了绊子。牧民们都说，它太壮实，太烈了，将来准能成为赛马。

还有一种马是人们骑过一段时间又放回马群的，这种马放回马群跑上一两个月，性子又野了，而且对付人更有经验，一看见套马杆和套马索，就知道要抓它了，他们很会躲，绕着场地跑了很多圈都套不上。有2匹4岁的马好不容易套上了，当牧人给它们套上笼头，拴在一起准备牵回家时，它们逃走了。不过它们并没有回马群，而是回了主人的家，它们俩也很清楚发生了什么事情——它们该到人类世界里生活一阵了。

　　由于生活的改变，现在没有足够的地方让200多户牧民的上千匹马聚在一起，然后抓马了，现在只是把不同人家的小群马轮流带到围栏围起的圈里。我很快发现，也并不是一群马就是一户牧民的，这群马里会有那么一两匹是别人的，不知道是怎么回事。这时，宝音达来从自己家的马群抓出一匹小红马，拴在一边，过一会儿又来了一群马，宝音达来就把小红马放到那群里。"这是干什么？"我问。"它3岁了，该找对象了！"宝音达来说。小红马进入新马群后，儿马子就过来闻它，小红马尥蹶子踢儿马子，但是很轻，宝音达来对大家说："走吧！别看着了！让它们自己吧！"大家就一起去宝音达来家的蒙古包里喝茶。过了一会儿，牧民们又出去把那群马放走了，儿马子已经收了那匹新来的小红马。以前很多家的马放在一起的时候这个工作是不需要的，小母马到了3岁，自然就被父亲咬走，跟别的马群了。

　　在抓马的过程中，牧民需要交流和协作，这些交往打破了草原的沉寂，更重要的是，牧民们喜欢干这个活，从中他们可以体会到很多欢乐。

　　就现在的情况看，马的经济效益是比较差的，无论邮局还是军队，都不再买马了，但是牧民本来也对马的经济效益不是很重视。一件让牧民们难以理解的事情发生了，克什克腾旗下文件给牧民，让大家把马全部出栏，每家只留一两匹干活的马，说是为了发展经济和草畜平衡。宝音达来和阿拉腾得力格尔的反应也让所有人认识他们的人吃了一惊，他们放下手里的活，联合借了6万元高利贷去克什克腾旗的百岔沟收那里一种珍贵的马——百岔铁蹄马。宝音达来和阿拉腾得力格尔觉得，如果每家只养1匹马，肯定是养活骟马，骟马没法繁殖后代，以后这种马就绝种了。"我俩想把铁蹄马先保护起来再说，先养起来。这是成吉思汗的战马留下来的，没有铁蹄马也没有蒙古帝国。"宝音达来说。他们前后共买到了1匹种公马，18匹母马，和4匹小公马驹子，这些马之间没有血缘关系，将来可以建立5个马群，这是保证繁衍的最低限度也是牧民能接受的最高限度。克什克腾旗的牧民联合给政府写了申请书，希望政府收回成命，允许他们养活这种珍贵的、纯种的蒙古马。

我再次到宝音达来家的时候，已经下雪了，马没有在家附近，只看到上了绊子的"小星星"，经过夏天和秋天，它吃得胖胖的了。它看到我非常紧张，我伸手摸摸它，它就退后两步摆出一副要打架的样子。"这两天刚抓出来的，认生了！"宝音达来说，"春天骑了，夏天又放回马群了。""它也是铁蹄马吗？"我问。"不是，你看它的蹄子。"我一看小星星的蹄子又大又宽，而铁蹄马的蹄子是又小又细的。"这是适合沙地的品种！"宝音达来说，"我们克旗其实除了铁蹄马还有很多品种，都是好马。"

2010年11月

马背上的前世今生

马为人类奉献了一切——速度、力量、美、品格、情感……马是人类最亲密的伙伴之一，也是桀骜不驯的野性的象征，马促使人类对野生环境保持留恋和热爱，又在隆隆蹄声中推动人类文明的脚步。美国国家地理关于马的纪录片片头这段话，打动全世界热爱马的人。

前世

在驯化马匹之前，人类是靠双脚丈量大地的，谁也不知道是什么人，什么时候突发奇想翻上了马背，也不知道作为食草动物，马什么时候起能容忍人类骑在它背上。最初翻上马背的人应该不是为了娱乐，而是为捕猎马，最初载着人类奔跑的马只是因为惊慌想要逃跑，猎人感受到他从未感受过的速度，一下子奔跑了双脚走很远才能到的距离，从此发现了驾驭骏马的乐趣。谁在什么时候驯化了马已经无从考证，从蒙古人有记忆的时候起，在蒙古人那些创世纪的传说中，他们就已经在马背上。

人类驯化马的过程记录在遍布内蒙古的岩画中，早期的岩画中野马的形象已经出现，而晚期的岩画中则有捕捉、驯化、使用马的画面。中央民族大学蒙古学教授贺西格陶克陶老师说："那时候的画，没有立体感，有那种两匹马朝两个方向拉的，那其实就是在拉车，说明那时候马的用处已经很多了，马车也有了。"游牧民族有了马，就插上了翅膀。

马对于蒙古人来说，不仅是伙伴和生产工具，还是生死之交的战友，承载可汗权利和荣耀的生灵。

在蒙古族的传统中，很多牧业劳动是依靠女人完成的，比如喂羊羔、挤牛奶等等。但是有一个重要的劳动是要由男人承担的，这就是挤马奶。在《蒙古秘史》中有一个故事，铁木真还是个少年的时候，有一天家里的八匹黄骠马被盗马贼偷走了，铁木真去找，路上遇到一个叫博兀尔术的男孩子，这个男孩子正在挤马奶，他了解了铁木真的情况后，就把装马奶的皮囊埋在地里，和铁木真一起去找马，马找回来以后，博兀尔术又把皮囊挖出来，抱着皮囊和铁木真一起去了自己家里。可见那个时候，挤马奶的工作就是有男孩子的完成的。为什么要男人挤马奶呢？这里面有个原因，在战乱频繁的蒙古高原上，每个男子出去打仗的时候，身边一定有马，这时，马奶是最方便取得的给养，男人熟悉挤马奶，是蒙古骑兵保障后勤的一个办法。马奶除了能作为食物，还是一种药材，可以治疗很多疾病，因此是保证战斗力的重要物资。

在《蒙古秘史》中记载，蒙古军队中有一个特殊的组织，翻译成汉语不是很好翻译，姑且叫做"后方"吧。后方并不是老家，那时候一出去打仗几年回不来，也不是根据地，蒙古兵一路西征一直在走，后方就是畜群。专门有掌管后方的人赶着成群的牛羊马匹，跟着骑兵走，牛羊一路走，一路养，是不用运输、保值增值的食品来源，而马匹则可以提供给前面的将士随时更换。牧民平常骑马，骑几天就给马放假，换一匹，士兵也一样。另外蒙古人有个说法，说是那时候成吉思汗的将士们每人都有五六匹马，最少也是两匹，一匹跑得累了，就换一匹，这样蒙古骑兵能一直以高速度、旺盛的战斗力追击敌人，如果这个马实在身体不好了，就交给后方养着，养好了再骑。"这个事书上倒是没有明确的记载，但是是这个样子的，蒙古人打仗一直是这个样子的。"贺西格陶克陶老师说，"一直到噶尔丹和清朝打仗，还是这个打法，那时候记载得就很明确了。"但是到噶尔丹的时代，大炮已经被清军用在战场上，面对炮火的攻击，战马在热兵器面前的劣势初现。

今生

内蒙古农业大学的副校长、中国马业协会秘书长芒来，是一个牧民出身的大学教授，父亲也是牧马人，从小在马背上长大。他上大学的时候学遗传学，研究猪的遗传基因，他自己说："中国所有有猪的地方我都去过。"虽然付出了巨大的努力，但他后来还是改研究马，因为这才是他的最爱。

谈到蒙古马的遗传特性，他说："蒙古马主要有几个国外的马或者现在人们培育出来的马不具备的遗传特性：第一，个适应性特别强，耐寒。牛和羊每年冬天需要棚圈，蒙古马不需要，一年四季在草原上，抗寒能力非常强。第二，耐力强。蒙古族是牧民，每年开那达慕大会，主要的内容是赛马、射箭、博克，也就是摔跤。赛马主要是二三十公里，甚至是四五十公里，最远的一百公里这样长距离的比赛。这样长距离的比赛从起点到终点一口气跑下来，蒙古马也没有肺出血的情况。现在国际上一般是纯血马，一般就跑800米到3600米，这样有时候还肺出血，蒙古马的耐力特别强。第三，蒙古马的性格特别温顺。蒙古人和马的感情是朋友关系，而且是牧区五畜中排第一，日常生活中，马是最跟蒙古人息息相关的，从某种意义上说，马已经成为蒙古人的家庭成员之一，它是不会说话的朋友。"

根据芒来老师的介绍，1975年，内蒙古有马235万匹，现在不到60万匹马，每年以平均5%~6%的速度下降，而且主要是蒙古马。现在50多万匹马里，真正的蒙古马不到10万，其他都是国际的品种和国内培育的品种。蒙古马的情况已经堪忧。现存的蒙古马还有四个类群：乌珠穆沁马、阿巴嘎黑马、乌审的走马和百岔铁蹄马。现在前三种马已经建立了保种基地，国家每年下拨大量的保种经费，但是百岔铁蹄马的命运还没有确定，克什克腾旗政府以马破坏生态为由要求牧民把马匹全部出栏。当地牧民宝音达来和阿拉腾得力格尔借高利贷收了23匹这种马，并且上书政府，希望政府收回成命，允许牧民养马，并且为了养马四处奔走。

克什克腾是元朝皇家卫队的名字，这个卫队从成吉思汗时代就跟随黄金家族四处征战。元朝末年元顺帝被明军打败，逃出北京，病死在今天克什克腾旗境内的应昌府，他的卫队就在应昌府以东的山区躲了起来，百岔沟就是这些山区中的一片。后来这里出产一种好马"百岔铁蹄马"，这种马善走山路、步伐敏捷、蹄质坚硬，不用钉马掌就可以走山地石头路、冰面以及现在的柏油路。当地人认为这种马就是成吉思汗的战马的后代。

一名也叫宝音达来的学者到克什克腾草原上，给牧民宝音达来他们买的这20多匹马按照科学方法做了测量，编了号，他还在从百岔沟迁出来的另一个牧民家发现了15匹百岔铁蹄马，"一摸一样！"他兴奋地告诉我，"再找找估计能有个八十多匹！那就能建保种基地了！这个马就能保下来了！"

贺西格陶克陶老师也是克什克腾旗人，是牧民宝音达来的亲叔叔，宝音达来的爷爷的7个儿子之一。多年以前，他离开马背成了一名大学教授。2010年10月底，宝音达来为了宣传保护克什克腾旗出产的百岔铁蹄马来到北京，他按照传统的礼节，从家乡带来礼物和奶酒送给叔叔。

贺西格陶克陶老师的朋友，内蒙古师范大学研究游牧文化的海山教授认为，马不仅不是破坏生态的动物，而且是保护生态的动物。"草原五畜里，生态的灵魂是马，马是最生态的家畜。马在五畜里它的活动范围最大，速度最快，马喝最清凉的水，吃最清新的牧草，整体形成一个结果，马在一个地方不会很久，所以不存在践踏的问题。践踏的问题是网围栏造成的，你不让走了，所以它着急，一个网围栏里就有一些种类的草，现在他生理上要求他必须吃别的草，比如春天和秋天，必须吃碱滩上的草，它消化那么多食物，胃酸太大了，食欲不行，但它他又要储存能量，它马上要吃碱滩上的草，这样中和，食欲大增，要应付明年的严寒。马总是要吃新鲜牧草，哪儿有新鲜牧草去哪里吃，这是不会把草都吃完了，老牧民说了一句话，草这个东西是吃不完的，是踩完的。"

"植物有一个机制，刺激再生，草这个东西如果不吃，反而要退化。不吃是不行的，草最有营养的不是第一茬的草，第二茬的草最有营养。草这个东西吃完了以后，第二茬生长力是翻一番的。这是我们国家植物学家任济周院士在祁连山北坡上做过的实验。这就是为什么游牧民族在如此脆弱的生态系统里能够长期生存的原因。世界有一个共识，凡是人类生存的地方生态环境总是会被破坏，可是蒙古草原几千年没有破坏，欧美学者，澳大利亚学者来了不可思议，这里有天然牧场，还有天然草原，根据他们的理解我们的草原上是世界上最脆弱的生态系统，那么我们拿什么来维护的？就是拿游牧，不超过14天的时候你就搬走，牧草刺激再生以后，出来的生产力翻一番。吃了14天以后，没把草吃完，而且把草又增加了一倍，就是两倍。这个机制使这个脆弱的生态系统维持了几千年。这个工作主要是马群做的。他走得快。还有马吃牧草，吸收消化的养分不到一半或者一半左右。剩下的一半返给草原，而且一见雨水就分解，渗到土壤里，促进生态循环。所以如果在牧区有生活经验，你们注意蘑菇圈，在蒙古包搬家的地方长蘑菇圈，那是因为风刮来一些养分，还有就是马活动过的地方，夏天蛰马的黄蜂蛰得厉害，中午马不吃草，头顶着头围成一圈，抢着尾巴打黄蜂。走的时候留下马粪，马粪的地方长蘑菇圈，证明土壤的养分在这个地方是最好的。还有有经验的老牧民，秋天草变黄前放马。它只吸收一半左右的营养，另外一半的养分留在马粪里，那个马粪是春黄不接的时候，牛羊产子畜的时间，非常重要，等于青储了一部分饲料，而且秋天最新鲜，最有营养的饲料。"

　　宣传活动结束的那天晚上，贺西格陶克陶、芒来、海山、两位宝音达来和阿拉腾得力格尔坐在一起吃放，四位教授，两位牧民——六个从草原牧民家走出来的人坐在一起就开始聊马，百岔铁蹄马、乌审的走马、那达慕大会上的冠军马，还有"马踏飞燕"——那就是走马的动作。"你知道蒙古军队射箭为什么那么准吗？"贺西格陶克陶老师问。我摇摇头。"蒙古马中有一种走马，左边的前腿、后腿一起向前迈，右边的前腿后腿一起向前迈，步子很大，很快，这种马走路上下不起伏，非常平稳，所以蒙古的弓箭手射箭都特别准！"以前那达慕大会上专门有走马比赛，现在已经很少见了。接着教授们开始聊近年来各地那达慕大会上出现的好马。"我们蒙古人啊！一年那达慕上的赛马能聊到第二年，我们现在就进入了这种状态！"海山老师说。

2011年12月

赛马英雄

"世上有伯乐然后有千里马，千里马常有而伯乐不常有……"这句千年感叹脍炙人口，但不适用与蒙古骏马和相马人。蒙古人有一个职业叫做"敖亚齐"，可以翻译成驯马师，也可以翻译成相马师，但是两个都不全面，因为一个敖亚齐的技能和职责总是包括相马和驯马两个方面，他们是专门为那达慕挑选和训练赛马，敖亚齐很多，千里马也很多。

赛马是蒙古族传统竞技项目，那达慕大会的三项比赛之一，那达慕是游戏的意思，但是那达慕的三项比赛——摔跤、赛马、射箭，仍然体现着当年纵横天下的蒙古骑兵最基本的三个优势——力量、有耐力的高速度、长距离的精准杀伤力。随着冷兵器时代的结束，这三个项目在战场上的优势已经消失，但是在蒙古人生活和文化中这三项比赛的地位毫不减弱，优秀的跤手、弓箭手、骑手、以及敖亚齐仍然深受人们尊敬。在这三项比赛中，赛马是一个最特别的项目，它的参赛人——敖亚齐是不上场的，但他们是赛马场上真正的英雄。

相马

2009年冬天的呼伦贝尔草原寒气逼人，我和著名的敖亚齐芒来一起坐车穿过冰封的呼和淖尔湖去往陈巴尔虎旗的冬季那达慕赛场。2005年西乌珠穆沁旗举行了一次大型赛马会，那次比赛的规模非常大，被记入吉尼斯世界纪录，并在中央电视台体育频道全程播出，作为一名敖亚齐，芒来调教的马一举夺冠，名声大噪。在颠簸的越野车上，我请芒来把他的故事讲给我，我说我在电视上，看到他给体育主持人蔡猛讲了很多故事，包括他四处打听谁能骑他的马参赛，提着礼物去请小骑手等等。芒来说那些不重要，我今天讲给你的都是重要的事情。下面就是芒来说的"重要的事情"。

"相马就是通过马的骨骼来分析这个马：骨的结构，身体状况，身体的和谐度……只看马的头部就可以分析出来这个马是怎么样的：看马的眼神可以知道它的胆量怎么样，马也和人一样，有些马不敢赛，有些马即使再多的马参赛它也不会害怕；从马的鼻孔可以分析出马的肺活量；从耳朵可以分析出它肾脏的情况；从舌头可以分析肝脏的情况；从牙龈可以看到脾的情况，也就是从马的外观就可以看到它内脏的情况。快马肝脏要相对小，肺要足够大，肾脏要小，要有足够的胆量，要有足够的获胜的欲望。"我同行的伙伴听到这时说："这简直就是中医呀！"

"相马的时候可以分成外部形态、内部状况和隐藏情况这三类。相一个马的时候，它的力量可以分成四种：冲力、拉力、连接力、支撑力。冲力看，看臀部和后半身；拉力看胸部，胸腔的力量；连接力要看它肋骨的部分，就是腹腔这个部分；然后支撑力要看四条腿。这四个力量必须是有机和谐的，在这四个方面一定要结合好，和谐度好的马就是快马，如果前身后身都非常好，但是四条腿很细，这个马也不是好马。"

芒来是个牧民，从小在草原长大，5岁时骑马就很熟练了，也当过小骑手，1987年的时候骑一匹3岁的马，在60多匹马的比赛中得了12名。他的父亲就是个敖亚齐，非常优秀，他跟着爸爸学相马、吊马，1989年开始自己调教马。

敖亚齐是一个非常复杂的工作，芒来正式成为敖亚齐是在他开始自己调教马9年之后的1998年。"家那边有几个好的有经验的敖亚齐，岁数都很大了，我想继承这个，这些人很优秀，他们相马非常准，在比赛之前，看参赛的100匹马，就能看出哪5匹马是前5名。当时我认识的人里面就有3位是那样优秀的人，我很着急想要学习这个东西，想趁他们能教的时候，赶紧学。"

那时候，芒来还不太会分马的好坏，不能看马的样子辨别优劣，这有一个积累的过程，"我学习相马主要是跟老人学，跟蒙古国的前辈学，民间的敖亚齐没有什么理论性的东西，都是生产生活中积累的经验。蒙古国有一位特别好的敖亚齐，来过呼伦贝尔几天，我跟他学了很多东西，但是都不是能写出来的东西，都是生活中的点滴。蒙古国的相马师他们有一种相马的方法，可以从马的牙齿上看出马的状态。"

十年过去了，芒来也有了赛前指认冠军马的本事了。"今年东乌有一个大型比赛，奖金是8万元，我看到1匹哲盟的黑马，我说它是冠军，当时，他们说还有200多匹马你还没看呢？你怎么知道它是冠军，我来之前已经看过呼盟的马，其他地方的马也大概看了，我就知道。后来这匹马真的得了冠军。"

现在芒来已经是个远近闻名的敖亚齐了。有一年他在陈旗的东乌珠儿看上1匹骒马（母马），那个骒马已经很老了，样子都不好看了，但是芒来觉得它下的小马驹能跑出好成绩，就到马群里去找这个马的小马驹。当时芒来已经比较出名了，他相中的马别人就会抬高价钱。开始芒来也没说要买哪个，而是问在这个马群里买1匹2岁子马，1匹骒马，要多少钱？结果马主说6 000块钱，当时骒马也就3 000顶头了，2岁子也就1 000块钱，天价呀！后来指定到这个马驹子的时候就升到20 000了，最终芒来用15 000买下了这个马。在2007年的一场比赛中，芒来有3匹马参赛，其中就有这匹，它得了冠军。

我们的车子停在赛马的地点附近，那里已经有好几匹马在备战了，我指着一匹马问芒来："您能给我讲讲这匹马怎么样吗？"

芒来把这匹马上看下看说："还不错！"

"您能告诉我怎么个好法？用您刚才说的那些相马的方法？"我问。

芒来很为难地想了想说："跟一个外行说，不知道从哪说起……相马的时候，我把这个马的样子和我见过的成绩好的马比，那些我见过的成绩好的马都要像照片一样在我的脑子里留着。"原来是这样！做个好敖亚齐是需要长时间积累的，不是一天、一年可以做到的。"敖亚齐这个东西是学无止境的，我现在还不够呢！"

吊马

相马完了以后，就要吊马，就是调教这个马。"相马就像找一个好的运动员，然后他要有一个主教练。"1匹赛马赛前要调20多天，但是一匹好的赛马应该是一年四季都准备着。一年当中要做很多事情，每天都要训练，不能间断。在比赛20多天之前，把这个马从马群里抓来。赛马在草地上和马群在一起的时候，每天都能吃得很好，胃就会很大，抓出来以后就要开始给它减肥，减少食量让它出汗。"马赛跑的时候，分为三种状态，膘肥体壮的时候是一种，中间的状态是一种，很瘦的状态是一种，最好的状态是中间状态。事实上，膘肥体壮的马也可以赛出很好的成绩，这就要看敖亚齐的本事了。"

吊马的时候，每天都要让马出汗，出汗的方法就是让它跑，一开始跑个三五里地，然后逐步把距离拉开，有中延伸、大延伸，然后跑十几里地，逐步加距离，让它跑得出汗，训练它的呼吸。冬天吊马也要让马出汗，但是出汗以后，要把汗刮干净，刮马汗的东西是特制的，很漂亮，是一件蒙古族的传统工艺品，刮过汗之后要给马披上毯子，夏天的时候，马收汗时也要披毯子。

平时马在马群里，一天吃20来个小时东西，但是吊马的时候，只能让它吃七八个小时，不吃的时候，把缰绳拴在高处，让马一直抬着头吃不到草。马和马也不一样，有些马肋骨长，食量就比较大，食量大的马耐力要好一点，适合跑长距离。马出汗以后，还要让它休息，收汗，出汗和收汗交替进行。吊得好的马跑过来不会喘，呼吸均匀，像人一样，体力好的人，不会一运动就喘。敖亚齐可以通过马的气息，马的肚子，整体的外观、毛色，来看吊得好不好。

马在比赛前还要调整心理状态，让它站在高处，看远处，它的精神就会好。马吊得好就会进入比较兴奋的状态，会用张嘴、呲牙的动作表达它的心情。"马很聪明，和人一样有感觉，它看别的马也能知道自己能不能跑过它，如果它认为自己跑不过另一匹马就不会拼命去追了，刚才说看马的胆量就是看这个，看马是有必胜的信心，还是爱偷懒，看别的马厉害就不愿意拼了。好的赛马在赛前就会有各种征兆，所以赛前就能判断出哪匹马能跑得好。"

"喝酒调教赛马不能出成绩，开始调教以后，就不能喝酒了。原来按蒙古族的传统，开始调教马以后，女人都不能去看，现在男女平等了，没事了，有些女骑手，赛得也不错。不过蒙古族的传统里，小姑娘能作为骑手参赛。我以前有一次找不到骑手了，别人给我找个5岁的小姑娘，骑我的马拿了冠军。"

远远的，一个牧民骑着1匹马，牵着1匹马出现在山顶上，芒来迈开步子朝他走过去，他们在马旁边交谈了很久，回来以后芒来跟我说："每匹马的情况不一样，训练方法也不一样，就像刚才那两匹马，牵过来的那匹肚子比较大食量比较大，骑过来的那匹食量就小，两匹马吃的就不一样。"所以，吊马的方法也是因马而异，不像化学反应那样加几毫升就能出个什么东西。

在一些比较大的比赛中，一个敖亚齐会吊几匹马，如果这几匹马都获奖了，对敖亚齐来说是特别难忘的事情，是非常大的荣誉。2004年在鄂温克旗举行的一个全国比赛中，有200多匹马参赛，芒来吊了两匹马，一个得了冠军，一个得了第三名。2005年在那个吉尼斯纪录的比赛中，芒来的马得了冠军，芒来觉得蒙古人一直在赛马，但是在世界范围内载入史册的比赛上得了冠军，是自己为蒙古马在世界范围内的声誉做了一定的贡献，感到很幸福很自豪。

长期和马相处，马和人会有感情，马有时候会做些人想不到的事情，动些特别的脑子，有时候敖亚齐都会被马弄哭。芒来有一匹黄骠马，马累了就会伸懒腰，马伸懒腰的时候，就会一边着地，翻过身来，它起来的时候，会两个后腿着地，像狗一样只抬起前腿，然后再换另一边。马做这些的时候，如果有人去看，它就会很不高兴，发脾气，又跳又咬，但是芒来喊两嗓子马就老实了，马认得他，听得懂他的声音。

在2007年的1个赛马会上，芒来的一匹马因为吊得不够，跑的时候腿淤血了赛后就跛了，很多人通过电视看到了这一幕，都知道芒来的马跛了，芒来非常喜欢这匹马，他说他一定要争这口气，要治疗他的马，让它有一天重返赛场，再拿冠军。

比赛

那达慕的赛马是长距离赛，50~60十公里是家常便饭。现在电视上看到的商业赛马大都是英国纯血马："英国的纯血马个高，跑得也快，但是那个马就是3 000米以内，3 000米以上就不行了。"耐力强一直是蒙古马的特点，耐力基因是蒙古马重要的遗传资源，英国马跑3 000米以上会肺出血，但是蒙古马不会。内蒙古农业大学的副校长、中国马业协会秘书长也叫芒来，他告诉我，中国的有一次赛马比赛遭到了国际上的抗议，因为有1匹纯血马肺出血了，抗议的内容就是中国的比赛赛程太长了。"其实不长啊！"芒来老师说，"比我们那达慕的赛马差远了，问题就是不应该让那些马来参加我们的比赛，他们的马受不了！"

赛马有2岁、3岁、4岁、5岁、成年马几个级别，两岁马的比赛是短距离的，3岁马的比赛一般是25华里，5岁的比赛是40里，6岁的马不赛，休息一年。蒙古人认为马6岁是跟人13岁本命年一样的一个年份，它浑身的变化比较大，体能差一点，需要保养一年。7岁起到15~16岁就可以长距离比赛了，50~60里地。

赛马比赛真正上场的人不是敖亚齐，而是小骑手，"现在骑手很少了，以前15~16岁就淘汰了，不骑了，现在挺大了都骑。以前是40多斤、50多斤、60多斤，最多到90斤以上就淘汰了，现在是100多斤还骑呢！体重大马受不了！"敖亚齐芒来说。

芒来自己有个儿子，14岁了，他一直限制儿子接触马，怕他上瘾。儿子小的时候，别人请他来当小骑手，他提前三天就兴奋得不怎么吃饭了。芒来说，自己这么大的人了，一有比赛也是吃不下睡不着的，兴奋得心脏都不好了，自己也要克制，别说儿子了。他说现在让儿子好好上学，如果能上大学就上大学，如果他实在上不了大学，就把自己这一套传给他，作为一个职业这也是个很有前途的职业。"刚才我们到的队长家的一个孩子也是那样，一决定让他骑马参赛，他提前几天就兴奋得不怎么吃喝了！"一个同行的朋友补充说。

"我有一个很好的小骑手，他比较听话，有的孩子不听话，不好培养，这个小孩子很不错，我准备培养他，培养小骑手要教他怎么走，上坡怎么拽，下坡怎么拽。骑手要用他自己的思想指挥马，该收收，该放放，要不然也跑不出好成绩。"

在比赛过程中，骑手或多或少都会犯一些错误，即使是骑马拿冠军的那个，也会犯错误。芒来仍然记得在东乌旗拿冠军的那个比赛中骑手犯了两个错误：一个是多绕了一些路，结果后面的马就跟上来了，那次距后面的第二名有300米，但实际上如果不犯这个错误的话，应该能领先500到700米；还有就是前面有领道的车，骑手跟得太近了，结果车刹车，骑手就必须减速，减速再重新加速，就又让后面的马又跟上来不少，但这样还是拿了冠军。不过芒来知道小骑手犯了什么错误，小孩子拿了冠军是不知道自己犯的错误的，还是很高兴。小骑手也有成长的过程。

"牧区的孩子一般五六岁开始学骑马，到比赛的时候也不用怎么训练。有时候，马的主人比较重视这个比赛，骑手也会和马一起赛两次，要是不太重视也用不着。蒙古人赛马和欧洲人不一样，它不是一个商业行为，它就是生活中的娱乐，所以比赛之前骑手和马也不一定磨合。赛马原来就是生活中很自然的事情，最近才变成有点点商业鼓励的事情。"芒来对商业行为的引入一点都不排斥，"马业发展起来的话，这些自然会带动起来，这种活动多了，小孩子自然喜欢，学习的人就多了，小骑手就还会多起来。"

那达慕赛马中，小孩子骑马不用马鞍子，而是直接在马背上铺一个垫子，"有马鞍子骑马其实挺危险的，要是没马鞍子，摔下来就摔下来了，有马鞍子，摔下来，脚缠在蹬里头出不来，马就拖着跑。"芒来说。但是没有马鞍子骑马比有马鞍子更磨屁股，所以蒙古语里有个说法："骑马骑得屁股上都长毛了。"现在国内的蒙古族小孩都不怎么骑马了，骑一回屁股就磨破皮了，蒙古国的朋友来了就跟芒来开玩笑说："小孩的屁股要是磨破了，就给他撒点盐，让他哭一回，以后他的屁股就是铁的了！"蒙古国的敖亚齐给他带来的小骑手，骑着他的马得了冠军。

在过去，赛马会还有一个风俗，就是得最后一名的马也要给奖赏。要像赞美第一名的马一样赞美它，赞美词会说："不是因为你不好！是一路上的景色太美了，你分心了！下次你一定能够跑好。"得了这样的奖赏马主人会很羞愧，但是小马却很兴奋，很高兴，精神会特别好。

虽然说赛马，实际赛的是敖亚齐的能力和骑手的能力。赛马的胜利奖品是属于马的主人的，如果马主不是敖亚齐本人的话，奖品应该怎么处理内蒙这边还没有一个成规定的做法，基本上看个人关系。但是在蒙古国，由于文化活动搞得好，奖品特别丰厚，有钱人会出重金聘请敖亚齐，奖品留一定的比例给骑马的小孩，剩下的马主和敖亚齐会平分。在内蒙古，敖亚齐还没有职称，但是在蒙古国敖亚齐的级别分得很清楚，每一个级别的敖亚齐待遇都不一样。敖亚齐聚在一起，就按级别排座次，如果一个人30岁得了较高的级别，60岁才得的那个人就坐在他下边。

芒来说，呼伦贝尔有一个水平很高的敖亚齐，他从来不教人，不管别人的马，芒来不喜欢这种做法，他觉得赛马应该好马越多越有乐趣，他认识的好多蒙古国的敖亚齐就不是这样。

就是为了能让更多的敖亚齐在一起交流，产生更多的好马，芒来自己拉赞助办了比赛，并给比赛取名"银色雄鹰"，都是自己出钱，没让政府出钱。"以前办那达慕都是王爷出钱，是为了让牧民高兴，让这个地方的风水更好，因为这个地方常有欢声笑语的话风水就会越来越好。"现在政府办比赛，奖品以次充好，距离也短，只是给游客们看个热闹，这些都影响牧民的积极性，因此芒来决定以个人的名义来办，奖品是现金和哈达。那次比赛最高的奖金是两万，芒来赢得了这两万元。比赛以后，小骑手说："哎呀，这个芒来真狡猾呀！因为自己拿冠军奖品就这么高呀！""我的马为什么能得冠军呢？我觉得一方面是我相马相得好，另一方面我为了发展马文化一直努力做各种工作，1997、1998年呼盟的那达慕上已经没有什么像样的赛马了，也没人张罗这些事，1998年以来我为这个事做了自己的贡献，现在能拿冠军也是风水神保佑，对我的一片心意的回报。"

2010年秋

骑骆驼的人离长生天近

刚苏和：骆驼来了

刚苏和的家在内蒙古锡林郭勒盟正蓝旗北边的桑根达来镇以西，他们家所处的地方地理上有个名字叫"浑善达克沙地"。浑善达克沙地从赤峰市的克什克腾旗一直向西绵延到锡林郭勒盟，和外界的偏见不一样，浑善达克沙地不是津京风沙源，这里虽然有露天的沙土，但是植物丛生百草丰茂，比大草原的植物量要大得多，沙土的透水性好，可以涵养水源，这里是京津的水源地，潮白河和滦河都发源于浑善达克沙地。

我住在刚苏和家里想对沙地人家的生活有更多的了解，刚苏和是这一家最年轻的孩子上过初中，比较理解我的工作，成了我在这家最好的朋友。从我到他家以后，刚苏和问过我好几次："姐，你看见骆驼了吗？"好像看骆驼是一件特别大的事，就像我们小时候看火车一样。"没有。"我回答，这一家主要养牛，也有30来只羊，还有1匹马，是刚苏和的二哥的坐骑，真没看见骆驼。刚苏和把我带到他家后面的网围栏外边，那里有一座山，浑善达克沙地里有很多起伏的沙土山，上面有榆树、红柳和许多小草。远远地我看到山坡上有一小块白斑，那就是骆驼，一峰白色的双峰驼从容地静立着。"是你家的吗？"我问。"不是，后面那家的！"他回答。

几天后一场倒春寒带来了降雪，雪被风吹着，很快成了白毛风，刚苏和家的牛早早地回来了，站在网围栏的后面等着进门。第二天清晨，天放晴了，雪地上出现几峰骆驼，都是黑黑的，又高又漂亮。"骆驼来了！"刚苏和叫我。我赶紧跑去看，却见刚苏和的二哥翻上溜光的马背，朝骆驼跑过去，他把骆驼向前方赶出了自己家的网围栏。

"为什么赶骆驼？"我问。

"不是我们家的！"刚苏和说，"后面那家的！"

"那为什么往前赶？"

"哎！"刚苏和解释不了。

下午，刚苏和的三哥跟我说："你不去看骆驼？那几个骆驼又来了！"

这是，我看见三峰骆驼从容不迫地从刚苏和家门前走过。三哥跟出来，在骆驼后面一个劲轰，又把骆驼轰到另一个网围栏里。

刚苏和家冬天住在"营子"里，他们的营子有七八户人家，都盖了房子，七八户人家把附近的草场分了，平均每人160亩，刚苏和家人口多，分了1 000亩，各家都用网围栏把草场围起来了。浑善达克沙地因为植被丰富，能养活的人比北边的大草原多，加上离汉族地区近，移民多，这里的人均草场面积只有北方大草原的1/10。从承包制推行到草原上以后，草原就被分到各家各户，游牧生活被打破了，牧民就在自家的草场上定居下来，用网围栏划分地盘，在人均160亩地的地方，网围栏多得像迷宫一样。

在刚苏和家住了一个星期，正蓝旗的旗府有个马叔叔打电话给我，让我赶快出来，有别的事情，我说下雪了，出不去，他生气了："这点小雪就误了？哪有那事，你快出来！"

刚苏和用摩托车把我送到他舅舅家，舅舅的女儿、女婿正要进城买饲料，我就搭他们的车。车在两道网围栏中间的草原路上开，由于围栏的阻挡，被风吹起来的雪把路填得满满的，我们开一会儿就得停下来挖车。走了一会儿，走到一段好走的地方，忽然听见摩托车笛子响，又看见几峰骆驼，舅舅骑着摩托车在撵骆驼。"为什么要撵？"我问。

"不是我们家的！后面那家的！"舅舅的女婿说，然后对着窗外大喊，"我来吧！"

舅舅就停下来，他的女婿按着汽车喇叭一路追着骆驼跑，骆驼颠颠地跑着，瘪瘪的驼峰两边摆动着，直到碰到一个网围栏的缺口，司机又按了几下喇叭，骆驼就进去了，停下来回头看着我们，表情很怪异，调皮又好奇。

"行了？"我问司机。

"行了！"他回答。

"骆驼是那一家的吗？"

"不知道！"

"那他们家再轰骆驼怎么办？"

"哎，不管了！"他说。

骆驼走了，我们的车又误了，挖了半天才挖出来。在旗里见到马叔之后，他忿忿地说："现在的人都怎么回事？这点小雪就误住了，我们小的时候，那么大的雪，哪有个误的？就是马误住了，骆驼也误不了！我们那会儿冬天就是骑骆驼，哪都能走！那时候草好！那草都长得比马肚子还高，骑马不敢骑，马跑起来草打的腿上疼，要不就蹲在马背上，要不就是骑骆驼！现在都开个车，动不动就误！"刚苏和家周围已经见不到长到马背高的草，长到马蹄子高的草也没有了，骆驼在雪地上跑着，一定奇怪它的家怎么了？

毕力格图：骑骆驼的人离长生天近

刚苏和家草场上那些骆驼不是他家的，是"后面那家的"，没有见到毕力格图之前，我一直奇怪，"后面那家"为什么不把自己的骆驼管好，让它总是跑到别人的草场上来，被人撵来撵去？

毕力格图家住在赤峰市的克什克腾旗，这个旗和正蓝旗连着，浑善达克沙地的东部归这个旗管。他家有100多峰骆驼，是当地骆驼最多的人家，其他很多家的骆驼加起来只有40多峰。

如今，毕力格图养骆驼不断遇到一个麻烦，就是被人罚款，骆驼活动范围大，经常跑进别人的网围栏，要是本嘎查（村）的邻居，大家也就不跟他计较，要是跑进了别的嘎查，有时就会被围起来，找毕力格图罚钱。毕力格图家每年都要为此付出几万块钱。

骆驼的活动范围非常大，秋天我去访问毕力格图时，和我同行的广东爱心人士梁云峰试图打听有多少土地骆驼就可以自由走动，似有帮毕力格图买一片或租一片地养骆驼的意思。毕力格图想了想说："这可不好说了，骆驼去得可远了……咋也得二三十万亩。"梁云峰一听吐了一下舌头，骆驼是半野生的动物，不大可能靠私人牧场的方式养活的。草原上过去五畜共生没有网围栏，骆驼、马的走动面积大，牛小一些，山羊和绵羊更小，骆驼和马自由走动，并不影响牛羊，现在分了，拉上网围栏，骆驼的生存条件就差得很多了。

克什克腾旗是地质丰富的地区，毕力格图家附近就有沙地、草原、碱滩、湖岸湿地、河滩地很多种。毕力格图家分草场时分到2 000亩，1 000亩沙地、100亩湖岸、400亩草原还有其他几块别的种类的地。地和地之间相距很远，中间隔着别人家的地。

毕力格图说，牲口吃一种草就会生病，就会缺营养，现在牛铁钉子、砖头都吃，就是因为分了草场只能吃一种草，缺营养了。另外，牛圈在网围栏里，不能四处走动，它们会不舒服，老觉得没吃饱，老想吃，想走动，这样反而破坏草场。

尽管这样，养骆驼还是受到很多争议。现在草场分了，大家拉起了网围栏，骆驼进了别人的网子，别人总是不高兴。毕力格图一直努力改变这个局面，他自己出钱举办了两届骆驼那达慕，今年，苏木（内蒙古的乡级行政单位）下了文件，要求本苏木的牧民不管骆驼进了谁家不许罚款，毕力格图终于可以喘口气了，但是周围的邻居、别的嘎查的牧民还是有有意见的，以前牧民并不在意自己的区域内有别人的牲畜，但是现在地分了，人心也分了。

毕力格图是个简单而真诚的人，他看人的时候眼睛大大的，目光直直的，很兴奋地讲骆驼的故事，养骆驼实际是一件非常挠头的事情，因为骆驼到今天实在是没有什么经济价值了。

汉族人称骆驼为"沙漠之舟"，蒙古人认为骆驼是五畜之一，五畜是：绵羊、山羊、牛、马、骆驼。这个认识差别非常大。"沙漠之舟"是从使用骆驼的角度认识的，五畜是从养育的角度认识的。从养育的角度，骆驼并不是生活在沙漠里，而是和其他牲畜一样生活在草原上，从呼伦贝尔的草甸草原，到锡林郭勒的典型草原直到阿拉善的荒漠草原都是骆驼的家园。它们并不是穿越大漠的交通工具，而是蒙古人的朋友，是蒙古草原上一种重要的牲畜，是草原的一部分。从使用的角度，骆驼曾经是经济价值非常大的动物，它是荒漠上最好的运输工具，以前，一个山西的商队就能集合上万峰骆驼，现在整个中国境内也不过十万峰了。在中国的工业革命影响到草原上的20世纪80年代，骆驼的前景已经明显暗淡了。

20世纪80年代以前，骆驼作为大畜一般有单独的驼倌专门养，但是草场和牲畜分了以后这个条件就没有了，骆驼被分到各家各户，搞得它们妻离子散。当年分骆驼的时候，全生产队的骆驼每家分1头，毕力格图的父亲抽到1头公的，因为公骆驼不能产羔，开始大家都有点不高兴，后来他们用牛羊换了3头母的，给它们建立了一个家庭，开始繁育。逐渐的，生了小驼，再去换没有血缘关系的公驼回来，逐渐逐渐养。

毕力格图的父亲临终前嘱咐儿子，骆驼是蒙古人的五畜中最大的，现在人们都不骑它了，以后养得人肯定越来越少，你们一定好好养着它，不能让它没了！毕力格图就遵照父亲的遗嘱把养骆驼继承下来。

这个故事我第一次听说的时候，反复追问，我不能相信：今天这样的社会里，每个人都在为钱奔走，居然有人仅仅为了守护父亲的嘱托就做一件事。他父亲也真是！明明自己已经看到骆驼前景黯淡，还把儿子搭进去！不嘱咐儿子做点能使家业兴隆的事情！毕力格图没有我这么多疑问，他觉得天经地义，而且他自己真心实意地喜欢骆驼。但是毕力格图养骆驼的条件越来越坏，因为经过30年承包，牧民的土地观念被培养起来，网围栏纵横交错，骆驼的家园变了。

毕力格图说，以前蒙古的历史上记着个地方叫"骆驼野"，有很多骆驼生活在骆驼野，这个地方是在弘吉剌特部的封地上，而克什克腾旗成吉思汗时代就是弘吉剌特部的封地，所以毕力格图觉得他们这就是骆驼野。他说，以前没有网围栏的时候，正蓝旗的骆驼、甚至几百里外的苏尼特的骆驼都会聚集到他们这里过夏天。

浑善达克沙地沙地草木丛生，红柳、黄柳、榆树都有，骆驼喜欢吃叶子干硬的植物，正适合这里的生活。毕力格图养骆驼从前当地政府也说他破坏环境，但是他自己发现骆驼是榆树的修剪工，对榆树有好处。他几次带着当地管这事的人到沙窝子里去，看到被骆驼吃过的榆树多少年都长得好好的，没有骆驼的地方，榆树因为叶子太厚，第一场雪下来，就压垮了，只要下雪早的年份都会死掉一部分。

蒙古人的双峰驼一般不在夏天骑，到了春天就放出去，整个夏天，它们去自己想去的地方。骆驼会跑很远，但是会记得自己出生的地方。到了秋天，毕力格图在沙地里放一些碱，骆驼就回来了，聚在碱坨旁边吃碱，到冬天要骑的，要驯的，就抓。

毕力格图有很多和骆驼之间的故事。有一年，1头怀孕的母驼被人抓走了，那家人想让小驼羔生在他家，就可以得到小驼羔，因为驼羔会记得它出生的地方。那家人给母驼腿上上了绊子，嘴上上了笼头，把母驼在他们家栓了一冬天，小驼羔也出生了。春天，母驼挣脱笼头，带着绊子，一蹦一蹦地带着小驼羔回到家。

骆驼并不认识行政边界，在它们眼中浑善达克沙地都是家园。毕力格图的骆驼也会跑到桑根达来那边，就是刚苏和家那一带。有一年冬天骆驼该回家了，毕力格图发现有几头没回来的，就去找，在桑根达来找到了1头。那头骆驼被当地的一家人抓了，正骑着呢。他一看，自己骆驼也多，用不着骑这头，就说："你骑就骑吧，等春天不骑了还给我。"春天他按约定去找，那家人说骆驼昨天已经放在一个1 000亩地的网围栏里，让他自己带走就行了。他和那家人一起在网围栏里找了一整天没找到，最后发现网围栏的东南角上有个口子，骆驼已经跑了。没办法，往家走吧！他骑着骆驼，走得不快，路上还住了一晚，两天后回到家。他母亲问他："你的骆驼呢？"他说："跑了，没找到。"他母亲笑着说："已经回来了，你自己去看看吧！"毕力格图跑去一看那头骆驼正和骆驼群在一起呢！

骆驼的生活很野，很自然，但是也很通人性。骆驼知道谁是它的主人，它自己是谁家的。为了防止近亲繁殖，每隔几年毕力格图就会和附近有骆驼的人家换小公驼，主要也是去正蓝旗浑善达克沙地里有骆驼的人家换，小公驼换走后，它有时自己跑回来，回来就不愿意走，但是如果它的新主人来找，它就知道了，就乖乖地跟着走。

尽管如此，我还是很难理解毕力格图养这么多骆驼到底是为什么？现在没有人雇驼队了，也没人用骆驼搬家迁场了，毕力格图也舍不得卖自己的骆驼，怕人杀了吃肉。每年还罚钱，到底为什么？毕力格图说："现在连蒙古国也要保护双峰驼了，那边的双峰驼从50万减少到20万了，中国只剩10万了，双峰驼只有蒙古高原到新疆那边有，到了阿拉伯就是单峰驼了！"

我还是不太死心，问他是不是能经营一些驼绒和驼奶，让经济循环起来。驼奶的商业价值很高，阿联酋向英国出口驼奶，比牛奶还贵。驼绒是重要的户外保暖装备，驼绒袜在登山者中间仍然是不可替代的，在冬季严寒的内蒙古也有一定的市场。毕力格图说："我知道这个事，我们蒙文的书上都写着呢，驼奶能治很多种病，对身体特别好，如果有个地方能把驼羔拴住，母骆驼就会每天回来，这样就可以挤驼奶，但现在就是没有地方。"

"驼绒可以织袜子，也可以做被子，我们去年试了一下，剪了一个骆驼的毛，附近的人分了分，也没卖。驼奶去年也挤了一个骆驼的，多了没人要。这个事还是要慢慢来。剪毛、挤奶总也得五六个人。骆驼个大，不像牛羊，一个人管不住它。到时候也能叫几个人来帮忙，但是现在一家一户了，不容易。"毕力格图的弟弟新吉乐图这样告诉我。蒙古人游牧时代有各种各样的合作方式，住得近的家庭经常协作劳动，但是现在随着草畜承包到户，这种协作传统也渐渐消散。

而我担心的还不仅这些，100多峰骆驼听着很多，它们的驼绒进了工厂，恐怕都不够开一天工的，如果制作手工艺品，那就需要动员和组织当地妇女，而产品也没有力量打到外面的市场上去，当地的市场却又会迅速饱和，这条路走起来是非常难的。

毕力格图挠着满头乱发，看着我，好像问我："我非这样做不可吗？"他爱骆驼的方式很单纯，没我们那么多想法，他和骆驼一样困惑：我的家怎么变样了？

蒙古人有一句古老的谚语："骑骆驼的人离长生天近"，和毕力格图在一起的时候，我就这样觉得。

莫尔根：我姥姥就是养骆驼的

"我姥姥家就是养骆驼的！现在骆驼都没了！"来自阿拉善的歌手莫尔根在后台穿着一套蓝色的大礼服准备上台，我一问她家乡的事，她就跟我聊起姥姥和骆驼的话题，不禁鼻子酸酸的，"哎呀，我一说这个就不行了！不能哭，待会花了。我唱完了再跟你说。"莫尔根真诚地说。她的歌声是忧伤的，是一个关于白骆驼的长调。

提到骆驼，人们总会联想到阿拉善，阿拉善在内蒙古最西端，在阿拉善金色的荒漠上，骆驼是天之骄子。和树木丛生百草丰茂的浑善达克沙地不同，阿拉善的荒原上植被量很低，气候干旱，多生长带刺的小灌木，在这个地区，骆驼不是在五畜中处于辅助地位的，它们是这一地区的主导。

在莫尔根的邀请下，我去了她在阿拉善左旗的家中。莫尔根的父母已经离开牧场，莫尔根兄妹给父母在城里买了房子，家里干净、整洁，家居一尘不染，地板锃亮。"我们家禁牧了，牧场上的房子现在没人，我姥姥还在牧场上，在我姨姨家，他们在我们家后面租的牧场上，我姥姥不愿意住城里。"我疑心禁牧以后莫尔根的父母生活也不错，但是一路上，莫尔根一直在给我们念叨她牧场上的家，她的二哥也不断打听，问我们他们有没有可能回到牧场上去。

阿拉善左旗地广人稀，每户牧民都有几万到几十万亩草场。因为牧场大，这里从前就有定居放牧的传统，由于放牧半径大，以养骆驼为主，不会造成定居点附近退化，所以牧民可以住下来。莫尔根牧场上的家是他们长大的地方，是莫尔根兄妹自己挖土，一坯一坯拖成土坯盖起来的，其间有父母的房间，姐妹的房间，还有二哥当年结婚地新房。二哥一直说："大哥上学进城了，爸爸妈妈的牧场我守着吧！"但是禁牧了，二哥也进城了，没有工作经济上一家人可以相帮相助，但精神上没有寄托。

"我们小的时候，放骆驼不用人管。骆驼自己就走了，隔个两三天，它们就回来喝水，自己就回来，给它们喂点水就行了。"在莫尔根牧场上的家后面约3公里远的地方有一个很高很高的风车，那个风车下面是口井，风力可以把水提上来，现在已经坏了，中间的链条断了。"原来这个井我们这三家共管，风一吹，水就扑噜扑噜从井里冒出来。现在都禁牧了，都搬走了，井也没人管了。"

莫尔根小的时候，每到冬天家里人才把骆驼找回来，冬天骆驼浑身长着厚厚的毛，骑上去非常暖和，春天刮风的时候，家里人也要把骆驼抓在一起，怕它们在昏天黑地的狂风里跑丢了，而夏秋季则不用怎么管它们，让它们自由行动，选择自己的食物，养精蓄锐，对付冬季。

阿拉善的骆驼曾经在沟通东西交通方面至关重要。在丹麦探险家哈士纶的考察记《蒙古的人和神》中曾经记载斯文赫定的考察队征用了上百峰骆驼。由于没有经验，他们在夏天从包头出发向西开始探险。骆驼无法忍耐夏天的炎热和缺水，不断死去。考察队行动缓慢，一直拖到天气冷了地上有雪了，他们才正常前行。这时他们才明白双峰驼和阿拉伯单峰驼的区别，原来这种骆驼不适合在夏天长途跋涉，却能应付内蒙古寒冷的严冬。现在看到哈士纶的文字，我们仍然会心疼那些在夏天死去的骆驼，但是现在科考队有了先进的越野车，已经不再需要骆驼了。

阿拉善的牧场和骆驼不仅养育了蒙古人，也养活了很多汉族人。莫尔根的姑父是个汉族人，当年从民勤逃荒到这里的，他和莫尔根的姑妈结了婚，生了7个女儿，较大的几个女儿的主要嫁妆都是骆驼，小一点的女儿嫁妆中有了摩托车、缝纫机之类的东西。"你看，我姥姥家那个地方还能养一点羊，我姑妈家那里只能养骆驼，地上都是带刺的植物，只有骆驼能吃。"阿拉善很干旱，植物的营养高度浓缩，阿拉善的骆驼特别适应这种食物，体格健壮，这里的骆驼如果吃了水草丰富的地方的草，体格还会下降。而它们对草和灌木的啃食可以防止植物硬化、生害虫和病变，它们是和这片土地共生的动物。

"遥远的海市蜃楼，驼队就像移动的山，神秘的梦幻在天边，阿爸的身影若隐若现……"和很多来自阿拉善的歌手和牧民百姓一样，莫尔根把这首《苍天般的阿拉善》反复唱起。而她的生活离开骆驼已经很远了，实际上像毕力格图那样把骆驼越养越多的人是很少的，越来越多的牧民和骆驼天各一方了。

哈琳：唱给骆驼的歌

有一天，年轻漂亮的歌手哈琳穿着闪闪发光的蓝色蒙古袍骑在一峰骆驼上跑，她心情非常好，洋洋得意，忽然，骆驼转过脸，一股黄水从它嘴里喷出来，哈琳躲了一下，仍然喷脏了她半个身子。

哈琳是另一位来自阿拉善的年轻的女歌手，她的家在阿拉善最西边的额济纳旗，那是内蒙古最西边的一个旗。哈琳从小骑骆驼，对骆驼的感情很特别。她讲的很多故事都和骆驼有关系。有一次，哈琳的妹妹在草原上的一个旅游景点附近遇到一头小骆驼，这头骆驼瘦得皮包骨头，简直像一只鸵鸟，但是跟人特别亲近。妹妹一问，原来这头小骆驼的母亲死了，是人养着它，所以跟人好。妹妹就拿出一个梨给它吃，小骆驼咬不开这个梨，妹妹就把梨一口一口咬下来，喂给小骆驼。哈琳后来还请人给那头小骆驼创作了一首歌。

那一次被喷的经历是这样的：哈琳回到家乡拍东西，休息的时候，她要求骑骆驼，不骑老实的，要骑性子烈的，她自恃技术高觉得性子烈的好玩，人家就给她找了一峰。哈琳穿着拍片子用的漂亮的蓝色新蒙古袍，骑在骆驼上，她管着骆驼在附近跑，跑到一定的距离就拨转头，让骆驼往回跑，来回跑了很多趟，很过瘾，她在高高地骆驼背上向现场的工作人员炫耀自己的骑术。忽然，骆驼不耐烦了，转过脸来将胃里的东西一口吐出来。

喷东西是骆驼表达愤怒的一种重要手段，骆驼表达愤怒一共有五种手段，它的力气大，发起脾气来比马危险，不过最损的一招就是喷东西，这可是骆驼的独门秘籍。那天哈琳回家的路上，坐在车上，大家都不敢说话，因为她的身上酸臭难闻。

骆驼是感情很丰富的动物。有一天，我和哈琳在一起吃饭，席间有人要求哈琳唱长调。哈琳一再表示自己不会唱，一直不敢碰长调。后来架不住大家一直劝，她想了想站起来说："你要是没见过，真的不信，以前我也不信。骆驼能听得懂长调，母骆驼不要小骆驼的时候，给它唱歌，它真的能要。"哈琳不善于唱长调，那天她唱了一首给骆驼的劝奶歌，这首歌没有歌词，只有两个发音"辉斯"，就这两个音交替着，一直唱下去，哀怨悠扬，但也并不是一首很特别的歌。"我们那老人带我唱过，骆驼真的会哭，这样唱就行。"席上鸦雀无声，城里人真的很难理解一首歌是如何感动骆驼的。

哈琳唱过的歌里有一首叫《悲泣的母驼》，这首歌的创作过程也有个故事。有一天，哈琳和一群朋友开着越野车在戈壁滩上跑，大家又说又唱非常开心。忽然远远地看见戈壁滩上有东西，走近一看是一头母驼和一头小驼羔的尸体。驼羔的尸体已经模糊不清了，母驼的尸体还没有太腐烂。这说明小驼先死的，伤心的母驼不愿意离开自己的孩子，一直站在这里，干死在这里了。哈琳把这个故事告诉蒙古国的老师得·比和巴图，老师帮她写了《悲泣的母驼》这首歌。

无论是新创作的歌曲，还是传统民歌，蒙古人有很多歌唱骆驼或涉及骆驼的歌。蒙古人歌唱骆驼往往是歌唱骆驼和人的感情、人和骆驼的感情、骆驼和骆驼间的情谊，骆驼一向在蒙古人的文化中有重要的地位。

巴图苏和：冰天雪地里的骆驼那达慕

你想过吗？在冰封大地的日子里，去－40℃的呼伦贝尔大草原深处去看骆驼？你会不会觉得这个想法很疯狂？但是，这是可以实现的，而且每年都有很多疯子扛着摄像机、照相机、背着大包小包，跑到呼伦贝尔草原上远离城市靠近边境的地方，他们都是一个叫巴图苏和的人招来的，来看他家的那100多头骆驼。

巴图苏和是个牧民，但是这个牧民不寻常，他这个人特别能"得瑟"，见人自来熟，开朗得不得了。他在牧场上有家，有牛羊，有骆驼，但他整天不在牧场上呆着，帮着"五彩传说"弄账目，忙里忙外，给蒙古国和俄罗斯的乐队做中国方面的演艺经纪人，不过不管他怎么得瑟，他就是个牧民，自己也从不觉得自己是城里人。

在认识巴图苏和以前，我并不知道在内蒙古东北部风景如画的呼伦贝尔草原上有骆驼，和很多人一样，我也以为骆驼是"大漠之舟"，生活在沙漠和戈壁中。

毕力格图认为：双峰驼有很多种，虽然书上只记了双峰驼一种，但是牧民能分出好多种，按绒分，有傻驼和绒驼，按地域分，阿拉善那边主要是褐驼，苏尼特主要是白驼，呼伦贝尔主要出栗驼，还有地方出黑驼，都不一样。巴图苏和认为：呼盟骆驼个子高大，双峰距离近，肉多，一般黄皮、黑毛，适应寒冷的能力特别强。

巴图苏和的表达能力很强，他能讲出很多关于骆驼的事情："骆驼爱吃湖泊旁的盐，还有草地长的高的，蒙语叫Ders。羊吃小草，所以养骆驼不影响养羊。""骆驼休息的时侯找蒙古包人家烧完牛粪倒的灰躺在上面。""骆驼一般冬天驯，3岁以上的可以驯。有一点告诉你，骑骆驼摔不伤，骆驼比马高，摔下来的过程中能找到平衡！"我听着好吓人，那么高大的动物，从背上摔下来居然说能找到平衡。"你没见过，所以害怕！我们都不怕！"

"那你为什么养骆驼呢？"我问。

"骆驼是扛造牌动物，好养活。冬天大雪里，骑骆驼不怕误，又暖和。骆驼是草原五畜之一，而且它也是咱们国家二级保护动物。"巴图苏和说他养骆驼的原因居然和毕力格图一样，而且巴图苏和遇到的困境和毕力格图相似，也是草场分产到户以后，草场少了，骆驼的活动空间不够。他想出的办法居然也是办冬季那达慕。不过巴图苏和对骆驼的经济价值很有认识："驼毛做的衣服裤子、被子、垫，很暖和。骆驼奶很有营养，比马奶还好，也能治病。我听爸爸说：能治肝病、肺病，也能治缺营养得的病。以前也能吃骆驼肉，能顶两个牛的肉。"说归说，巴图苏和忙着做演艺经纪赚钱，可没工夫经营驼绒和驼奶。他的骆驼是他的重大爱好，而展示他的爱好是他每年都要做的一件事，就是办骆驼那达慕。"那达慕"直译成汉语是游戏的意思，巴图苏和办的骆驼那达慕很有那达慕精神，就是一场玩得开心的大规模游戏。

由于在外面跑得多，巴图苏和政府和媒体资源都很丰富，他办的骆驼那达慕由自己家主办，得到了当地政府的支持，NMTV、凤凰卫视、蒙古国电视台都来报导了。那达慕上举行的项目很多：赛骆驼、赛骆驼爬犁、驯骆驼、骑骆驼演唱、还可以骑骆驼展示蒙古服装，也有草原三项（赛马、摔跤、射箭）。还销售驼毛产品。除了不赚钱都很好玩。

蒙古族牧民夏天的工作相对少一些，所以一般都在夏天举行那达慕，而毕力格图和巴图苏和都是在冬天办那达慕，"夏天骆驼毛都掉了后不好看，可以说是裸体了！呵呵！冬天越冷它越英俊。尤其公骆驼，三九天最厉害！"巴图苏和对他的骆驼雄心勃勃。对于他来说，养骆驼挣钱赔钱不是问题，他热爱骆驼，骆驼是他生活中的好伙伴，有了骆驼他就可以感到安心和自豪。

而毕力格图的冬季那达慕项目不太一样，当地政府已经把它变成了旅游文化节，上面有骆驼仪仗队，骆驼爬犁队入场、民族工艺品展示、服装展示、还有特么斤表演。特么斤是骆驼拉着家当迁场的专有名词，随着牧民定居，特么斤已经彻底变成了表演。当然也有赛骆驼和摔跤。

毕力格图因为忙着照顾羊群，自己反倒没有时间来参加骆驼那达慕，会场上领导们冒着-30℃~-40℃的严寒"前排就坐"，牧民们摔跤、赛骆驼玩得热火朝天。我们果然看到从白毛风中冲出来的长须飘扬的高头骆驼，很有美髯公的风采。

也可能有人会定义说毕力格图是传统牧民，巴图苏和是现代牧民，其实也不是那样，他们都是牧民，都是单纯而快乐的人，多少愁事一挠头就忘了，只有心爱的骆驼忘不了。

一个朋友的一张碟

　　一个朋友的音乐碟送给你，郑重地签了名，但是你放在家里很久从来没有拿出来听过，久到觉得对不起朋友。不过之所以能觉得对不起是因为一直没忘记那里还有一盘碟，要听的，只是不知道哪天听，这就是贺西格的《白驹》。终于在一个失眠的深夜里，停掉了所有其他的音乐，把《白驹》放出来，也补一篇亏欠贺西格的文字。虽然从来没答应过他给他写什么，但是好几个文章里提到过他了，却没有单给他单写点东西，很歉疚。

　　在听这盘碟之前我就知道，我不会用饱蘸热情的文字去赞美他的音乐，在太多的地方听过了，很多蒙古餐厅和酒吧用他的音乐做背景，我熟悉他的音乐，就像熟悉他这个人。他是一个朋友，你不会在生活中每天用热烈的语言歌颂自己的朋友，他也不打算让你这样歌颂他。

　　大概7年了，我刚刚认识贺西格的时候，他就说过"我拉马头琴就是因为我喜欢，我也不想比谁好，能怎么怎么样。"那时候，我们都很年轻，这么年轻就这么不思进取，我觉得不可理解，与此同时，我总是觉得他的琴声里没有那种热烈的、汹涌的、牵魂动魄的、撕心裂肺的或者其他各种极端情绪，总之就是不过瘾。尽管如此，你可以说他是漫不经心的，但他是绝不是不用心的，等到很多年以后，我开始欣赏他这种漫不经心，才明白为什么那么多人喜欢他。

　　莫日根达赖是我和贺西格共同的朋友，一位老大哥，三四年前的一天我们几个朋友聊天，说起贺西格，那时候我们都认识他很久了，莫大哥说：

"他现在是很了不起的马头琴手了，很多人崇拜他，就是我们不觉得。"其实不是不觉得，觉得了，不过大家都不当一回事，因为他自己不当一回事，他周围的人也就不会因为他的成功感到任何压力。

贺西格其实是一个非常质朴非常实在的人，有时候觉得他聪明得要紧，有时候觉得他稀里糊涂的。我并不经常和贺西格见面，但是我们俩却有很多次"抬杠"经历。不久前的一次，贺西格抬杠抬得急了，说我第一次听见驴叫是一种声音，下次听见另一种驴叫的声音就认为那个声音是错的，并且当场学了两种驴的叫声，真是哭笑不得。他还说如果是个美国大学教授说了什么我就信，他一个牧民家的孩子说话我不信呢！其实还真不是这样，我访问那么多牧民，怎么会不信他们？后来我想我确实有问题，如果贺西格说的和我先访问到的人有不同的地方，我就会跟他理论，另外，造成我们抬杠的原因还有一个，就是贺西格的汉语一直不好，他心里想的可能和他说出来的话不一样，可是我却揪着他说出来的话不放，其实那些语法、逻辑上的错误有什么要紧的呢？他想表达什么我真的不明白吗？语言的有限，这一点我本来是知道的，事到临头就忘了，和别人交流需要用心听，用了心就都能听懂。

贺西格讲汉语的时候虽然有些混乱，但是他的文辞很好，能写很好的汉语文章，他的文章和那些蒙古民歌的歌词一样，有那种普通的感动，他能抓住那些很小、很小的细节，写得细腻、动人。

我改编过两篇贺西格写的故事，收录在天下溪的草原故事小册子里。一篇写父亲的，细腻而温暖；一篇写母亲的，惊心动魄。两个故事都被他用看似漫不经心的笔触写下来，却让人久久不忘。分享一下，他这两个故事。

冬天的礼物

牧区的冬天非常冷。

每到冬天，父亲都会跑去苏木上的商店买过冬的日用品。这一天我们哥几个最兴奋了，他总是带回好多小礼物给我们惊喜。

只听傍晚时候外面传来几声马叫，不一会穿着厚厚的棉蒙古袍子、头带狐狸皮帽子（禁止打猎后也渐渐没有了）的父亲带着一阵冷气从外面进来，胡须和帽子的边上都结了一层哈气的冰霜。蒙古包里永远那么温暖。父亲习惯性地盘腿坐在他的固定的位置，我们几个孩子围着父亲，一直盯着他装满东西后变成像布袋和尚一样的肚袋，脑子里充满猜测和幻想，盼望惊喜的出现。而父亲总是能从他的袍子里面变出好多很抢手的玩意儿。

那时候交通很不便，买到蔬菜不容易，冬天几乎天天吃手把肉，母亲端着刚出锅热气腾腾的手把肉放在桌子上。倒一碗奶茶给父亲。蒙古人的习惯里吃肉之前必要尝一下奶食品的，这个也是游牧文化中养成的一种信仰性的习惯，同时也是对食物的一种尊重吧。

父亲喝着奶茶身体也渐渐暖和起来。拿宝贝的时候到了：布料、砖茶、面包……一件一件地，最后也出现了我们等待已久的糖和玩具。父亲是第一时间买的给我们的礼物，所以总藏在肚袋里的最深处。

寒冷的冬天，家是父亲温暖的归宿，为了这个家，走在冰雪里感觉冬天也并不那么冷。他心里每时都装着这个温暖的家。

冰上的母亲

现在想起，小时候的冬天真的很冷，每次放学回家时都会有家长来接我们。那一年的冬季我们家东边的黑哈尔河水结冰时涨的很宽。从家的不远处一直到山边把苏民塔拉草原变成一片冰海。

一次母亲去接我回家，就在过冰海快到岸边时，冰层突然塌陷，我还没来得及反应就掉了下去。幸运的是母亲在那一瞬间抓住了我的手，拼命把我往上拽。在冰上人是使不了劲的，而且会她自己都有滑进来的危险。母亲已经冻得麻木了，她的手很快坚持不住了，时间一分一秒的过去，母亲站着的那块冰层也有塌陷的危险。我清楚地记得母亲眼里的泪。这也是第一次见到的母亲的泪。

是母亲的坚持感动了长生天。感谢佛祖的保佑，最后，我爬上来了。爬上来以后，虽然我浑身上下都在结冰，但母亲给我的无限的爱温暖着我的心。

琴如其人，文如其人，聪明人也可以很实在，这就是贺西格的琴和文的特点。他的音乐无所图，因此听着也就可以放松下来，而且制作的时候也很简单，不较劲。

《白驹》是一个青年回忆自己童年的白马，这个曲子有一点表达时光流逝的味道，汉语中的"白驹过隙"不是这个意思，却表达同一个主题，所以我总觉得这个题目有点双关语，无论哪种文化背景的人都能产生同样联想。乐曲很轻，一点都不着急，但是你能知道，日子过去了，曾经的实实在在的经历如今成了模糊的回忆，但不用着急，这是老天定的规矩。

本来我因为有一点焦躁而失眠，听了这个碟就平静下来了，一切都没什么大不了。生活中简单的温暖和天塌地陷可以用同样的态度面对。

2011年7月20日

用心有力量

"走了那么久，你变了没有？"

从2004年我写下《谢幕》到现在7年了。虽然说黑骏马并不是谢幕后就完全从我的视野中消失了，但毕竟不能朝夕相处，时时了解他们最新的近况。他们现在什么样了？音乐什么样了？心态什么样了？人什么样了？

他们的消息越来越少，令我们这种铁杆的粉丝也不免忧虑，甚至有一点放弃了。及至听说黑骏马出了新专辑，都懒洋洋的，不着急买。在呼和浩特的一家书店里，看见很多熟悉的、陌生的蒙古歌手的专辑摆了一柜子，忽然想起黑骏马好像出新专辑了，于是就打听了一下。老专辑摆在上面，旁边是一些"杂集"，虽然是他们的歌，一看就不是正版的。在店员的帮助下，才在下层找到一个奇怪的专辑，封面上没有照片，只有3个反着写的蒙古字，甚至没有明确的黑骏马的标识，至少那个新设计的标识我们并不熟悉。犹豫之后，还是带着多年的忠诚，买下了，先听听再说。

我在呼市没有光驱，一直带回北京才听，一听就不行了，打电话请呼市的朋友帮忙一口气买了10张。乌日格希拉图的嗓音仍然明亮、布日古德的声音沙哑又宽广、锡林宝乐饱含深情，敖日格勒的琴声大气、动人，另外可以听到伴奏的人除了有旭日干，一定还有牧仁。这是我的黑骏马回来了！

一个梦想的实现

在黑骏马告别故乡酒吧4年以后，他们的第一张碟《勇士》出来了，发布会的动静挺大，人民大会堂开的，布赫都请去了，碟却迟迟没有上市。那时候，一上市，我就急急忙忙买了1张，听了，确实挺失望的，不是说第二张专辑出了，就说第一张不好，那张碟黑骏马的特点被抹杀了大半。虽然它制作精良，但是听着总是觉得该有力的地方没有，不该使劲的地方很努，曲目甚至包括在蒙古人中间已经没人唱的《敖包相会》，相对于发挥自己的特长，它更追求适应流行文化，说白了，媚俗。

第二张就完全不一样了，这一张是地地道道的黑骏马，是他们没出名之前大家就疯狂地喜欢上的黑骏马，这张碟才能体现出当年大家看好他们的原因。歌是纯蒙语歌，除了《父亲是牧马人》、《远去的母亲》这两首蒙古人圈里比较常听到以外，其他的歌都没听过。封面上，没有帅哥们的大头像，没有汉语专辑名称，没有汉字的"黑骏马"三个字，当时我以为他们把市场完全抛弃了。按照我的想法，从《勇士》到这张碟《心的力量》（或者叫《新的力量》，反正碟上没有媒体上宣传的汉字名称，看过新闻你都不知道就是这张碟）是一个一百八十度大转弯，从媚俗到完全不顾及市场。于是我决定找他们兄弟几个聊聊，听听他们"挣扎"、"奋斗"的历程。

打了几个电话以后，约到了锡林宝乐，我们在鼓楼东大街一个朋友的咖啡馆见面。采访大帅哥锡林宝乐要是不紧张那就不对了。当年乌日格希拉图和布日古德比锡林宝乐早几天到北京，所以我们和乌日格他们两个先混熟了，宝乐来了就有点生分，这一生分，就生分了好多年，现在想起来感觉有点对不起宝乐。

宝乐没啥变化，也是，跟上次见面不过就差半年。宝乐把碟握在手中说："这是一张梦想已久的碟，就是要做成这个样子，大家都没什么异议。"看来没什么挣扎的，呵呵，我想错了。宝乐说："这张碟就是要做给内蒙古听蒙语歌的人、新疆听蒙语歌的人、蒙古国、还有世界上其他地方听蒙语歌的人。"与此同时，他们另外在做一张汉语专辑，已经录了7首歌了，那个是打国内市场的。看！不是抛弃了市场，而是准确细分了！要不然好听呢！市场定位准确了，也就没有众口难调的困惑，避免了生产出四不像的作品。

"其实在公司里做上一张碟的时候，我们也给他们推荐了好多歌，但是他们没听过，不选，就选《敖包相会》、《嘎达梅林》、《父亲的草原母亲的河》这样的，大家都知道的。认为这样大家看了歌名就会买这张碟。其实那些歌唱得人太多了，唱着没什么特别的了，别人听了也不觉得这个组合怎么样。"宝乐讲起上一张碟的制作过程，"其实我们上一次就想做这样的碟，但是跟公司签了一张汉语的，一张蒙语的，汉语专辑先做，一做就做了4年，蒙语的就做不了了。第五年我们就跟公司解约了，然后两年时间我们做了这1张。"

7年前，黑骏马组合和正大签约，一共签了8年，5年后解约。签约的时候处在上升期的黑骏马势头正盛，也有载着无数人的期待，很多大牌的音乐制作人纷纷出手，不过每个人都希望黑骏马克服一些"弱点"，而后帮他们安排一个更好的未来，于是黑骏马就拧巴了。

在签约期间公司给黑骏马安排了一些晚会演出，大都是民族板块的联唱，唱歌《祝酒歌》什么的。那时候，唱民族板块的各民族歌手就选了那几个，彝族、藏族、维吾尔族，大家唱的次数多了，一见面都认识。这种现象让我们做粉丝的颇为失望，"金杯、银杯"那样的祝酒歌他们在故乡酒吧都是开玩笑的时候才会唱，现今跑到专业舞台上煞有介事的唱，唱得自己都相互看着面露惭色。

曾经有很多不了解蒙古音乐的人跟我说，他觉得蒙古民歌特别少，听了那么多年就那么几个。我后来都懒得解释了，蒙古民歌有几千、几万首，也不知道电视台、演艺公司的意见为什么那么一致，就盯着几十年前创作的那几首，来回唱。

锡林宝乐对公司的评价还是挺正面的——大型晚会、专业制作团队、专业市场团队，让他们学到很多事情。但是那些年，我确实觉得他们的影响力渐渐收缩了，听到的消息和新歌越来越少，听到身边的朋友们对他们的赞美也越来越少了，不放心越来越多了。

对于大多数普通观众来说，黑骏马每年如约而至的，就是冬天的蒙古语春节晚会，和夏天的昭君文化节。用锡林宝乐的话说："一年露这么两次，大家看了，水平起码没下去，这就还行，要是再下去了，我们组合也就没有今天了。"

我一直都以为黑骏马迷路了，但是听了这张碟，我觉得他们找回来了，和宝乐谈过话以后，我知道，他们并没有迷路，他们心里一直知道正确的路在哪，只是没有机会走——做一张纯蒙语的碟，给听蒙古人听；做蒙古族的流行音乐是他们一直的梦想，他们一直想着呢，而且今天把它实践了。

Ok，不说这些了，"往事不要再提，人生已多风雨"。而且在跟宝乐的谈话中，他并没有抱怨公司，没有抱怨那些试图让他们"更流行"或"更特色"却忽视了他们自身特点的努力，实际上他主要谈的，都是这张碟的制作和他们的未来。

用心有力量

这个年头，很多玩音乐的都拒绝说自己是做流行音乐的，听着多不给力呀！摇滚、世界音乐那个多帅！作为少数民族歌手，做原生态或者再创作的民歌，那似乎也是天经地义的。我相信一定有无数人说过，黑骏马这条路是会走死的——唱蒙古风格的流行歌曲，而且很多前辈努力改变他们。但是，有一个问题，那就是，黑骏马到底什么特点？他们的特点就是这个蒙古风格的流行歌曲，蒙古语演唱为主。别人的路走得再好，是别人的，自己的就是自己的，就算它不是一条很宽的路。

前面这段话是我说的，宝乐说话没有那么复杂。多大的事情，他说出来，就是那么件事。按照宝乐的说法，这个碟主要选的都是柔情的歌曲，只有一首《元上都》是比较快的。两首他作词作曲的歌是《父亲》和《你能留住什么》。《父亲》是一首怀念去世的父亲的歌曲，最动人的一句是：母亲烧着奶茶，跟儿子说："你长大了会像他"。谁看了这句都会受不了。《你能留住什么》是讲草原环境恶化的，它向当今的蒙古人发问：祖先的遗产，你能留住什么？歌曲开始，从1数到13，像是世界末日的警钟。

锡林宝乐在3个人中原来是最低调的，被人注意得最少，从前两三年开始，发现宝乐在台上的话多起来，后来才发现，他还是个大才子，新专辑里两首歌是他的词曲，两首是他填词的，于是崇拜之情油然而生，很想知道他的创作心得。但他跟我介绍专辑里的歌的时候特别平静，那些让我听了心潮澎湃的歌曲，从他嘴里说出来就是好几年前就写好了，一直没有机会出版。他们还有很多别的歌，老布有、敖日有、乌日格也有，不过有的自己唱唱觉得不好听，就没拿出来，有的不适合这张专辑，风格不同，这次没用，以后也许用。

宝乐隆重地介绍了专辑里的第十首歌，就是迈克尔·杰克逊那首《we are the world》，说是隆重介绍，宝乐也就是平常聊天那样轻声地说："迈克尔杰克逊，我们都特别喜欢他，从小就听他的歌，你想大家这么喜欢的一个人去世了，我们怎么也得表示一下。我就把他的这首《天下一家》填了蒙语歌词，我是想，我们这些在北京的这些蒙古歌手一起把这歌唱了，纪念他。这个歌词其实和专辑上印的汉语词没什么关系了，那个是按英文那样，早就有的，蒙语词已经变了，不是这个意思了，你仔细听的话，尤其这个第二段，和英语那个发音很像，但是是蒙语的。蒙古国他们那边很多歌手唱了一版，不过他们那个唱的是英语的，我们这个是蒙语的。歌词很快我就写完了，可是当时没条件录，结果杰克逊的百天都过了，还没录。这次录专辑，我们就决定放进来。这个歌录起来特别不容易，我们差不多把这些在北京打拼的蒙古族歌手都找上了，额尔古纳呀、哈琳、乌日雅……还有年轻的，也发展得不错的，我们根据原唱的声音和他们的声音特点决定他们唱哪句，录音的时候，就是唱一句，也得他们有空，我们也有空的时候才能录上。20多个歌手，录完特别不容易。"

宝乐说，这首歌现在不仅仅用来纪念杰克逊，也是用来表达在京的这些蒙古族歌手是一种新生的力量这个意思，现在在京打拼的蒙古族歌手非常多，他们唱的歌大都不是传统意义上的草原歌曲，不是大家熟悉的《敖包相会》、《美丽的草原我的家》那种的。"我们是一种新的力量，做流行音乐怎么不行呀？那蒙古国的流行音乐多牛啊！在全世界都数得上的！"

宝乐拿着专辑，历数了每一首歌的故事，每一个故事都似乎平淡，实际动人，那些撞在胸口上的歌词，那些牵着魂不松手的音乐，在宝乐的叙述里，都是那么回事——我们用心做了，它就成了现在这样。这就是这张专辑名字的含义之一"心的力量",用心,就有力量。

我和我的兄弟

这张专辑以抒情的为主,风格相当统一,听起来很舒服。专辑上没有黑骏马组合五个兄弟的名字,但是有呼和牧仁的名字,他是音乐制作人和编曲,这孩子真出息了!呼和牧仁是1986年生人的,7年前我们认识他的时候,他地地道道地是个小孩。宝乐形容他"也不会照顾自己,特别瘦!"牧仁其实是黑骏马组合的第六个成员。黑骏马组合当年在后海边上的杭盖酒吧(说了也没几个人知道)认识了牧仁,牧仁非常神奇地适合黑骏马,他弹琴特别自由,一点不合规矩,但是却把黑骏马的歌声烘托得火候正好。后来在故乡他们一直合作,也就是说,我们最喜欢黑骏马的时代,也一直在听牧仁弹琴。但是牧仁不是组合成员,黑骏马签约以后,牧仁就落单了。

一个音乐人找到适合自己风格的合作者,绝对是缘分,找到这个缘分不比找对象简单。失去了黑骏马的牧仁就像出没在故乡酒吧的游魂野鬼,他把头发剪了、更瘦了、抽着烟,和之后的音乐人完全合不上。后来故乡的歌手温度苏有时也会和牧仁合作,但是情绪和旋律不在同一个框架里。跟金山合作基本上就是拿音乐吵架了,最严重的时候一个曲子都完成不了,两人必须有一个人半截停下来,如果金山停下来,是他生气了,如果牧仁停下来,是他让步了。故乡那个地方挺神的,后来HAYA乐队的代青塔娜也在故乡唱过歌,牧仁激情四射地敲打键盘的方式和代青塔娜又软又悠扬的声音之间怎么配合?想都不用想!

有一天,牧仁叼着一根烟,颓废地出现在故乡,温度苏搂着他说了点什么,牧仁走了,以后就不常出现在故乡了,可这个没家的孩子又能去哪?我真的不知道牧仁这些年去了哪,直到发现黑骏马把他领回来了!

"牧仁挺聪明的,编曲、音乐制作可不是那么简单的事,不是拿个琴伴奏一下就可以了。现在找牧仁的人可多了,韩红的音乐都找他做过!但是牧仁不愿意做那些,他现在喜欢电子音乐,游戏机的那种音乐。他也没钱,做一首曲子挣个三四千块的话,他的生活能挺好的,但是他也小嘛,不知道他怎么想的！不过我们的音乐，有这个交情呢，他就给做，我们也就不找别人了！"锡林宝乐说，"有时候演出，伴奏复杂的话，嘎哥（键盘手旭日干）一个人也不够，也把他叫来，他也来！"这是宝乐的话。牧仁的成长我们都没看到，不过好在他长大了，而且回到了兄弟们中间。和公司解约的黑骏马又可以在演出时带上牧仁了，牧仁又可以在黑骏马身后活蹦乱跳地弹琴，而且为他们编曲、做音乐，使黑骏马的专辑在一个让人舒服的风格上稳定着。

　　演艺圈里，有很多好事者，不盼着好事，天天盼着出事，干演艺这行的，心理素质得特别强，顶得住要出事的各种预言。黑骏马总是面临的一个预言，一个追问："你们会不会散？会不会有人单飞？"

　　锡林宝乐信心满满："我们永远不会散。我们当中会有人单独出去唱歌，这有什么的？我们组合还是我们组合。我就这么认为，我们也可以自己出东西，老布想出可以出，乌日格想出也可以出，敖日也有自己的想法，没关系，五个人在一起，大家总是要相互迁就的，自己有的东西被束缚了，想出个自己的就出嘛！但是我们五个在一起，就还是黑骏马，我们组合永远也不会散！蒙古国那边的组合，每个人都有自己的东西，有自己的粉丝，然后整个组合再出个更好的，更有生命力！"我从没想过这层意思，听宝乐这么一说，茅塞顿开，有什么大不了的！某个人单独出个节目，做粉丝的就心慌意乱，做媒体的就捕风捉影，何必呢！其实宝乐说的这种关系是蒙古人一个古老的理念：松松垮垮的约束是最牢固的。

　　去年春天，布日古德参加中俄蒙三国合办的唱蒙古语歌曲的比赛，弄得好多人觉得布日古德是不是要单飞。其实悄悄说一声，那个是内定的，当时怕国内选出来的选手水平不够参加国际比赛的，安插了布日古德。锡林宝乐还像回事儿似的发短信祝贺，乌日格还发短信说："不进前十别回来见我！"青巴特还给念了。瞎掰，看电视也能猜出来是这么回事。黑骏马唱歌三兄弟也好，整个组合也好，加上外围的很多合作者，录音的、缩混的、吉他、贝司、鼓……大家都已经风风雨雨走过来了，再往下走，应该已经韧了。

平常的雄心

我不知道怎么解释锡林宝乐聊天时的平静，时下的话说，淡定，但是琢磨着他的谈话内容，我突然发现他其实雄心勃勃！

"我们昨晚这张专辑，现在做汉语专辑，也快出来了。敖日他有个想法，也有写特别那种原生态的作品，呼麦呀，长调呀我们也会，你说马头琴敖日就会，陶布绍尔、吉他，我们也能弹，我们也准备单做一张那种路线的专辑。前段时间我们在一起喝酒、唱歌，全是唱的腾哥当年的那些歌，那些歌特别好，当时人也都知道，但是没传下来，现在没什么人唱，我们想翻唱了，让这些歌重新火一把，这个事跟腾哥一说，他一同意，也快！我们也要去蒙古国那边演出，那边人也知道我们，你说去那边演出不能老弄那些翻唱他们的歌，那都是人家20年前玩过了的，我得有自己的东西，我们自己的歌也有好几首呢，好好做做也有好的！"等等，这个多少张专辑？我听着在想。"专辑以后可以出很多，但是每一张专辑自己的风格要统一，不能让人听着很杂。我们每个人也可以出自己的专辑……"

是宝乐好像只是随便说说，但是我觉得他，他其实等不及了要做这些事。我忽然意识到，黑骏马变了，长大了，不单纯的是蒙古人的青春偶像，是大男人了。成熟是对复杂的情况把控得了，扛得住。

专辑的封面上，那三个反写的蒙古字的意思是"新力量"，它被做成熊熊燃烧的火焰状，宝乐说，那是个印章，扣下去才是正的。他们就是新力量，也可以说成"心的力量"，都行。那个蒙古美术字"黑骏马"和英文"lucky horse"组成的图案是现在他们的LOGO，一个出道7年的乐队才有一个LOGO，这是摆出了一副站在原点上起跑的架势，跑向属于自己的未来。

《谢幕》那篇文章的末尾有那样一句话"这是一个值得祝福的起点，伴随着一个让人牵挂的未来。"黑骏马离开故乡酒吧之后，确实走上了专业舞台，但伴随而来的，是许许多多的不确定，让人牵挂着，担心着。那么现在，这句话可以反过来说："现在是一个让人牵挂的起点，并相信有一个值得祝福的未来。"

2011年7月22日

呼麦，蒙古的声音

一

"我的天哪！"

"简直是疯了！"

"太不可思议了！"

各种肤色的美国观众在剧院外接受采访的时候，发出这样的惊叹，他们睁大了眼睛，灵魂却仿佛不在身上，还在被刚刚的演出牵动着。这是"安达组合"访美演出的纪录片中的内容。那日苏把计算机的屏幕调整了一下说："这就是我们的记录片，我们做的是最传统的东西！你看观众的反应！"那日苏是安达组合的队长，这个组合以蒙古族传统音乐见长，尤其擅长呼麦。

和大块头的那日苏不一样，杭盖乐队的领军人物伊利奇形容瘦小，全然没有蒙古大汉的威猛，但是淡定从容，冷静坚定，就像他唱的呼麦一样，是凉的，但是听他的歌就像喝冰镇过的酒，喝下去的人都会热血沸腾。杭盖乐队的另一个主唱巴图巴根非常年轻，他身材很高，却完全不会给人压迫感，因为他很内敛。他其实很聪明，但表面上木讷，当整个演出现场被他点燃的时候，他却像火焰下面的木炭一样安静，只有火焰呼呼的声音从他那里传来。而老胡就完全不同，他就是风，他就是火，他唱的呼麦是风吹着烈火，是云卷着暴雨，雷霆万钧。

安达组合和杭盖乐队是目前在世界音乐领域最为成功的以呼麦见长的中国乐队。呼麦，是一种神奇的艺术形式，一个人的嘴里可以唱出两个、三个甚至更多高低不同的声音。低沉的低音，比任何男低音的声音都要低，虽沙哑却洪亮，而哨音则更像金属震动的声音，远远地飘在高处。有人说呼麦是来自天堂的声音，有人说来自神秘世界，呼麦的声音像风吹过树梢的声音，像瀑布飞泻、山鸣谷应……总之，不像一个人唱的。

"严格的说，不应该叫演唱呼麦，应该叫做演奏呼麦。"在电视上穿着西装戴着墨镜，又酷又严肃的音乐人巴音，此刻穿着件松松垮垮的T恤衫，坐在呼和浩特的一个奶茶馆里，告诉我"演奏"呼麦的秘密，"就像吹笛子，吹笛子的时候，气口在嘴唇这里，音高在手指头上。呼麦呢，就全收进去了，气口在喉咙里，上腭就是管音高的那个眼，那根管子呢，就是口腔。"

我第一次听到呼麦是20年前，在腾格尔为电影《黑骏马》制作的电影音乐中。当时，我以为这个声音是一种乐器演奏的，或者是音效，比如到草原上录的风声。那个时候还没有人知道"呼麦"这个词，CD的封面上，歌手的名字前，印着一个冗长的头衔：喉音双声演唱。

和腾格尔合作过多年的音乐人图图，此时也跟我和巴音一起在茶馆里喝茶，他说他初次接触呼麦也是在20年前，"腾格尔那会儿把录好的素材给我听，还神神秘秘的，我一听，这个声音牛！问他哪里录的？他还不告诉我！后来我听说新疆喀纳斯那里有老人会这个，我还紧着催他们年轻歌手去学，我当时还以为世界上就这一个人会呢，特别着急，后来才发现很多。"

"内蒙古过去有呼麦吗？"我问。

"哎呀？没有！就是锡盟有一种'潮林道（choorlin duu）'，一个人在下面唱一种低音，很像那个低音呼麦，但不是，它那个胸腔不响，只是喉部这里有声音。"巴音说，"这种歌曲前几年会唱的人不多了，这几年又有不少人会了，锡盟拿这个很当个事呢！""道（duu）"就是蒙古语"歌曲"的意思，"潮林（choorlin-iin）"就是"和声的"的意思，连在一起，就是"和声的歌曲"。潮林道是一种流传于内蒙古锡林郭勒盟的民歌，至少需要两个人演唱，或者多人演唱，锡林郭勒盟的长调歌王哈扎布在世的时候，经常与别的歌手合作演唱这种民歌，他唱高音部分的长调，再有一个或多个人伴唱低音，这个低音的声音和低音呼麦很像，但发音方法略有不同。

"草原上有很多寺庙，如果你到庙里听喇嘛念经，那个声音就很像低音呼麦。"图图说，"其实原来大家不知道什么叫呼麦，现在回想起来，我们小的时候听那个说书的，我们就喜欢那种哑嗓子、有那种像低音呼麦似的声音的人。但说书人不是人人都会，有的人不会发这个声音，喜欢他的人就少，而会发这种声音的人，用现在的话说粉丝就多，而且他从早说到晚也不累，要是光用声带，说一天，受不了。"

"喇嘛念经也是这个道理，从早念到晚，如果没有呼麦的因素，一个是他声音没有这么洪亮，一个是他嗓子受不了。"巴音说。

在大多数内蒙古音乐人的记忆中，他们在20世纪80年代之前，几乎没有听到过呼麦。"说几乎，是因为呼麦在内蒙古重新火爆起来之后，我们才回忆起来，哦，我们也有类似的东西！比如潮林道的低音部分，比如喇嘛念经的声音等。但是系统化、整理发掘，使呼麦成为一种演唱方法的这个工作不是我们做的，名字也不是我们起的，这主要是蒙古、图瓦那边的工作成果。"图图说。

和那些意气风发的中青年音乐人不同，宝力道老师已经上岁数了，他用手指理着稀疏的花白头发，让它们盖住头顶，然后把他的胡笳和一大堆各种各样的口弦找出来，摆了一桌子。他不善言谈，就给我演示他会唱的五种呼麦，嗓子根部的低音呼麦、哨音呼麦、鼻音呼麦等。他告诉我，不久前他到北京做了一个实验，北京友谊医院的嗓音医学专家李革临很多仪器探测到呼麦到底是从哪里发出来的。北京，友谊医院里，李革临医生告诉我，在人的喉咙内部有个皱褶，皱褶上方是假声带，用来保护下方的真声带，真声带是说话、唱歌时发声的器官，假声带一般不参与发声，但是在宝力道老师演唱呼麦时，他注意到，假声带参与运动了。李革临给我放了一段录像，是他用口腔镜拍到的。屏幕上，探头深入到宝力道血红色的口腔里，随着宝力道老师的歌唱，他的喉部正在奇怪地震动着，我看到在他的真声带上方有一个组织被挤压得紧紧的，和真声带一起运动着，那就是假声带，在演唱低音呼麦时，这个结构的震动尤其明显，而在演唱哨音呼麦时则相对不明显。

很奇怪，一个微小的改变竟然能孕育出那么神奇的声音，以至于不像人声，而像风吹过大地，像水跳下山崖，像野狼的嗥叫，像骏马的嘶鸣，像家畜的哭泣，像呦呦鹿鸣。这声音是从哪里来的？

　　"这个声音肯定是来自蒙古人的生活的！"巴音说，"你就站在草原上，有风的时候，把嘴张开，变换口型，你就能听到那种'呼——'的声音。我们学呼麦的时候，学'沙哈（shahaa）'可以学绵羊叫，学'依斯和列（isgree）'的时候就学山羊叫，学'哈日和拉（harhiraa）'的时候学牛叫。"巴音说的"沙哈"、"依斯和列"、"哈日和拉"都是呼麦类型的名称。呼麦到目前为止总共整理出十几种类型，有单纯的低音呼麦，也有带和声的哨音呼麦，有些种类声音很接近，不懂呼麦的人可能听不出其中的区别，只有会唱的人才知道发声方法和声音的微妙差别。不过并不是所有人学呼麦的时候都模仿过动物的叫声，现在的呼麦教学已经学院化，可以不用这种方法了。

二

　　图图本名叫图力古尔，毕业于内蒙古艺校。"图图"其实是个音乐圈、朋友圈中人人都知道的外号，他如今是内蒙古数一数二的键盘手和音乐制作人。他的一位老前辈，内蒙古艺校的老校长莫尔吉呼老师是一位80多岁的学者，他听到呼麦的时间比其他内蒙古的音乐人都早。

　　图图开着车，把我带到呼和浩特一个新的居民小区，我一直问他和老师约好了没有，他颇有点紧张，说："哎呀，我应该直接去他家找他，打电话不好！"我想起在草原上，牧民拜访长辈时也不会事先打电话，认为打电话让长辈在家等，不礼貌。人到中年的图图仍然保持着对老师的敬畏，离老师家近了，他就表现出小学生一样的紧张。"他比内蒙古有文化，没有自治区之前，就有他了。"图图说。老师不在家，图图把家门找清楚，告诉我明天再过来。

　　第二天清晨，我按响了莫尔吉呼老师家的门铃，一位身材魁梧、精神矍铄的老人把我们迎进门，老人说话的声音因为上了岁数已经很沙哑，眼睛却烁烁放光。莫尔吉呼老师30年前写过一篇论文，记录了他第一次听到呼麦的经历。那几乎是一次奇遇。

莫尔吉呼老师20世纪50年代考入上海音乐学院作曲系，二年级上中国古代音乐史的时候，提到一种乐器，叫胡笳，老师知道莫尔吉呼是蒙古人，就说："莫尔吉呼，你们古代蒙古人还有这么好听的乐器，我们唐代有很多诗人都写诗，描写"哀笳"、"悲笳"，说一听到胡笳就要掉泪。西汉的一个部队，被匈奴包围了，出不去了，打又打不过，怎么办呢？一位当时的领军人物站到城墙上头，吹胡笳，结果吹得匈奴的兵哭着想回家。吹散了三千匈奴兵，这么好的音乐，怎么就给失传了呢？"莫尔吉呼在课堂上就有一个想法——我应该挖掘一下、寻找一下，肯定有。

随后中国进入政治动荡时期，挖掘整理胡笳的工作只能断断续续地进行，这一找就找到了20世纪80年代。莫尔吉呼把整个内蒙古都找遍了，没有发现，而后从甘肃一直到新疆，新疆有博尔塔拉和巴音郭勒两个蒙古族自治州，莫尔吉呼都去了，都没有。这时他听说，阿尔泰山里有很多蒙古人，好像他们都会这个。这样，1984年，莫尔吉呼来到了阿尔泰山，山里有个小小的土房子，当地人说："你进去跟这个老头问一下，他好像老吹一个东西，挺怪的。"

"我进去一问，他说他吹的是'冒顿潮尔（modon choor）'。我就怀疑，这个冒顿潮尔是蒙古话啊？我说：'胡笳，知道么？'他说，'胡笳我不知道。'"莫尔吉呼看到他吹的是一根木头管子，而"冒顿"就是蒙古语的"木头的"。莫尔吉呼回来以后进一步研究，发现康熙时期出过一本翻译字典，满、蒙、汉、藏、维五种语言互译，其中汉语的"胡笳"一词对应的蒙古语就是"冒顿潮尔"，他这下明白了。冒顿潮尔在古代汉语里称胡笳，但由于在莫尔吉呼发现冒顿潮尔之后，又有人另外根据文献记载重新制作了胡笳，现在这两个乐器虽很接近却已经不同了。冒顿潮尔是一直流传在民间的古老乐器，它的演奏法同样古老，不仅靠吹木头管子来发出单个一个高音，演奏者在吹的时候，还要唱低音，声音与呼麦相当接近，有些蒙古族音乐人形容他们是"叔伯兄弟"。

回头说呼麦。找到冒顿潮尔以后，莫尔吉呼准备离开阿尔泰山，走的这天，附近村里人都听说外面来了一个人，来看老爷子的乐器，一下子全村大小都来了。莫尔吉呼就把自己带的酒拿给大家，结果在那儿喝着酒，有人就"呃——"开始呼麦了。"我就在那个地方亲耳听到了呼麦！当时我真兴奋得不得了，我就看啊看啊，到底是怎么出来的？一个人能出两个声，我怎么也观察不出来！一个人怎么能发出两种声音？敲鼓只能是一个声音，它绝对不能敲出镲的声音来，那么一个人出两个声音，这是怎么回事，我是搞不通。但是阿尔泰深山的蒙古人里头，就有这样一种音乐现象。这件事情很不简单！从来没有一个民族从自己身上发现这里头还能出两个声音！能从自己身上发掘出这种神奇的能力！后来我采访了更多的人以后，我才觉得它是一种非常古老的发现，是蒙古人的一种非常古老的音乐形式。"

莫尔吉呼写完胡笳的田野调查报告以后，又写了一篇论文《浩林潮尔（hoolin choor）之谜》。浩林（hoolin）是蒙古语"喉咙的"的意思，潮尔（choor）则是"和声"的意思，浩林潮尔就是"喉咙的和声"，莫尔吉呼用这个名字来形容他听到的那种"一个人发出两个声音"的歌唱手段，当时"呼麦"这个名字还没有传到中国。

潮尔是蒙古族独有的一种音乐形式，它是两个和多个音的和声，但是它和西洋音乐中的和声有明显的区别。在潮尔音乐中有一个旋律在进行的时候，另有一个固定根音一直在跟着，两者结合在一起的产物叫潮尔。它与和声的区别在于：潮尔的根音是基本不变的，它不会遵守西洋和声学理论和音程关系，有很多地方它会出现极其不和谐的效果。而和声却严格遵守音程关系，不允许有不和谐的音效出现。这也是民间音乐与专业音乐之间的最突出区别。在蒙古民间音乐家族中，马头琴可以拉潮尔，陶布绍尔（一种蒙古传统的弹拨乐器）可以演奏出潮尔，口弦可以弹出潮尔，胡笳可吹出潮尔，人也可以唱出潮尔。后者如今被称做"呼麦"。

在莫尔吉呼看来，蒙古历史上有一个漫长的"潮尔音乐"时代，从匈奴时期起，到成吉思汗登上汗位，这个期间的音乐主要是各种各样的"潮尔"。他首先纠正了我对蒙古历史的认识，他说："不能说蒙古族只有800

年历史，从成吉思汗时候算起。汉族有5 000年文明史，从汉朝算起是2 000年，把商、周都算进去才是5 000年，不说商朝是商族、周朝是周族，是把它们给穿过来了，为什么到了蒙古族，就不穿了呢？蒙古族也是从匈奴，还有更早时期的各个部族，经过很多时代演变过来的，文化上是一脉相承的。"

"内蒙古这边过去也应该有过呼麦，但是失传了。今天，内蒙古这边的呼麦是这20年重新学的，经过发掘整理，学院化教学出来的。要想听到民间流传的呼麦，还得到新疆的阿尔泰山里头，或者去蒙古国的科布多地区和俄罗斯联邦的图瓦共和国，也就是围绕着阿尔泰山的一大片地区，呼麦主要是在那里保存下来的。"莫尔吉呼这样告诉我。

三

夏日的阳光下，杭盖乐队在北京的一个露天酒吧演出，一首接一首的呼麦之后，一个相信萨满的朋友坐在旁边说："我觉得很多魂在我们周围飘，这种歌肯定能召来鬼。"萨满是蒙古地区的一种原始宗教，信奉长生天和万物有灵，很多人认为呼麦和萨满教有关系，是萨满祭祀和做法时使用的。但是有一个人坚定地告诉我："不对，那是本末倒置！在萨满教之前呼麦就存在了，呼麦是人类最古老的声音，可能比语言还要早。"这个人叫敖都苏荣。

"我是跟敖都苏荣老师学的呼麦，"伊利奇说，"我原来听过呼麦，也忘了在哪儿听的，大概是从磁带上，好像是图瓦那边唱的，我当时特别喜欢。那年我听朋友说，从蒙古国来了个老师教呼麦，三四天就有人能把哨音发出来了，我就想学。正好有班，我就去了。那时候，我的蒙语说得特别差，老师就那么连比划带说地教我，指着我的肚子、胸口，让我出什么声音从哪里送气，我很快就成了那个班里学得最好的。。"

"我原来自己学过呼麦，学得不好，后来跟敖都苏荣老师学了，就好了。"巴图巴根说。

"我2003年办了一期班，从蒙古国把老师请过来，那是老师办的第三期班，出来好多年轻人。前面两期都是内蒙古的专业文艺团体出的钱，学的人岁数也都比较大，我那个班是自费，所以学得也好，杭盖的伊利奇、安达的那日苏，都是我们那期的。"巴音说。

跟不同的呼麦手交谈过后，我发现，他们竟然都是一个老师的学生，这位老师就是敖都苏荣，现在蒙古国国立文化艺术大学的教授。

乌兰巴托，蒙古国国立文化艺术大学一楼的教室里，老师不在，几个二十郎当岁的学生在教室里进进出出，他们的衣着色彩明丽，发型各具特色，显然一帮时尚小青年，给人一种叛逆的感觉，但是跟他们相处一会儿就会发现他相互尊重，礼貌周到，学生们之间只要是第一次见面，就会立刻相互握手，无一例外。有的学生弹钢琴，有的学生拿出巨大的低音马头琴，有人放伴奏带，学生们随着音乐发出高亢、明亮的呼麦声，声音非常响，旋律悠扬，一点也不像我早期听到的那种像风吹过窗子的声音。

"蒙古国的呼麦变了！"安达组合的那日苏曾经这样告诉我，"他们那种学院化了，像呼麦里的美声唱法，音很高，很亮，可以跟西方音乐接轨。我们学了以后，把调降下来，这样可以和内蒙古的民歌结合。"那日苏当时还给我做了些演示，但我还是没有想到，蒙古国国立文化艺术大学里的呼麦会这样高亢悠扬，高深莫测。

2004年，我在内蒙古锡林郭勒盟的西乌珠穆沁旗见过敖都苏荣，对他隐约有点印象，我记得他很严肃，整个人硬邦邦的。今年5月底的这次，是我第二次来拜访他，他不在，有一位年长的呼麦手去世了，他要去送。等了2个小时之后，敖都苏荣出现在学校，事隔7年，他有点变了，显得和蔼、淡然，也显老了。敖都苏荣唱呼麦已经太久了，他讲话的时候，喉咙里甚至有回音。

敖都苏荣和呼麦渊源很深，他1949年出生于蒙古国的扎汗省，在那里，呼麦是一门活的民间艺术，不神秘，也不特别，只要喝酒唱歌，就能听到。敖都苏荣从小就和家里的长辈一起唱呼麦，到8岁上学的时候已经唱得不错了。

在敖都苏荣的记忆中，爷爷就是个优秀的呼麦手。他印象中呼麦最神奇的记忆来自于小时候他父亲给他讲的一个故事：庙里的喇嘛们把酸马奶倒在一个盆里后，大家就开始一起念经，念经的发声方法就是哈日和拉（一种低音呼麦），大家齐声念的时候，盆里的酸马奶就会跳起来，当时父亲是庙里位置最低的喇嘛，亲眼见到过这个场景。但敖都苏荣不信。直到很多年以后，敖都苏荣成为世界上最重要的呼麦教授，一年新年，学生们来给他见礼，十几个学生在高脚杯里倒上白酒后，一起为老师唱呼麦以示尊敬。奇迹发生了，酒杯里的酒真的都跳了起来。

除了演唱呼麦，敖都苏荣还进行了大量的研究工作，他无法探索到呼麦起源的具体年代，但他认为，呼麦是马头琴和长调的最原始状态。有一个旋律在进行的时候，另有一个固定根音一直在跟着，这种一起出来的声音结合就叫潮尔。演奏马头琴时，马头琴的一根弦奏旋律音时另一根弦往往会跟着走一个固定音。这与呼麦的演奏法是一模一样的。先有原始的人声演奏方法（呼麦），后才会有工艺的琴。呼麦时，所有会呼麦的人都会一口气演唱很长一段时间。而这又与长调的呼吸要求相吻合。先有悠长的旋律（呼麦中的isgeree）后才会有带词的歌，只有会呼麦的民族才会产生长调这样一个艺术。也就是现在世界各地人都欣赏长调，而又怎么都学不像的原因。当然与他们没有蒙古族生活环境也有很大关系。

他进一步认为，呼麦是游牧狩猎民族最古老的声音，在旧石器时代，人们狩猎走不远，活动的范围小，必须用声音把动物呼唤到自己身边，狩猎中学狼嗥、鹿鸣，学狐狸的声音……这就是呼麦最早的源头，后来人们在驯化动物的过程中，用呼麦和动物交流，呼唤五畜的声音也是原始的呼麦。所以敖都苏荣认为人类可能在有语言之前，就已经有呼麦，并且用它和动物及自然进行交流。它是人、动物和自然界三者有机结合的产物。

联想到李革临医生拍到的假声带的工作，我猜想，人类身体上的很多器官都是在进入文明社会以后退化的，比如动耳肌，人类不用再竖起耳朵来听野兽的声音以后，动耳肌就退化了，但有些人的耳朵经过练习还能动。假声带可能也是这样，在人类还处于原始人的时期，用假声带发声来呼唤野兽和家畜，可能是人人都掌握的技能，现在却需要特殊的训练才能使假声带工作。

呼麦经过漫长的发展，曾经在蒙古帝国时期走向全胜。"成吉思汗祭祀黑苏鲁锭（蒙古人的军旗）的时候，曾经几千人合唱低音呼麦，声势浩大。在那时候，军队作战也会齐唱呼麦，这个声音贴着地面传出去，敌人听了都特别害怕！"敖都苏荣说。如果你听过低音呼麦那种低沉、洪亮又非常神秘的声音，可以想见一下，几万大军走在草原上，发出这样的声音，是不是会给对手洪水猛兽来袭的感觉？什么叫闻风丧胆？尤其对那些没有听过呼麦的异族，听到这种声音就会被吓破胆。

呼麦的削弱可能与近几百年来复杂的政治环境有关。清朝推崇佛教，蒙古一多半的男子都要出家当喇嘛。那时喇嘛诵经时使用的低音呼麦得到了发展。与此同时，哨音呼麦因经常被和王公贵族作对的英雄好汉们演唱而被压制。到了蒙古民主革命以后，哨音呼麦作为文化遗产得到了保护，而低音呼麦则被当做"喇嘛的声音"被否定了。直到1986年，各种形式的呼麦又得到重视，被整理发掘出来，并被学院化，更多的人才有机会学到这种神奇的音乐，包括现在内蒙古自治区的这些有名的呼麦手。"那时候，会呼麦的人已经很少了，只有我们几个人，其中有一位叫根布拉德，就是刚刚去世的那位。当时演唱呼麦的老先生们觉得这种民间艺术只靠口口相传不是长久之计，就要从我们中选一个当老师把这门艺术传下去。"敖都苏荣说。"我成了那个被选中的人。于是，我开始办班。1987年，我开始在贝加尔湖边的布里亚特教呼麦，1993年，在内蒙古开课，到1997年，在蒙古国立大学开课，当时是先教给研究人员，后来到了2004年，在文化艺术大学里教青年演员。"从开课以来，敖都苏荣已经培养了数百名学生，而学生的学生就更多了，与此同时当年和敖都苏荣一起抢救呼麦的几位老先生陆续故去，敖都苏荣叨念着他们的名字说，"人的一生是非常短暂的，我认为在有生之年，把呼麦的各种形式、各种曲调展现给世人，就是我们的任务。"

四

听过了"学院化的"呼麦，高昂而悠扬、神奇得令无数人赞叹不已，我依然向往未经雕琢的原生态之美。

布仁巴雅尔和乌日娜夫妇因"吉祥三宝"在国内家喻户晓，事实上，多年以来他俩一直致力于呼伦贝尔地区传统民间艺术的发掘和整理。我于是向他们请教呼伦贝尔草原上有没有原生态的呼麦流传。布仁巴雅尔想了想说："哎呀！没有，这么多年走了这么多地方也没有发现，有也是后学的。"乌日娜说："我觉得很奇怪，我们鄂温克人没有呼麦，但是呼麦这个词好像是鄂温克语，我们就把从肩胛骨及锁骨到下巴之间的这块地方，也就是喉咙叫做'浩米（khoomii）'。"实际上呼麦这个词在蒙古语里的发音也是"浩米（khoomii）"，而且在蒙古语中并没有实在意义。敖都苏荣在这一点上对乌日娜的观点表示赞同，在他的研究看来，"呼麦"这个词正是来自于鄂温克语所属的阿尔泰语系通古斯语族。

　　"在呼伦贝尔草原上我是没发现呼麦，"布仁巴雅尔说，"但是我们在敖鲁古雅，发现很老的老人会一种喉音，喔吼，喔吼，那样的。"布仁巴雅尔解释说，这种喉音和呼麦不一样，旋律不是很强，节奏感很强，也是从喉咙发出来的，有时候也可以一个人同时发出两个声音。他们跳舞的时候就会唱这种歌。

　　敖鲁古雅的使鹿鄂温克是生活在呼伦贝尔北部大森林里的驯鹿部落，属于通古斯人，和俄罗斯远东的雅库特人、鄂温克人、蒙古西北部的查腾人属于一个族群。"他们划分国界的时候被分开了，"乌日娜解释说，"中国这边有两百多人，蒙古有200多人，俄罗斯远东有30 000多人，他们是一样的。"

　　在古代森林中，驯鹿和狩猎部落是自由迁徙的，蒙古史上也称他们为林中百姓，他们曾经和草原百姓一样兴盛，但后来少了。布仁巴雅尔和乌日娜经常被现代"林中百姓"邀请参加他们的音乐活动。在这些活动中，他们听到不少类似呼麦的"玩喉咙"的演唱方法。此外，布仁发现，加拿大的因纽特、美国的印第安人、挪威、瑞典等地生活在北极地区的拉普兰人也有各种"玩喉咙"的唱法。

　　我在蒙古国寻找原生态的呼麦时，也遇了一位"玩喉咙"唱法的奇人。

　　"民间流传的呼麦，主要在那些高山的盆谷地带，那里的山上有森林，山谷里有草原、河流和湖泊。在蒙古国，主要是西边的几个省，包括科布多、扎汗和库布斯古勒。"敖都苏荣告诉我。他所描绘的这种地方，就是蒙古语中所说的'杭盖'。如果查看蒙古国的地图，可以看到在它的西部，有一大片山就叫杭盖山，而中国出版的地图上标注为"杭爱山"，从杭爱山到阿尔泰山的广大地区都是"杭盖"。这一地区的北部现在属于俄罗斯联邦的图瓦共和国，南部属于蒙古国，西部的一角在新疆，再往西属于哈萨克斯坦。这片蒙古文化的重要区域，现在属于4个国家。

我们于是从乌兰巴托驱车一直向西，走了两天才到达库布斯古勒省的省会牧仁。走到第二天，车窗外的风景变得惊艳，山坡上是森林，谷地里是草原，鲜花遍野，牛羊成群，骏马闲走，流水潺潺。以至于我觉得拍风景照是一件无聊的事，因为那千年不变的风景日复一日地静立在大地上，拍不拍它都在。我忽然意识到这就是杭盖。真正的杭盖山。开车的朋友边巴告诉我一句蒙古谚语："在戈壁做人，不如在杭盖当牛做马。"

我们到达牧仁后，迎接我们的老太太托娅先问我们是不是来找查腾人的？她说查腾人都在山上呢！这会儿都没下来呢！又问我们是不是来找萨满的？库布斯古勒省北部有个库布斯古勒湖，是蒙古国最大的淡水湖，也是贝加尔湖的水源之一，在这个湖北边就是那200多查腾人居住的地方，那里湖水圣洁，森林茂密。除了查腾人，库布斯古勒省还以萨满教发达著称。终于说清楚我们是来找呼麦的，她说："呼麦？我小的时候在艺校上课，楼道里'呜……'，就有人唱。"托娅年轻的时候是个舞蹈演员。"那时候，学校就教呼麦吗？"我问。"喔！不是学校教的，那时候，是把会唱的人招到艺校来。"托娅说。

在托娅的介绍下，我们认识了她的朋友查无嘎杰。查无嘎杰今年66岁了，是一个神奇的老太太。查无嘎杰年轻的时候也是一个舞蹈演员，现在还保持着舞蹈家的风度，穿着漂亮的连衣裙，盘着头发，脸上虽然有皱纹，但皮肤还是绷得紧紧的。她会唱一种类似呼麦的歌，称作"浩林林部（hooloin limb）"，这是蒙语，翻译成汉语就是"喉咙的笛声"。声音也是从喉部发出来的，没有和声，它不像人声，更像笛子吹出来的声音，但更有质感，且旋律很长，很像鹿鸣。后来，我把这个音乐带给乌日娜、布仁巴雅尔夫妇听，乌日娜刚听的时候，说："她吹的什么？"我说："是唱的。"她说："你录像了吗？这个应该录像，要不人家不相信是唱的。"

查无嘎杰告诉我，她第一次听到这个声音时，还年轻，是个舞蹈演员。后来她上岁数了，不能跳舞了，就琢磨年轻时听到的声音，自己尝试着发出来，真的发出来了。除了浩林林部，查无嘎杰还会弹口弦，会用羊的肩胛骨敲打中空的腿骨，发出一种独特的声音。现在查无嘎杰正在准备去乌兰巴托参加蒙古国5年一次的民间艺术家汇演，与她合作的是一位40来岁的呼麦手，名叫苏德。

苏德看上去和大城市里的演员没啥区别，穿着白汗衫，发型很潮。苏德的呼麦是自学的，他说："以前呼麦都是自学的，2004年以后才有人教。"按照他的提议，我们开车到城外，坐在草地上听他们唱呼麦。苏德唱低音，查无嘎杰唱"浩林林部"。

库布斯古勒日落的时间很晚，大约10点，天色幽暗，还有一点红光，草地是暗绿色的，镇上小木屋里的光通过窗户透出微弱的灯光。苏德发出"呃——"的声音，查无嘎杰发出婉转的鹿鸣，两个人配合得还不是很好，但是在广阔的大地上，这个声音随风飘着，和风声混在一起，风很轻，苏德的声音很沉，像是被烤热了的草原上刮过的一阵风，而查无嘎杰的声音则像湖水，在森林边，清澈、宁静、透明，湖底有五彩的卵石，湖面上有风吹的涟漪，天空中有白云，无边无际。

查无嘎杰的"浩林林部"还没有被学院派收录到"呼麦"这门演唱艺术里，苏德虽然被认为是呼麦手，但很明显，连我这个门外汉都可以听出他与敖都苏荣的学生们唱的呼麦稍有不同。也许，在我寻找民间流传的呼麦的旅途中，会有更多意外的发现。

五

如果在一个人头错杂的大城市里，有人说他能和上天沟通，那真是活见鬼，但是在库布斯古勒的森林边上，桑萨尔坐在草地上冥想的时候，我相信周围的神灵在和他交流。在库布斯古勒省和后杭盖省交界的地方，有一个小苏木（在蒙古国的行政级别在省下一级）叫"阿尔山"，桑萨尔就住在那里，他是个萨满。

帮我们开车的朋友边巴在库布斯古勒湖边看上一块地，他想买下来，这是个比较大的决定，因此，他想去问一下萨满，于是带我们去拜访他的亲戚桑萨尔。桑萨尔只有30岁，瘦瘦的，穿着普通的衣服，脸上有一点得意的微笑。他的母亲曾经是个萨满，父亲是摔跤手。蒙古国在社会主义时期，萨满是被完全禁止的，不知道母亲是如何度过那个时代的？在萨满可以公开活动以后，他母亲要做一套萨满的服装，问桑萨尔做什么样的，桑萨尔那时还不是萨满，在外面开公司，他随口说："做个我穿着合适的！"而他比母亲的个子高出一大截，他当时并没有意识到，他随口的一句话预示了他将成为萨满的命运。不久，桑萨尔的母亲失去了力量，桑萨尔成了萨满。他于是放弃了公司，回到故乡小镇，如今和做英语教师的妻子以及两个孩子一起生活在那里。桑萨尔并不神秘，只是和大家坐在一起的时候，能说出素不相识的人的各种情况，尤其是身体情况。

我们到达阿尔山的时候，桑萨尔的父亲说："明天有那达慕，你们留下吧！"我们就住了下来。

我还在北京的时候，认识了一个俄罗斯联邦图瓦共和国来的教呼麦的老师，他叫敖特根胡，他的家在蒙古国和图瓦共和国的边界上，父亲家在图瓦共和国，母亲家在蒙古国，当初这两个地方本来是连在一起的，大家都是一个民族，可以随意走动，蒙古国和俄罗斯联邦分边界的时候，图瓦共和国加入了俄罗斯联邦，从此敖特根胡有了一个跨国家庭。说起图瓦共和国的呼麦，他形容说："呼麦在图瓦也不是什么神秘的东西。开那达慕的时候，这个会场上有两个人唱，那个会场上可能就有三个人唱，就是这么一个情况。"于是，我期望阿尔山的那达慕上也能听到呼麦，那种不加雕琢的呼麦。

第二天，我们开车去参加那达慕。会场离小镇很远，在一座高山下面。那座山就是今天这场那达慕要祭祀的山。这一带是山的阴面长着茂盛的森林，阳坡和山谷是草原，山不陡峭，曲线温和但十分雄伟。阳光很强烈，一片云彩飘过，就"噼噼啪啪"地落下雨点。桑萨尔说："只要祭祀，当天多少都会下点雨。"

那达慕上确实有个歌手在唱歌，唱的全是蒙古国的流行歌曲，伴奏带放得很大声。仪式正式开始之后，几位喇嘛诵经，然后就开始摔跤。过了一会儿，看比赛的人突然都往山谷里跑，是赛马要回来了。桑萨尔选的马得了第一和第三，他非常高兴，带我们去看得第一的马，他说看到这匹马，今年一年都会交好运。而后，他带我们离开会场，去森林里感受神的力量。

在森林的边上，桑萨尔看着寂静的草原感慨地说："十年前，这里还有很多鹿来回走，从森林里走到草原上，鹿到了草原就和家畜混在一起，这十年少了，现在都看不到了。"蒙古国有一首歌《草原蒙古人家》其中有这样的歌词："野鹿和家畜分享着草场，草原蒙古人家多么安详。"这不是传说中的美景，在这首歌写出来的时代，杭盖山里还有这种生活。

"民间流传的呼麦需要这样的环境：在那些高山的盆谷地带，清晨的时候，你学狼叫狼就会来，学鹿叫鹿就可以来，那里有高山、有水声，所以那里有呼麦。在蒙古西部那几个省现在还有那样的环境，如果在清晨，呼麦手模拟狼叫，狼就会来，模仿鹿叫，鹿就会来，到现在还是这样。"还在国立文化艺术大学的时候，敖都苏荣说过这样的话。"但是，如果在内蒙古的锡林郭勒草原，或者蒙古国的戈壁地区，那里已经没有野兽了，你学熊叫？可那没有熊了呀？必须有这样的环境，才能有这个艺术。"

忽然我听到一阵奇异的风声从森林后面传来。"什么在响？"我问。

"是赛马的孩子在唱歌。"桑萨尔平静地回答。

"呼麦吗？"

"不是，'叮嘟'，小孩们唱这种歌可以鼓励马跑得更好，马儿听到这种歌以后就特别兴奋，会跑得很快。"桑萨尔说，"这种歌更像长调。"

"叮嘟"不是呼麦，但它的声音明显不是长调，而且这边的山谷里没有真正意义上的长调，对于这边的人来说，他们熟悉呼麦，不熟悉长调，只要是歌声和呼麦有区别，他们就会觉得它更接近长调。呼麦的存在环境需要有山谷，有森林，有水，这样声音才会更美，而长调更适合在广阔无边的草原或戈壁上传播。

小孩子们的歌声穿过森林，形成非常神奇的和声，不仅是人的和声，也是和森林的和声，和风的和声，和马的和声。夕阳西下，这声音就是天、人、畜，三位一体的歌。

次日，我们回到桑萨尔家，边巴请他做法，我们在外面等。起初他们在谈话，后来，一种带哨音的和声从桑萨尔的房间传来，我过去一看，桑萨尔在弹口弦。口弦是一个薄薄的金属片，中间有破开，形成一个细细的簧片，桑萨尔把口弦含在嘴里，弹那个簧片，就发出像呼麦的哨音一样的和声，但是音量不大，只在房间里轻轻地响。桑萨尔就用它和神灵对话。

和苏德、查无嘎杰不一样，桑萨尔和赛马的孩子都不是民间艺人，他们的音乐不是用来表演的，是他们生活中确实能用到的，而且仍然在用。经过长途跋涉，我开始对呼麦有了更多的理解，呼麦是一种复杂又神秘的音乐，它不是单独存在的，它有两大家子亲戚，一家是潮尔音乐，一家是各种喉音。林中百姓的各种喉音就像呼麦的娘家，它出生在那里，潮尔音乐就像呼麦的婆家，它长大以后就生活在这个家族中，并且和这个家族中的其他成员互相学习、影响、合作共处，它同时还有一个独立自主的家庭，就是呼麦本身。

呼麦刚刚发掘整理的时候，蒙古国定义了其中的6种，图瓦共和国整理出5种，经过这些年的再发掘，现在呼麦的家庭成员大约有16个成员，并且还在继续发展。敖都苏荣曾经很骄傲地说："在我的学生中，父母生下来那天就对呼麦有非常高的领悟能力，并且能创新的学生不少呢！"

六

经过多年的教学，敖都苏荣也感到一种压力，承传呼麦不仅需要好演员，而且需要好的老师。现在呼麦已经遍地开花，他的学生有蒙古国国内的，有中国内蒙古自治区的，有俄罗斯布里亚特共和国的，甚至还有美国人、韩国人、法国人。但是敖都苏荣有些担心，学生中有些人学了，唱得还不好，就开始教学生，用敖都苏荣的话说："这是作孽。"他现在的学生中，有4个内蒙古来的留学生，他希望这四个学生回去以后，能成为好的老师，将正确呼麦用气和发声的方法教给学生们。但是他笑着说，很多学生教出来，都没去当老师，自己唱呼麦赚钱去了。

那日苏是敖都苏荣比较早的学生，如今已经小有成就，除了和安达组合在外面演出，那日苏也教学生。他的学生大多是牧区来的，有些是为了考学，有些是为了打工。现在内蒙古、北京有很多蒙古风味的餐厅都请来呼麦手。"哎！这个最不好了。"那日苏说，"你说吃饭就吃饭吧，还听个呼麦。有人说，'我们去听安达组合的音乐会吧！'有人就会回应，'听那个干什么？去餐厅吧。都唱安达的歌，还能吃饭。'"

不过，那日苏也很看得开，"那么多牧区的孩子，那么多艺校毕业的孩子要就业呀！歌舞团早满了！他们怎么办？这样下去我们的音乐就便宜了，但是没办法！"

那日苏仍然希望呼麦能根植于民间，安达组合不仅唱呼麦，也唱长调，演奏马头琴和陶布绍尔。安达组合现在经常带着他们的乐器到牧区的小学给孩子们免费演出。他说，现在给孩子们拿出马头琴，他们都认识，但是陶布绍尔，就很少有人认识。那日苏说："不错了！都认识马头琴已经很不错了。"

将呼麦根植于内蒙古的另外一个举动，就是把呼麦和内蒙古民歌结合起来。那日苏他们经过研究，把从蒙古国学来的呼麦的调门降下来，这样它们就变得很容易和内蒙古的东部民歌相结合。内蒙古东部是乌力格尔，也就是说书调流传的地区，有很多短调民歌，一般拉着四胡演唱。汉族地区广为流传的《敖包相会》、《赞歌》等都是根据东部的民歌小调改编的。那日苏把呼麦和这些短调民歌结合起来，效果很好。用那日苏的话说，这两种音乐本来就是"亲戚"，很容易结合。

我把这个现象告诉了敖都苏荣，他说："四胡拉的乌力格尔是用来讲故事的，它和我们这边陶布绍尔弹着伴奏演唱的英雄史诗《格萨尔》、《江格尔》有很多接近的地方。把他们结合起来我是赞成的！内蒙古有些人把别人的创作歌曲改编了，说成是自己的作品，这个我坚决反对，但是把那些古老的、已经不大流传的民歌整理发掘出来，加上呼麦，我非常赞同。"

北京的夏天很热，杭盖的演出现场更热，杭盖乐队的气场如今已经相当强大。演出之前，杭盖请了一个特邀嘉宾——小黑。小黑的呼麦和杭盖、安达唱得不一样，他的不是一直在炫耀和声，而是有狼嚎，有鹿鸣。他的歌声非常活跃，低音的、高音的、像说唱的、像喇嘛念经的，都有。小黑的老师和伊利奇、那日苏他们的老师不一样，他的老师是来自图瓦共和国的敖特根胡。

敖特根胡身材高大，四方大脸，他也是从小唱呼麦，他的呼麦不是旋律悠长、尊贵稳重的，而是活泼灵动，甚至有点滑稽的。2011年5月，敖特根胡在北京办了一期培训班，北京有很多优秀的马头琴手、歌手都参加了。对他们来说，图瓦共和国的呼麦更加原生态，其实它只是更加朴实，蒙古西部的呼麦即使是民间的也是隆重和尊贵的。图瓦共和国的呼麦除了技巧灵活以外，还幽默风趣，颇有点意思。

小黑的本名叫额日和木巴图，意思是尊贵坚定，小黑很时尚，同时又像故事书里走出来的古代蒙古人一样。他大部分的头发都剃了，只头顶留了一小撮，后面留着个小辫，笑起来又朴实又狡黠。他原来是个摔跤手，但是太喜欢音乐了，就学唱歌，又学习呼麦，还在电视上给小明星乌达木伴舞，他舞跳得很特别，外人从没见过，但实际上他的舞步非常普通，就是那达慕摔跤比赛上跤手们入场时跳的舞。他的呼麦也与众不同，土土的，没有一点洋范，但是其实也非常普通，就是图瓦共和国山里的人平日唱的歌。

在小黑已经让全场观众惊呼以后，杭盖乐队开始正式演出，然后观众就疯了。

杭盖乐队现在经常在国际上参加各种音乐节，表演呼麦，在杭盖乐队和安达组合走向国际之前，西方人听到的、乐队形式演唱的呼麦主要来自图瓦共和国，鸿忽而图是其中最为著名的一支。杭盖乐队在早期也受到过他们的影响。

在杭盖乐队成员玩呼麦之前，他们是玩摇滚的，伊利奇从青少年时期开始组乐队，什么歌都唱过，也喜欢唱《美丽的草原我的家》之类的有蒙古音乐色彩的创作歌曲。伊利奇的父亲一直说他唱的不像蒙古歌，他那时不理解。后来，他听了很多蒙古族的老作品，又学习了呼麦，有一天，父亲说他唱得像了。

2007年，伊利奇和杭盖的伙伴们录制了一张CD，这个碟里所有的歌曲完全用蒙古族最古老的唱法演唱，用最传统的弹拨乐、弦乐伴奏，没有用一点点电声。这个碟传出去后，杭盖乐队受到了世界音乐类音乐节的邀请，迅速从一个无人知晓的团体，变成走遍世界各地的知名乐队。成功以后，杭盖乐队获得了另一种解放，他们把自己年轻时玩的摇滚捡起来，直接和呼麦、民乐结合在一起，成了了不起的乐队，你如果没去过现场，就无法想象呼麦洪亮的声音使电声变得暗淡无光的情景。和摇滚结合以后，伊利奇他们的呼麦又有了点变化，特别强调和声、炫技的东西少了，声音更洪亮，中气更足。

1948年，蒙古国扎汗省的一个歌手在专业演出中唱了《四岁的海骝马》，是哨音呼麦。从那时起，呼麦被专业舞台发现。如果说森林中人们"玩嗾咙"的各种音乐是呼麦的原始形态，那么在杭盖地区，呼麦已经出落成一种完善的艺术形式，时至今日仍然根植民间且充满活力，而蒙古国东部到内蒙古这一带的草原上，呼麦一度失传，只剩下残存的遗迹，而如今他们又把它找回来了，就像找到失散多年的亲人一样，一见面就认识，一相处就感情深厚。它就像是一种珍稀的植物，本来已经很少了，但是在众人的努力下，很快繁衍起来，走向世界的同时也在故乡根扎得更深，生长得更茂盛。

2011年7月14日

致礼明亮的星辰——悼念青巴特

今天在微博上看到哈琳说青巴特去世了，几乎不能相信，春天的时候才看到他迷人的风采，一下子就被迷住了，他那么年轻，那么帅，那么有风度，这是怎么回事？

我并不了解青巴特，看他的节目也非常少，但是看一次就喜欢上了。青巴特是内蒙古电视台的蒙语主持人，几乎每一个看蒙语节目的人都喜欢他，但是不看蒙语节目的人根本不知道他。春天的时候，我在草原上体验生活，当时蒙语台正在播"三道梁"的唱蒙语歌的比赛，我住的那家敖云毕力格和格日勒图雅夫妇非常喜欢看那个节目，每天到点必看。那时我才第一次看到青巴特，他是那个比赛的主持人，但是对敖云毕力格夫妇和我的同事巴图来说，青巴特已经家喻户晓。

每天比赛开始，格日勒图雅都会拉着我，我不记得她是用她无法表达清楚的汉语，还是我无法听懂的蒙语跟我说的，但是我懂那些话，她说："你看青巴特！你看他穿的衣服！你看那个领子！"每天青巴特都换一套衣服上场，他一出来，格日勒图雅和敖云毕力格就会惊呼："哦，今天穿这个！"青巴特白色西服下，花领子的深色衬衫也是留给我最深印象的。

唱歌比赛，歌手是主角，但是我每天等着看这个节目多半是被青巴特吸引。比赛到后期，每个歌手唱完歌之后，都有一名胖胖的叫乌拉的风趣幽默的记者采访他们。有个女歌手唱了满都海夫人的歌，乌拉采访她时说："你唱了满都海的歌，明天去满都海公园玩吧！我看让青巴特陪你去不错！"我的同事巴图笑着翻译给我，然后说："估计有好多人都想让青巴特陪她去满都海公园。"后来青巴特去了俄罗斯联邦的布里亚特那里的选拔赛，那里的人讲的蒙古语这边已经听不懂了，青巴特送给歌手们的礼物是老蒙文书法写的蒙古格言。

青巴特很帅，很有风度，风格时尚又正统，我当时就觉得他应该是个有民族理想的人，因为凭他的教育环境和生活条件，说一口标准的汉语应该不成问题，而有他那样条件的人如果用汉语主持，不输给中央台的朱军、张泽群等人，实际上我认为他更好，更自如，更真诚，但是做蒙语主持人，只有牧民朋友知道他，这个影响力也太低了，他坚持做蒙语主持应该也有能使他放弃名利的理想支撑他。

实在无法想象，仅仅到了秋天，他就去世了，走得那么快，脑出血，一个没有不良嗜好的人竟然这么年轻得了这样的病，太不可想象了！我的脑子里总是想起《诗经》里的一句话："彼苍天者，歼我良人"。我不愿意对老天不敬，但是出这样的事情总还是觉得苍天不公！愿逝者走好！天堂里多了一位优雅的绅士！人间少了一个闪亮的明星，天空多了一颗明亮的星辰！

2010年11月12日

阳光流淌，祖先何往

在额尔古纳每天可以听到各种版本的蒙古族创世纪传说，生活在额尔古纳以及内蒙古各地的蒙古族人都坚信那里是蒙古民族的发祥地，但是在额尔古纳你能遇到的蒙古人少之又少，即使遇到，多半不是本地土生土长的，走在这里，眼前是华俄后裔在舞蹈，回族人在牧马，汉族人在打草……于此同时，蒙古人伟大祖先的足迹仍然留在这片土地上，他们的各种传奇在这片土地上回响。

白桦林

迷失在歌声中

"沉默的河水流向远方，流到我家乡，那里有温暖洁白的毡房和心爱的姑娘。"这首由额尔古纳乐队演唱的，混合着俄罗斯风情的音乐、蒙古人的情怀、汉语歌词的《夜莺》在唐队长的汽车里响着。"我拉你们去白桦林！"唐队长说。路边大片的农田上开着无边无际的金黄的油菜花，偶尔有牛在公路边。

内蒙古有一种特殊的交通标志，三角形的黄色警告牌上，画着一只黑色的牛。同行的朋友韩力讲了一个笑话："有一个南方的司机在内蒙古开车，一会儿发现一个黄牌上画个牛，一会儿又看见一个。他想，这是啥呀？以前学交规没学过这个标志呀？这是什么意思？他在又一个画着牛的交通标志前停下车，到牌子前左看右看，叨咕着：'这到底什么意思？'这时坐在副驾上的内蒙古老哥说：'这是让你开车低调点，别太牛逼了！'"全车人哄堂大笑。正笑着，一头卧在路边的牛在没有任何预警的情况下站起来，淡定地从车前穿过马路，唐队长又是刹车又是打轮才把它躲了过去。"这玩意还真得低调！"唐队长说，大家又笑起来。

在内蒙古的乡村公路上，开车的人经常会遇到牛羊，羊看到汽车远远开来，就会跑动起来，一般没有什么事情，牛可就不一样了，淡定从容无所畏惧。我曾经和一个朋友开一辆2020在呼伦贝尔草原上遇到过一群牛。牛缓缓地排着队穿过马路，我们减速后，以10公里左右的时速撞到一头山一样的牛的后跨上。牛被撞以后，终于惊了，逃跑了，而我们的车前脸撞瘪了，再往前开时，远光灯打不到地面上，抬头朝天了。

额尔古纳是个非常适合自驾游的地方，从北京出发走京承高速到赤峰上呼海通道，穿过草原翻过大兴安岭，就可以到达海拉尔，从海拉尔去陈巴尔虎旗大草原，有一条路通向额尔古纳。在额尔古纳和陈巴尔虎旗的交界处，可以看到那个非常有特色的用蒙古文、汉字、英文、俄文写的木质界碑。这一路大约需要两天时间，有点辛苦，但是很值得走。不过在这开车真的不能太牛逼了。

唐队长是额尔古纳乌兰牧骑的队长，乌兰牧骑是内蒙古的一种文艺单位，他的老家在兴安盟的扎赉特旗，当年被额尔古纳繁荣的边贸打动，调到了这里。中苏刚刚开放边贸时形成的激动人心又秩序混乱的边贸时代很快结束了，额尔古纳又恢复了宁静。唐队长从此在这个宁静的小城生活了20年，娶妻生子，从一个乌兰牧骑的年轻演员熬成了队长。

走着走着，路边突然出现很多车，眼前银亮亮的一片，唐队长把车一停，白桦林到了。下了车，四周是闪闪发亮的雪白的树干，树荫很薄，阳光从树叶间泄下来，树干很晃眼。路边游客很多，但白桦林很大，走进去就安静了。

在我们听过的歌声中白桦林总是和流浪啊、远方啊这样的词连在一起，额尔古纳乐队的那首《夜莺》也选择这片白桦林做MV的外景。歌中唱道：

"有翅膀会渴望飞翔，原谅我去流浪，夜晚寂寞路途漫长，我不会迷失方向……"

额尔古纳乐队是一只有五六个蒙古青年乐手组成的乐队，他们的一首《鸿雁》感动了草原上和草原以外广阔世界的人们。他们选择"额尔古纳"——蒙古人传说中和历史上的发祥地作为他们的名字，而额尔古纳市也选择他们做城市的形象代言。很多人喜欢《鸿雁》是因为"酒喝干再斟满，今夜不醉不还"，而我喜欢另外两句："鸿雁，向南方……心中是北方家乡……鸿雁，北归还，带上我的思念……"对额尔古纳人来说，离开白桦林才是流浪的开始，而对于蒙古民族来说离开额尔古纳是他们驰骋天下的开始，回到额尔古纳是他们渴望了几个世纪却难以到达的归途。

马蹄岛：成吉思汗打马出征的地方

我们头一天晚上到达额尔古纳中心小城拉布达林，第二天去看白桦林、油菜花、根河桥，又和路边的牛嬉戏了半晌，到了黄昏时分，回到唐队长的车上，唐队长说："现在我拉你们去湿地！"我们有点蒙——都累成这样了，还有景点没去？"湿地就在市里，近！"唐队长说。我们又有点晕——市里才多大地方，里面再有个湿地，那是个多小的湿地？不成中山公园了吗？

唐队长开车沿着城区的一条主要道路"金鹊街"走到了一个公园门口，然后就开进去了，一进去就上山，到了山顶开豁然开朗，一侧是七彩的小城拉布达林，一侧是蜿蜒根河穿过广阔大地，形成巨大的根河湿地。

在根河湿地有一个环形的小岛，如果把一个圆圈等分成九份，这个小岛就是八面环水，像一个马蹄印，它的名字就叫"马蹄岛"，据说这个地方时成吉思汗西征大军出发的地方。当年西征大军出发的时候，一只猛虎在此拦住去路，成吉思汗的战马抬起前蹄，把猛虎踩进淤泥里，它的马蹄印子留在这里，就形成了马蹄岛。我们可以假装科学地解释说，当时的马蹄印很小，经过800年水不断流过，逐渐变大，形成了一个很大的岛，也可以直接想象成吉思汗就是个天神般高大的人物，他的战马踩下的马蹄印足够一条大河从中流过。马蹄岛边上的河水中站着一群牛，它们在马蹄岛边，像在马蹄铁边摆了几个小米粒。

马蹄岛和蜿蜒的根河朝晖夕阴，气象万千，在以后，我在额尔古纳逗留期间，经常没事就跑到这座小山上欣赏这里的美景，看清晨的雾霭从河面上升起，看夕阳下河水反射着金色的妩媚，看太阳明朗温和的光芒照耀着广阔的大地……

到小山上观看湿地必须从公园门口进，门票很贵，但是如果你是清晨时分去公园欣赏日出，又是步行上山，是可以自由出入的。那时除了正在飘散的晨雾，一露脸就灿烂辉煌的太阳，变化万千的湿地，还能看到很多扛着"长枪短炮"的摄影发烧友。从山上拍摄湿地的角度并不多，但是每个摄影人带回的照片都不一样。

从山顶看山下根河边上有一些河滩，那是根河湿地的另一个面孔。人们都说，不要走到远远看到的美景中去，会失望，但是去到根河岸边不会。

我第一次到河边是因为作为舞蹈编导的韩力突然没了灵感，乌兰牧骑的副队长明队长开车带我们到根河边呆一会儿。车子开进湿地，四周的树木静悄悄的，像静静开放的一大朵一大朵的花，又像飘散在空地上的有点泄气的氢气球，因为系着气球的线都弯着。

根河的水看上去非常静，没有波纹、没有浪花、没有漩涡，天空和白云清晰地映在河水里，树木的倒影整整齐齐，水面上只有我们打水漂的涟漪，但仔细看，根河水流得非常急，悄无声息地快速奔跑。

第二次到根河边完全不一样，整个乌兰牧骑的舞蹈队都过来玩，二三十个孩子，扛着锅、抬着羊、拎着菜、拿着酒、耍着水枪在河岸上喊成一片。有人游泳，有人捡柴，有人洗菜，有人煮肉，有人喝酒，有人大呼小叫，他们把队长、老师、导演甚至别的游客都扔到河里。明队长想把大家叫到一起嘱咐一下注意安全，结果还没说话直接被七八个小队员抬起来扔河里了。真正下了河，才发现河水确实流得很快，顺着河水游都站不起来，要逆着河水才能站起来，河底都是锋利的碎石，并不是圆圆的鹅卵石，这是我第一次穿着运动鞋游泳，不然踩着河底很难往回走，河水并不深，我游泳的地方只比膝盖略深，都不到齐腰深，这个河段最深的地方不过到人胸口，但是看我喜欢游泳，乌兰牧骑另一副队长马队长跟我说，这河水很馋，每年都要带走人，让我别去深的地方，我很感激地接受了建议。

小队员们从树林里捡来干柴，舀了河水，虽然他们当中只有几个蒙古族人，但是大家都知道怎么煮手把肉，并且会吃，肉捞上来，又下了羊肉汤面，吃了一顿地道的野外蒙古餐。

莫尔道嘎：原始森林，古老传说

我们在额尔古纳是帮助当地的乌兰牧骑排一台晚会，晚会的导演巴雅尔是来自鄂尔多斯的蒙古人。虽然同在内蒙古，鄂尔多斯远在千里之外，是蒙古历史的另一端，那里是成吉思汗长眠的地方。鄂尔多斯的蒙古人是成吉思汗的守陵人，他们数百年没有赋税压力，因而歌舞文化发达，出了很多文艺人才，但他们多少有点悲剧情怀，和额尔古纳一往情深的感觉很不相同。著名歌唱家腾格尔就是鄂尔多斯的蒙古人。他的一首《边城酒店》曾经深深打动我的心，这首歌中有一句歌词："一杯酒换一个故事。"我们在额尔古纳住的旅店就叫"边城旅店"，而额尔古纳有很多故事——蒙古族的历史故事、英雄故事还有创世纪传说。

蒙古族的创世纪传说中有两个最为著名，一个是化铁出山，一个是苍狼白鹿，这两个传说都和额尔古纳有关，而且有鼻子有眼儿的被附会到莫尔道嘎。莫尔道嘎在拉布达林北部，现在是一个森林公园。去莫尔道嘎之前，好几个人告诉我："多带点衣服，那边是原始森林，冷！"

在无史可考的古老年代，草原上的各个部落发生了一场惨烈的战争，蒙古部的先民被打败了，只剩下两男两女逃进陡峭的深山。这座山上的森林密得像篦子一样，连吃饱的蛇都难以通过。四个青年磨秃十指，斩断荆棘进入了森林。在林间的一大片草地上，他们认苍天为父，大地为母，结为两对夫妻，居住下来，驯化牲畜，繁衍后代，他们一户姓讷古斯，另一户姓乞颜，而他们给大山起的名字就叫"额儿古涅·昆"（也有书中写作"额尔古纳·浑"）。后来他们的子孙多得像天上的星星，密林间的草地住不下了。

这两个氏族的人想返回祖先的故乡，但是当年进入山林的崎岖小路无法让这么多人、牲畜、车帐通过，怎么办呢？

他们在一位老人的率领下，砍倒了一片森林，杀了70头犍牛，用牛皮做了70个风箱，祭拜苍天后燃起熊熊大火。在天神的帮助下，大火把山熔化出一个山口，炽热的铁水从山里流出来，道路打开了，人们走出了深山，来到大草原上，这就是"化铁出山"。

在这个传说中，走出大山的人们就到了阔连海子和捕鱼海子旁边的大草原，而这两个海子就是呼伦湖和贝尔湖，所以人们认为他们离开的那片大森林就是额尔古纳一带的大森林。虽然，在额尔古纳一带没有陡峭的高山，但是其他特征都是比较符合的，包括传说中对野生动物的描绘，都和莫尔道嘎林区有很多相似之处。

莫尔道嘎森林公园果然是草木繁茂、寒气袭人，林间时有长草的空地。在这里激流河转变方向流入额尔古纳河，河中间形成两个小岛，人们叫它"苍狼岛"和"白鹿岛"。相传离开额儿古涅·昆的蒙古人中有一位杰出的首领，他的名字叫孛儿贴赤那，就是"苍色的狼"的意思，他的妻子叫做豁埃马兰勒，就是"惨白的母鹿"的意思，他们带领乞颜部到斡难河源的孛儿汗山居住，这就是成吉思汗的先祖。在莫尔道嘎这个传说又被演绎成孛儿贴赤那和豁埃马兰勒死后长眠在激流河畔，相依而卧，形成两个小岛，苍狼岛和白鹿岛，这个说法附会得有点过了，但是不妨碍这里两个小岛侧卧在河水中，形成一道美丽的风景。

基于这些震撼人心的传说，巴雅尔导演一口气编了5个舞蹈，表现这些史诗般的故事。舞蹈从密林中的百姓探索道路开始，然后化铁出山，走到辽阔的草原上，走出大山的蒙古儿女流连在额尔古纳母亲河畔幸福生活，直到有一天雄壮地出走征服世界，最后远方的儿子带着伤痛思念母亲河。这些舞蹈简约地概括了额尔古纳作为蒙古源流前前后后，也概括了蒙古人的额尔古纳情结。

黑山头：关于哈萨尔的遐想

在额尔古纳，还有另一位英雄留下了他的足迹，那就是成吉思汗的弟弟哈萨尔。哈萨尔是成吉思汗帐下重要的勇士，是他的左膀右臂，也是蒙古族最大的部落科尔沁部和其他很多小部落的先祖。在中国境内姓包或姓白的蒙古人中（包或白是从黄金家族的姓氏"孛儿只斤"演变而来的），哈萨尔的子孙比成吉思汗的子孙还要多。哈萨尔最初的封地就在呼伦贝尔草原上。额尔古纳有一座古城遗址叫做"黑山头古城"，虽然这座古城究竟是谁建的，考古学界有分歧，但是在民间，人们相信它就是哈萨尔的王城。

晚会结束以后，唐队长开车载着我们去黑山头古城。去黑山头的路很远，路的两旁先是大片的油菜地，而后逐渐荒凉，森林和草地交替，不断有拉干草的车迎面开来。这里如今蒙古族牧民很少，散居的汉族、回族、俄罗斯族老百姓把整个草原收割下来，把草晒干后装车，卖给远方牧羊的蒙古人，做他们过冬的饲料。狭窄的道路上，我们经常需要停车，让装得像平衡人一样夸张的干草车从我们身边开过。

翻过柔软的山，跨过沉默的河，在一片很开阔的原野上有一片村庄。和额尔古纳其他的村庄一样，这个村子里有很多"木刻楞子"，那是俄罗斯风格的民居。用大树干相交错垒成墙壁，只有在森林茂盛之地，人们才会如此奢侈。而额尔古纳就是森林茂盛之地，辖区内60%的土地被森林覆盖，四分之一以上的土地是草原。不过这里的草原上除了旅游度假村已经见不到蒙古包，乡间都是欧式风情的木刻楞子和彩色的小房子。

就在这个村子背后，有一圈四方的夯土城墙，青草已经将它湮没，只有特地指出才能看出来，这就是黑山头古城。墙的四面有四个豁口，是故城门，现在汽车就从那个豁口直接开进去。里面还有一圈城墙，这圈城墙的中心有一片台地。整个古城占地面积不大，但是在很少修建固定建筑的游牧民族生活区，它是十分珍贵的文物。

巴雅尔导演在高台的中心坐下，忽然进入了一种很神往的状态。他的脸迎着阳光，面含微笑，风吹开他的已经长到齐肩的头发，盘腿坐着，双手撑着腿，架子拉得很大。"干什么呢？美成这样？"同来的人问。

"唉！"巴导轻轻地叹气说，"你说哈萨尔坐在这儿，那是什么感觉？哈萨尔往这一坐，那周围全是美女！"大家都笑起来。巴导年轻的时候，是一个帅气的舞蹈家，现在发福了，挺着大肚子、迈着四方步，很有点王者风范，此时，他刚刚经历了一场穿越，冥想了一下哈萨尔在时的盛况。

高台的对面，有一根系着哈达的木桩，上面用蒙古文和汉文写着纪念哈萨尔的话。唐队长跑到木桩前，口中念念有词，只听他说道："老祖宗啊！昨天那台晚会要是有什么不对的地方，那可不是我干的，那全是巴导……"

巴导一听，连忙站起来，也跑到木桩前说："哎呀，老祖宗，那是乌兰牧骑让我干的！他们队长可就在这儿呢！"

我在旁边说："你们俩别瞎叨咕了，和老祖宗说汉语，他能懂吗？"

巴导拽了我一下，坏笑地说："听不懂才叨咕呢，听得懂的哪能随便叨咕？"看起来老祖宗在他们心里还是蛮有约束力的。

巴导和唐队长蒙古语都说得很好，但是他们平时用汉语办公，即使排反应蒙古历史和传说的舞蹈也使用汉语排练，因为大量的舞蹈演员都不是蒙古族。

目前，额尔古纳正在打造蒙源文化圣地，把各种蒙古族的起源传说、历史故事都安到额尔古纳，其中不免牵强附会的，所以这两个人叨咕叨咕也挺好！

额尔古纳河：母亲河的礼物

黑山头古城已经地近边境，再往前走就可以看到额尔古纳河了，这条河在我们学小学历史的时候就学习过，书上写着：蒙古民族起源于额尔古纳河畔，在蒙古人心目中，这条河就是母亲河。现在，这条河是中国和俄罗斯的界河，只要跨过浅浅的河水就可以到达俄罗斯。

到达额尔古纳河岸边之前，我们去了一个很偏僻的小村子，拜访了一个农户。这家的女主人长着金色的头发和棕色的眼睛，是第二代华俄后裔，而男主人是地道的汉族人。他们有个漂亮的女儿，叫静静，现在是乌兰牧骑的舞蹈演员。两位队长出来玩，还不忘到队员家里看看，这个小城市的人情味是很重的。静静我们在城里都见过，长着乌黑的头发，浓浓的眉毛，有一双残留着俄罗斯风情的大眼睛。这一带俄罗斯姑娘嫁汉族小伙已经是好几代的传统了，据说俄罗斯姑娘喜欢汉族小伙对家庭责任感强，会过日子。

静静家的房子很大，房后有个小菜园，她的母亲很热情地邀请我们到家里坐，我们却纷纷钻进他的菜园偷菜。静静的父亲原来是个边防军，在边境上工作，被她母亲看中，两人悄悄的恋爱了，后来他父亲退役后就留在了额尔古纳。

从静静家出来，没有多远，我们就到了边境上，额尔古纳河在那里静静流淌。大自然对国境线呀什么的没概念，额尔古纳河看上去和呼伦贝尔草原上的伊敏河、海拉尔河没有什么区别，流水潺潺、蜿蜒曲折，不太深，也不太宽，抬眼看着，十几米以外的对岸就是俄罗斯。

黑山头附近的额尔古纳河河岸离水面高一些，河水从凹岸流过的时候会把下面掏空，上面就会塌下来，我们走在河岸边的时候，有人喊："别离岸太近，小心塌了掉河里！"又有人说："这个不能踩塌了！都是国土！"的确，如果河岸塌下去一块，中国的领土就会少一块，因此有些地方的河岸被石头砌了，防止被水冲塌。生态专家已经对这种方式提出警告，认为这种方式会破坏本地生态，并且指出：大自然是公平的，两国的河岸都有可能被冲塌，没必要用这种方式保卫国土。对岸的俄罗斯看上去和这一侧没什么区别，灌木丛生，沟叉纵横，不过据说那边的弯叉里鱼比这边多。因为俄罗斯人不像中国人这样喜欢钓鱼。一个额尔古纳本地的朋友告诉我，他年轻的时候钓鱼上瘾，为了钓到更多的鱼，趁着夜色，划船去俄罗斯那头的沟叉里蹲鱼，现在想起来真后怕，那要是被抓住了，事情就大了，工作什么的全得完！那边拿你当间谍，这边说你叛逃，不知要审多久！这条浅浅的河如今已经是严肃的国境线。

对于同车的蒙古人来说，额尔古纳河作为界河的含义并不重要，重要的是他们终于回到了母亲河身边。巴导把啤酒打开，用手指沾着弹到天上、地上，再抹在自己脑门上，然后喝下去。这时天空劈劈啪啪开始掉雨点，远方还可以看到闪电。巴导兴奋地说："这是母亲河在欢迎我们呢！"在干旱的草原上，下雨是非常吉祥的征兆，这是母亲河送给我们的礼物。

雨过之后，唐队长和明队长支起鱼竿钓鱼，古代的蒙古人，不到穷疯了，是不吃鱼的，今天蒙古国的很多人仍然保持着这个传统，不过唐队长和明队长这两个蒙古人已经不在乎了，他们非常热衷额尔古纳河的鱼，也是钓鱼老手。

不过，那天钓了许久也没有鱼上钩，都被岸上的欢声笑语吓跑了，额尔古纳河的激流还把两个鱼钩带到了岸边的树丛里。损失了两个鱼钩之后，终于钓到两条手指头长的小鱼。巴导嚷嚷着要用打火机靠着吃，明队长没好气地把小鱼扔回河里，然后把鱼竿收起来，我们把所有的垃圾打包，装回车里带走。

室韦：蒙古民族的源头，俄罗斯族的小镇

黑山头向北有一个小镇，这个镇非常小，但是在蒙古人当中非常有名，它就是室韦，它有名的原因是因为它是有据可查的蒙古人的起源地。据中国的史料记载，蒙古源于一个叫做"室韦"的小部落，这个部落后来发展出几个分支，其中的一支叫"蒙兀室韦"，史学家认为这是"蒙古"一词第一次见诸历史。我认为这个考证和传说一样不靠谱，说不定还没有传说靠谱。蒙古人的传说中，还能说清化铁出山和乞颜氏族的族源，苍狼白鹿的第多少代子孙娶了阿兰圣母，阿兰圣母如何繁衍了尼伦蒙古，以及尼伦蒙古和孛儿只斤家族的关系等等。史书上记录蒙兀室韦和后来蒙古民族之间的关系则几乎是捕风捉影。但毕竟室韦这个地名今天还在这，它就像一把闪着光的钥匙，让很多人都相信通往历史深处的那扇门就在这里。

我们对室韦也同样充满向往，作为蒙古人有据可查的发祥地，我们很想知道他是什么样子？通向室韦的道路两边都是大森林，韩力在车上抽烟，打开车窗随手把烟头丢弃了。马队长说："现在不是防火季节，要是防火季节，你敢往外扔烟头？这林子要是燎着了，那事可大了！"

室韦是一个开满鲜花的明丽的小镇，非常小，只有800多居民。这里的居民家都盖着木刻楞子，不过和路上看到的那些小村庄不同，这里的木刻楞子都非常讲究，粗大的树干，被油漆刷得锃亮，其中不少是尖顶的俄式别墅。很多人家门口都挂着圆形的小招牌，上面写着"玛莎之家"、"玛利亚之家"等等，是俄罗斯风情的家庭旅馆，可以吃饭和住宿，这个800人的小镇共有3 000张床位。

额尔古纳曾经有两个俄罗斯民族乡，一个是恩和，一个是室韦。后来由于室韦作为蒙古源流的精神价值太大，俄罗斯民族乡的名号就撤销了。当地政府准备在这里打造一个以蒙古起源为主题的文化广场，并且从呼伦贝尔的牧业旗迁移过来一些蒙古族牧民，建立一个蒙古族苏木，作为蒙古族的发祥地，额尔古纳现在没有一个蒙古族苏木。

远在北京的时候，在地图上看到"室韦俄罗斯民族乡"的名称时确实有点别扭，但是走在室韦的街道上，发现本地居民确实大多是俄罗斯族人，也就是华俄后裔。

从额尔古纳成为中俄界河开始，俄罗斯移民和汉族移民逐渐充实到河流两岸，在边境管制不严的时代，很多俄罗斯人越过边境到这边生活，汉族人也时常到对岸做生意。两个民族相互通婚，形成了中国的俄罗斯族，也就是"华俄后裔"。随着边境政策的紧缩，已经没有什么俄罗斯人再到这边来生活了，华俄后裔不断和汉族混血，已经四、五代了。虽然现在他们大多数还信奉东正教，会跳俄罗斯舞蹈，会拉手风琴，会说零星的俄语，但是已经长着黑头发、黑眼睛和圆脸蛋了。

室韦的华俄后裔保持了很多俄罗斯人的生活习惯，每一个房间都特别干净连地板都一尘不染，闪闪发亮，院子里设有桑拿浴房。不过他们也有中国人的习惯，就是吃桌餐，吃大炖菜和炒菜。

小镇附近就是额尔古纳河，河边有长长的很高的铁网，铁网有一个口子供游人出入，通过那里可以到河边。这里的河岸是平的，水缓缓地打上浅滩。当地牵马的老汉告诉我：现在管得紧，别说人不让过去，就是牲口都不能过，所以要在河边设铁网，只有狗过去不是事儿。

在河对岸是一个俄罗斯的小村庄，我们在河边站了很久，那个村庄一直静悄悄的，没有一个人出来，和光鲜的室韦相比，它显得很破败。村子中间有一个不太高的木架子，是俄罗斯边防军的瞭望哨，而我国这一侧的山坡上有一个灯塔式的建筑，是中国边防军的瞭望哨，瞭望哨下停着一艘雪白的轮船，可以坐它玩界河游。

作为蒙古民族有据可查的起源，室韦今天盛名难副，作为俄罗斯族聚居的小镇，室韦又颇为尴尬，明亮的阳光下，无论是蒙古族还是和俄罗斯族，都已疏远了先祖遗迹，只有一个整洁、漂亮的小镇接待着慕名而来的八方游客。

恩和：美丽与哀愁，两个真实童话

"蒙古人是最容易记住的传说，蒙古人是最容易忘却的回忆。"额尔古纳关于蒙古的传说那么多，但每一个都有人说它不是真的。无论额尔古纳作为蒙古源流有多少动人的传说，这里的蒙古族本地居民非常少，有些扎着蒙古包，游客一到门口就有人端着银碗捧着哈达给你敬下马酒的度假村可能连一个蒙古族服务员都没有。从科尔沁部东迁离开呼伦贝尔草原开始，额尔古纳就从热闹的"历史的后院"变成了宁静的被遗忘的故乡。然而，额尔古纳河作为中俄界河的命运是从尼布楚条约开始的，至今已经有300多年，300多年相对于人类的文明史很短，但对于生活在一个地区的百姓来说，足以沧桑巨变。

额尔古纳有个很美好的爱情故事叫做"一把抓"。当年，一个闯关东的山东小伙子在一次聚会上看上了一个俄罗斯姑娘，她也又深情又腼腆地看着他。这个秘密很快被大家发现了，引来一阵哄笑。小伙子于是大胆地向姑娘求婚。姑娘却推脱说："你要是能给我买一个一把抓的布拉吉，我就嫁给你！"小伙子听了，骑上马穿过当时还很茂密的大森林和人烟稀少的大草原，去了海拉尔。在海拉尔的集市上，小伙子找到了能一把攥在手里的连衣裙。当小伙子拿着布拉吉再次出现在姑娘面前时，姑娘感动了。"你怎么这么傻？要是路上出点事怎么办？遇到土匪怎么办？遇到野兽怎么办？"就像一个童话，从此他们就幸福地生活在一起，如今已经儿孙满堂。明队长的妻子也是一个本地的俄罗斯族，这个故事，就是她姥姥和姥爷的故事，姥爷如今还健在，是个非常乐观的老汉，就生活在恩和。

从莫尔道嘎和室韦回来的路上都可以路过恩和，和室韦一样，这里也有尖顶的木刻楞子，家庭式旅店和从外表已经不太能看出来的俄罗斯族人，但好在俄罗斯的风情还比较真实的保留着。要是赶上俄罗斯的节日或聚会，他们会唱歌跳舞，玩得不亦乐乎，俄罗斯的面包——咧巴是这里最好吃的食品之一。

"你知道吗？我们出了一件事，就在恩和！有一个全世界都有名的画家就生活在额尔古纳，我们市里文化口的人都不知道，死了才知道的！"有一天明队长对我说。

"你是说柳芭吗？"我问他。

"你也知道？"

恩和出名的另一个原因是因为神鹿的女儿柳芭。柳芭原来是根河山林里的使鹿鄂温克，她的一生非常坎坷，在传统文化和现代文明的夹缝中挣扎，一直没有找到自己的位置。她在家乡的男友在她考上大学后不久自杀身亡，她后来爱上过一个恩和的华俄后裔，但是最终没有结婚。她无法适应城市的人际关系，又无法回到山林继续艰苦寂寞的生活，在城市和山林间来回摆动数年。她在恩和一次酒醉后，被一个汉族农民救起，后来就嫁给他为妻，在恩和隐居下来。柳芭在世的时候，就把自己的故事拍成纪录片，她用兽皮做的画和她的油画都在国际上有一定影响，是个很出名的画家。但是额尔古纳当地人们却不知道她，直到柳芭意外溺水身亡，很多来自世界各地的人到额尔古纳纪念她，人们才知道。

如果你看过柳芭的纪录片，走在恩和的街道上就会有一种亲切感，那些木片连成的篱笆，那些彩色的小房子都似曾相识，但柳芭已经不住在这里了。柳芭没有化铁却走出了山林，然后发现这是一条不归之路。柳芭所在的部族在古代也算林中百姓，而按今天的民族划分她不算蒙古人，但是她的命运让我想起蒙古族诗人多兰的一句诗："蒙古人是额尔古纳·浑挡不住的一流火铁；蒙古人是欲归额尔古纳·浑却已经迷途的苍鹰……"

2010年秋

后记：我的梦土

　　今天生病，在家里读席慕容的《追寻梦土》，是多年前的《我的家在高原上》的翻版。读到《梦境》一篇，突然很感动。一个和席慕容一路同行的东北人，忽然发现前面的一片草原一直出现在梦境里，他不是蒙古人，从小生长在台湾，但是却经常梦到一片草原，无缘无故地梦到，他也无缘无故的喜欢看契丹的历史，这就和我一样——蒙古是我的一个梦，做了30年的悠悠长梦。

　　我出生在北京，我爸爸是个老北京人，虽然家族传说中有人说我们是旗人，但是深受过政治风波冲击的父辈没有一个人承认自己是旗人。我的妈妈是个江苏人，来自江苏最北端接近山东的海州。这个出身和蒙古扯不上关系，但是我和他们不一样。

　　我记得我第一次见到村长时他说："我看你基因组合出了点问题！"我同意这个说法。我的妈妈身材高大，性格直率，办事雷厉风行，我的父亲很有艺术气质，羞腆，且容易被愁绪打动。他们俩身上那点像蒙古人的特点很神奇地被我继承下来，而且还不止这些。

　　我小的时候，喜欢读历史和古诗，读古诗，就喜欢边塞诗，姥爷教我读"绫罗小扇"什么的我总是记不住，"大漠沙如雪"我一下子就记住了。而且总是问姥爷，要是在过去我们是不是北国人？我姥爷有一对蓝灰色的眼睛，到晚年变成了黄褐色，不太黑，他总是很神往地抬抬头，然后又很严肃地说："胡扯！"

我差不多认全字的时候就读了5本《上下五千年》，非常有意思的是，我特别喜欢里面讲的北国的历史，尤其喜欢匈奴。汉朝和匈奴那些故事我一个一个地能记下来，而且心驰神往。我很小的时候就不喜欢霍去病，喜欢冒顿单于，我还深深地认为汉族礼教都是对的的时候，就认为王昭君后来移嫁给呼韩邪的儿子是应该的，而且相信年轻的王子可以让她幸福。后来我喜欢鲜卑，我曾经喜欢魏孝文帝，但是他迁都洛阳和全民汉化的举动我一直都觉得遗憾。我喜欢契丹，在杨家将里我喜欢杨六郎也喜欢杨四郎，我觉得杨四郎娶了契丹公主真是幸运。我不太喜欢金，也不太喜欢清朝，不过相比之下，我最不喜欢明朝和南宋。我甚至把整段的明朝历史都跳过去了。至今明朝历史都是我的教科书里难补的一课。

　　我还记得我第一次看到"成吉思汗"4个字是在什么时候，那天我刚好看完了前一个故事，是陆游的故事，他留下一首诗"家祭无忘告乃翁"，我好感动，然后翻过篇来，我看到成吉思汗4个字，我忽然就知道陆游没希望了。那4个字那么明亮，那么耀眼，好像我以前就听说过，看到过，我来不及看就4处问别人成吉思汗是怎么回事。后来我看了《成吉思汗传说》那本书，来补充《上下五千年》里那个单薄的故事，也是很小的时候看的。我妈妈当时买了3本书《唐宋八大家的故事》、《成吉思汗传说》、《中国古代神话传说》。我记的，第一本，我只看了8个人的名字，并把他们背下来四处炫耀，第二本，我一字一句地看了，虽然我跟别人交流，别人都不理我，第三本我只看了前面上古时代的一些创世纪传说。

　　我读那些历史故事的时候，总是很遗憾史书上那些威风八面的游牧人出现了，又消失了，而他们消失的原因史书上都归结于汉族文化的优越。我特别遗憾，所以我知道蒙古人还在的时候，就特别高兴，我觉得他们是替那些消失了的古代英雄活着。与此同时，我总是问我的历任历史老师："那么老师，我们这些北方的汉族人是不是游牧民族的后代？"老师总是被我问得不愿意回答。

　　我的梦里有个蒙古，在我不认识任何一个蒙古人之前。

　　我还记得我认识的第一蒙古人，他是我们中学的政治代课老师。他小的时候在西单的蒙藏学校上学，后来就留在了北京。他在课上说："我是蒙古人，我不在乎别人怎么说，你们看我长这样……"我不能理解，我觉得是蒙古人挺光荣的，怎么还"不在乎别人怎么说"呢？他确实四方大脸浓眉大眼。

我认识的第二个蒙古人是我的初恋，他算不上是我男朋友，却深深地打动了我的心。他和我以前以为的蒙古人那样不同，羞腆、矜持、温文尔雅，不过他也有激情四射的时候，很吓人的。我失去他的原因是，我不是蒙古人，文化上不是，我融入不了他的生活。

从那时起我开始写一本很长的小说，写一个汉族女人和蒙古男人的爱情故事，我写小说的时候，我认识的蒙古人还非常有限，但是很多年以后，我重新看的时候，我写得竟然很蒙古，那些故事是我记忆中的，我上辈子的故事。

后来我开始上路寻找。内蒙古我去得最早的地区是科尔沁，我没有在那里找到梦中的土地，总是看到无边无际的玉米地。而后去了巴音布鲁克，那个地方超越了我的梦境，太过了，比我的梦还要美，从此那个地方的美景成了我新的梦——一片山坡上蒙古包星罗棋布，炊烟袅袅。后来我又去了克什克腾，在那里，我第一次感觉被这片土地接纳，在一个旅游点伪造的小敖包前升起了两道彩虹，我正在向上面扔石头，而且那天地震了，我的朋友特地打电话告诉我，地震是因为你来了。后来去了乌珠穆沁，草原无边无际，却网围栏纵横，然后呼伦贝尔，然后蒙古国。太奇怪了，我从没有看到一块土地和我梦里的土地相同，就像席慕容的朋友看见的那样。因为每个地方都有不对，科尔沁有农田、巴音布鲁克有水坝、克旗有比蒙古包还多的旅游点、乌珠穆沁有网围栏、呼伦贝尔有新耕的土地，蒙古国已经不是我要寻找的地方……

只有我在哈拉和林登上度假村后面那座山包时看见的那条河，是个例外，没有堤岸、没有河道，恣意奔流，仿佛在梦里见过。远处青色的山林冒着青烟，那是每年春天都会燃起的火，近处挥动巨大翅膀的秃鹰在敖包山上盘旋，提醒我女人不要上去。

我好像是蒙古人了，我现在的朋友一多半都是蒙古人了，我走在这片土地上，谁也不觉得我不是，常有蒙古人冒出几句蒙古语跟我打招呼，我愣一下然后表示不懂。

　　最近我又一次恋爱失败，拒绝我的小伙子说我不是蒙古人，血缘上不是，我竟然无言以对——还真不是，我差点就忘了。

　　不是就不是吧，蒙古在我梦里，看来这并不是我一个人的事，今天看到席慕容这篇《梦境》时，忽然找到一个可以共鸣的人。打开我的博客，黑骏马组合的《故乡》就那样响着，我深信草原是我的故乡。祖先传给我们的不仅有智慧、文化、性格，还有回忆。那些回忆让生活在现世的子孙有时做莫名其妙的梦，一个悠悠长梦。

2010年秋